LAWRENCE EDWARDS

Geometrie des Lebendigen

Vom Erleben gestaltbildender Naturkräfte

VERLAG FREIES GEISTESLEBEN

CIP-Kurztitelaufnahme der Deutschen Bibliothek

Edwards, Lawrence:
Geometrie des Lebendigen: vom Erleben gestaltbildender Naturkräfte / Lawrence Edwards. Übers. aus d. Engl. von Renatus Ziegler.
Stuttgart: Verlag Freies Geistesleben, 1986

ISBN 3-7725-0844-8

Einheitssacht.: The field of form ⟨dt.⟩

Die englische Originalausgabe erschien 1982
im Verlag Floris Books, Edinburgh, unter dem Titel
«The Field of Form».

Übersetzung: Renatus Ziegler
Deutsche Ausgabe:

Satz und Druck: Greiser, Rastatt

Inhalt

Geleitwort des Übersetzers

Lawrence Edwards lehrte dreiunddreißig Jahre an der Rudolf-Steiner-Schule in Edinburgh, bis er sich vor wenigen Jahren aus Altersgründen aus dem Schulbetrieb zurückzog. Er begann seine Tätigkeit als Klassenlehrer und wurde später Mathematiklehrer an der Oberstufe. Schon während dieser Zeit beschäftigte er sich – neben anderem – intensiv mit projektiver Geometrie. In den vergangenen zwanzig Jahren führten ihn seine Untersuchungen immer mehr zum Studium der Formen und Gestalten der Natur und deren Beziehungen zu den Begriffen und Vorstellungen der Geometrie. Er hielt vielerorts in Europa, Amerika und Australasien Vorträge und Kurse vor Laien, aber auch vor Naturwissenschaftlern, Mathematikern und Medizinern.

Wie die letzten Kapitel des vorliegenden Buches zeigen, steht Lawrence Edwards noch inmitten aktiver Forschung. Von Zeit zu Zeit stößt er wieder neue Tore auf und erschließt weitere Gebiete. Dabei arbeitet er ganz auf sich selbst gestellt, allein im Vertrauen auf die Wirklichkeit der sich im menschlichen Geist offenbarenden geometrischen Formgesetze. Die von ihm gepflegte Art der Untersuchung verlangt der Natur der Sache nach eine breite empirische Bestätigung, die ein einzelner letztendlich nicht leisten kann. Und so will dieses Buch andere Menschen dazu anregen, die von einem einzelnen begonnene Arbeit fortzusetzen und zu ergänzen sowie nach neuen Horizonten Ausschau zu halten.

Gegenüber dem englischen Original enthält das vorliegende Buch ein zusätzliches Kapitel, das Edwards speziell für die deutsche Ausgabe zusammengestellt hat.

Die Übersetzung hält sich so nahe wie möglich an das Original, um seine Frische und Unmittelbarkeit nicht zu beeinträchtigen. Auf Ergänzungen, vor allem im mathematischen Teil, habe ich verzichtet, da die vorausgesetzten Grundlagen andernorts zugänglich sind (vgl. Literaturverzeichnis). Die Anmerkungen beschränken sich auf wenige Begriffserläuterungen und Literaturangaben. Das Literaturverzeichnis enthält alle diesem Buch zugrunde liegenden Originalabhandlungen von Edwards sowie die wichtigsten damit in Zusammenhang stehenden Schriften anderer Autoren. Jahreszahlen in eckigen Klammern weisen auf das Literaturverzeichnis.

Thomas Meyer sei freundlich für die Mithilfe bei der stilistischen Überarbeitung der Übersetzung gedankt.

Arlesheim, im März 1985 *Renatus Ziegler*

Vorwort

Vor nun bald fünfunddreißig Jahren bin ich zum ersten Mal mit dem Werk von *George Adams* (1894–1963) in Berührung gekommen. Seitdem sah ich mich während vieler Jahre in der besonders günstigen Lage, direkt von ihm zu lernen und mit ihm zusammenarbeiten zu dürfen. In der Zeit des gemeinsamen Arbeitens empfing ich besonders viele Anregungen aus seiner bemerkenswerten Fähigkeit, verwickelte mathematische Begriffe ins Imaginativ-Wirkliche zu heben, ohne die gedankliche Exaktheit, in der sie zunächst gefaßt wurden, aufzugeben. Mit wachsendem Respekt lernte ich seine intuitive Vorstellungskraft schätzen, die den Weg wies, wie diese ins Imaginative erweiterten Real-Begriffe in ihrer Tätigkeit in der geistig-physischen Welt fast sichtbar zu erleben sind.

Nach dem Tod von George Adams machte ich es mir zur Aufgabe, sein Werk mit allen meinen Kräften fortzusetzen. Ganz besonders interessierten mich Forschungen über das Verhältnis der projektiven Geometrie zu den Formen der lebendigen Natur. Das vorliegende Buch enthält die Beschreibung einiger Erfahrungen, zu denen ich in den vergangenen Jahren geführt worden bin. Während dieser Zeit wurde ich oft gefragt: «Wann werden Sie ein Buch darüber schreiben?» Meine Antwort war immer dieselbe: «Noch nicht» – teils, weil die Forschung ihren Fortgang nimmt und alles, was ich heute schreibe, in Gefahr ist, bereits überholt zu sein, wenn es gedruckt erscheint –, und teils, weil ich schon immer davon überzeugt war, daß es wichtiger ist, die Arbeit voranzutreiben, als die Zeit dafür zu verwenden, über sie zu schreiben. Aber manchmal schrieb ich Aufsätze – man könnte sie Forschungsberichte nennen – für die «Mathematical-Physical Correspondence», eine ausgezeichnete, von Stephen Eberhart herausgegebene Zeitschrift. Diese Aufsätze wandten sich an Mathematiker-Kollegen und sollten die Forschung anderer in ähnlicher Richtung anregen. Deshalb waren sie eher technischer Natur und für ein spezielles Publikum bestimmt. Nach diesen Aufsätzen bestand während Jahren eine nicht sehr große, aber kontinuierliche Nachfrage, so daß einige der wichtigsten unter ihnen nun vergriffen sind. Dem Vorschlag, sie alle gesammelt in einem Band herauszugeben, habe ich deshalb mit Freuden zugestimmt.

Als ich die Sache noch einmal überdachte, entschied ich mich für eine Überarbeitung und teilweise Neufassung der einzelnen Aufsätze; dies aus zwei Gründen: Erstens sollten sie mit dem Stand der neuesten Forschungen in Übereinstimmung gebracht werden, und zweitens wollte ich das Wesentliche der Sache einem weiteren Kreis zugänglich machen. Während meiner doch recht ausgedehnten Kurstätigkeit bemerkte ich, daß viele Nicht-Mathematiker, auch wenn sie die mathematischen Details im einzelnen nicht nachvollziehen können, doch in der Lage sind, mit Hilfe des geschulten Vorstellungsvermögens zu einer echten Wertschätzung der aus der Mathematik erfließenden Resultate zu kommen.

Dieses Buch ist daher eine Art Kompromiß; wie erfolgreich er sein wird, muß sich herausstellen. Es basiert auf den oben erwähnten Artikeln, wobei auf kein einziges technisches Detail verzichtet wurde; dies wäre nämlich einer Aushöhlung eines der Hauptargumente für die Publikation gleichgekommen. Aber ich habe viele beschreibende Abschnitte eingefügt, die, wie ich hoffe, dem Nicht-Mathematiker den allgemeinen Gedankengang einsichtig machen werden. Der Nicht-Fachmann wird einige Passagen schwer, ja sogar unverständlich finden; aber mit genügend Ausdauer wird er den Punkt erreichen, von dem aus er Schönheiten und Wunder erblicken kann, für die zu arbeiten es sich wirklich lohnt. Es sind schwierige Zusammenhänge; niemand kann sie in ihrem ganzen Umfang erfassen – jedenfalls nicht der Autor. Wir müssen dankbar sein für das, was wir verstehen, und uns eingestehen, was wir nicht verstehen. Klarheit besteht nicht allein darin, alles klar zu sehen, sondern ebenso im Wissen um die Grenzen unserer Einsicht. Dann allerdings sind wir gerüstet, den nächsten Schritt ins Unbekannte zu tun.

Einleitung

So, wie wir im Leben stehen, finden wir uns eingetaucht in eine Welt, deren rätselhafte und wunderbare Erscheinungen unser Fassungsvermögen zunächst weit übersteigen. Wir finden uns umgeben von Fragen, zu denen wir trotz manchmal verzweifelter Anstrengungen nur selten die richtigen Antworten finden. *Rudolf Steiner*, der Philosoph und Wissenschaftler, wies darauf hin, daß diese Schwierigkeit beim Verstehen unserer Welt ihren Grund in der besonderen Natur unserer menschlichen Organisation hat. Die uns gegenüberstehende Welt ist ihrem Wesen nach eine Einheit, ein ungeteiltes Ganzes; aber wir Menschen können nicht anders, als sie von zwei gegensätzlichen Seiten her zu erfahren. Auf der einen Seite handelt es sich um alles das, was uns durch die Sinne vermittelt wird, durch Sehen, Hören, Tasten usw.: die Welt als Wahrnehmung; auf der anderen Seite geht es um den Bereich der Wirklichkeit, den wir durch unser Denken ergreifen: die Welt als Begriff. Die sinnliche Welt zeigt uns nichts als unverständliche Rätsel, solange diese beiden Seiten in unserem Bewußtsein voneinander getrennt bleiben. Und der Erkenntnisakt ist die Tätigkeit, die diese beiden Aspekte in sinnvoller Weise wieder zusammenfügt.

Rudolf Steiner machte auf den bedeutenden Fortschritt aufmerksam, den *Goethe* als Naturforscher in dieser Hinsicht erzielt hatte. Goethe versuchte mit solcher Hingabe und Selbstlosigkeit, sich in die Welt der reinen Anschauung zu versenken, daß sich ihm die begrifflichen Gesetzmäßigkeiten durch die Wahrnehmungen selbst auszusprechen schienen. Er versuchte gleichsam, seine Ideen in dem lebendigen Gefüge der Natur selbst wahrzunehmen. Die großartige von ihm veranlagte Erkenntnismethode wurde in unseren Tagen weiterentwickelt zu einer Forschungsrichtung, die gelegentlich «Goetheanismus» genannt wird. Und wenn ich nun betone, daß dies nicht der einzig mögliche Zugang zu den Wirklichkeiten der Welt ist, so geschieht dies nicht, um Goethe in irgendeiner

Weise in ein schiefes Licht zu stellen. Ich wünsche mir, den Goetheanismus zu gegebener Zeit mit größerer Vollkommenheit, als es mir jetzt möglich ist, praktizieren zu lernen.

Aber ich glaube, es gibt tatsächlich noch einen anderen Weg. Es war wieder Rudolf Steiner, der uns aufforderte, das «sinnlichkeitsfreie Denken» auszubilden. Dazu müssen wir in die Welt der reinen Begriffe eintauchen. Tun wir dies genügend wirklichkeitsnah und geistvoll-schöpferisch, so können wir uns vielleicht durch die Begriffe selbst zu den ihnen entsprechenden Wahrnehmungen führen lassen. Indem wir dies tun, nehmen wir unseren Ausgangspunkt von einem dem Goetheschen Denken genau entgegengesetzten Ort. Er wollte die Ideen als lebendig wirkende Kräfte in der Natur wahrnehmen; auf der anderen Seite könnte es uns aber auch möglich sein, die Begriffe so konkret und so lebendig zu bilden, daß sie unser Wahrnehmen umgreifen und beleuchten. Vielleicht ist es erlaubt, dieses Vorgehen als «Polar-Goetheanismus» zu bezeichnen; in diesem Sinne ist das vorliegende Buch ein Versuch polar-goetheanistischen Denkens.

Goetheanismus oder Polar-Goetheanismus – das erstrebte End-Resultat ist dasselbe: die wahrheits- und wirklichkeitsgemäße Vereinigung von innerem Gedanken und äußerer Wahrnehmung, die Heilung der Spaltung des Schnitts, den die Begrenzungen unserer Organisation unserer Wahrnehmung einer an sich ungeteilten Welt zugefügt haben. (Nennen wir diese Welt nicht auch «*Uni*versum»?) Und wenn nun das, was zunächst als Zweifaches erscheint, zur Einheit wird, stehen wir an der Schwelle des Erkenntnisakts.

Wir sprachen vom Eintauchen in eine Welt der reinen Begriffe. Wo finden wir eine solche in reinerer Form und unmittelbarer als im Studium der Mathematik? Hier bewegen wir uns in einer Sphäre von in sich selbst begründeten begrifflichen Realitäten. Es besteht allerdings die Gefahr, daß wir uns in Regionen der reinen Abstraktion verlieren; benebelt von der eigenen Klugheit, lassen wir die mathematischen Symbole zu wesenlosen Spielobjekten ohne jeden Wirklichkeitsgehalt werden. Im ernsthaften und sachgemäßen Studium der projektiven Geometrie haben wir jedoch einen Weg vor uns, der unser Denken in ungewöhnlicher Weise mit imaginativer Wirklichkeit erfüllen kann. Dadurch wird zugleich viel erhellendes Licht in andere Bereiche mathematischen Denkens geworfen. Und wie ich glaube, kann diese Art des Denkens zu einem wahrhaften Wegweiser für den Gang unserer Beobachtungen werden.

Aber ich möchte versuchen, die Sache noch etwas anders darzustellen. Es wird manchmal die Frage gestellt: Diese invarianten Tetraeder, diese sich einwickelnden und ausdehnenden logarithmischen Spiralen, diese verdrehten Wirbel – die wir ja alle begreifen und beschreiben können – sind sie so zu denken, als wären sie in der lebendigen Natur wirklich *vorhanden*? Dies ist nun eine Frage, die ich lieber nicht beantworten möchte, ich würde sie in der Tat nicht einmal stellen. Ich denke nicht, daß sie uns der Wahrheit näherbringt, weil die Verhältnisse anders liegen. Ich glaube, daß die Wirklichkeit etwas Geistig-Physisches und weit wunderbarer ist als alles, was der Verstand denken oder das Auge je sehen kann. Kommt nun aber diese Wirklichkeit im Bewußtsein des Mathematikers zur Erscheinung, so tut sie dies in den wunderschönen Formen und Gestalten, von denen ich einige auf den folgenden Seiten zu beschreiben versucht habe; in der äußeren Welt kommt sie in den mannigfaltigen Formen der lebendigen Natur zur Erscheinung. Bringen wir diese beiden Bereiche als Erscheinungsformen ein und derselben Wirklichkeit zusammen, so stellen wir fest, daß sie übereinstimmen und zusammenpassen. Und wenn wir sie zusammenbringen – vorausgesetzt wir haben den Willen und die geistigen Fähigkeiten, in der rechten Weise vorzugehen –, so stehen wir am Eingangstor (man beachte: nur am Eingangstor) der Erkenntnis.

Auf einem solchen Weg müssen wir jedoch mit äußerster Umsicht voranschreiten. Keine Spur eines Wunschdenkens oder von phantasievollen Vorurteilen darf unser Urteil trüben. Wieder und wieder und immer wieder müssen wir der Natur unsere Fragen vorlegen. Und wenn sie mit «nein» antwortet, muß diese Antwort aufrichtig und absolut angenommen werden, ohne daran herumzudeuteln. *Balaams Esel* war ein weiser Lehrer, und eine negative Antwort kann manchmal, wenn sie sorgfältig bedacht wird, einen Hinweis für den weiteren Fortschritt geben. Zwei Beispiele dieser Art werden in den Kapiteln 10 und 12 beschrieben. Weitere Fälle von eindeutig negativen Erfahrungen habe ich nicht geschildert; sie wären eher langweilig und trocken zu lesen.

Muß nun jeder nach Erkenntnis strebende Mensch Mathematiker werden? Keineswegs! Dies ist nur einer von mehreren verschiedenen Wegen. Aber gerade auch auf diesem Weg ist es möglich, seine Vorstellungskraft durch die erzielten Resultate erweitern und beleben zu lassen, ohne daß man die Einzelheiten, die zu diesen Resultaten geführt haben, beherrscht. Der Nicht-Mathematiker hat es unter Umständen sogar leichter; seine Vorstellungskraft kann frei umherschweifen, während diejenige seines fachlich mehr ausgebildeten Bruders Gefahr läuft, in den mechanischen Details steckenzubleiben.

1
Was heißt «ganz» und «gerade»?

Die Ergründung des eigentlichen Wesens eines lebendigen Organismus, wenn man ihn als eine Ganzheit auffaßt, gehört heute zu den Hauptproblemen der Biologie. Wir sind es seit langem gewohnt, ein Lebewesen als ein riesiges Konglomerat von Zellen, und die Zellen selbst als Ansammlung von Molekülen anzusehen. In diesem Sinne ist es uns zur zweiten Natur geworden, den lebendigen Organismus als ein aus Teilen zusammengesetztes Etwas aufzufassen. Ein solcher Gesichtspunkt wird – manchmal, so hat man den Eindruck, mit einer gewissen Verachtung – als Reduktionismus bezeichnet. Nichtsdestoweniger war er die Quelle vieler erstaunlicher Fortschritte unseres Wissens; es ist aber eine Notwendigkeit, daß wir seine charakteristischen und sehr schwerwiegenden Einseitigkeiten im Auge behalten. Man reduziert von einem solchen Gesichtspunkt aus das Erleben der lebendigen Ganzheit auf die begriffliche Erfassung der verschiedenen Teile; und wenn man dann versucht, die erkannten Teile wieder zusammenzusetzen, Begriff um Begriff, zerrinnt die Idee des einheitlichen Organismus allzu leicht unter den Fingern. Man steht vor einem nackten physikalischen Mechanismus, der in letztlich immer noch nicht durchschaubarer Weise zusammengekittet ist.

Vor allem in jüngster Zeit kommen viele derjenigen Biologen, die den lebendigen Organismus in seiner Ganzheit überhaupt noch als Forschungsobjekt betrachten, immer mehr zur Einsicht, daß er etwas Größeres ist als die Summe seiner Bestandteile. Selbstverständlich lassen sich viele verschiedene Teile feststellen, aber es muß noch etwas anderes hinzukommen, eine Art übergreifende Realität, die die einzelnen Teile aufeinander abstimmt und zur dichtgefügten Einheit organisiert, die das eigentliche Lebewesen in Wirklichkeit ist. Diese Einheit hat ihre eigene «Realität», sie ist genauso wirklich wie jeder der Teile, die wir wahrnehmen und betasten können. Wir können von einem «Netzwerk von Beziehungen», einem «organisierenden Prinzip» oder einem «Leib von Formkräften» sprechen. Wichtig ist aber zu sehen, wie durch sorgfältige Beobachtung und vorurteilslose Begriffsbildung eine Annäherung an die Idee dieser übergreifenden Realität ermöglicht wird. Es liegt mir fern zu behaupten, das vorliegende Werk beinhalte mehr als die ersten Schritte eines möglichen Weges, der eines Tages zur realen Erkenntnis dieser Dinge führen wird. Auch wenn es mein einziges Verdienst bleibt, diesen Weg überhaupt in Betracht gezogen zu haben: es wäre die Arbeit wert gewesen. Die Menschen, die sich mit diesen Gebieten beschäftigen, erhielten von Rudolf Steiner oftmals den Rat, die projektive Geometrie zu studieren. Der Hinweis wurde nur von wenigen seiner Schüler und Freunde aufgegriffen (insbesondere von George Adams, dem ich so viel verdanke) und führte zu einigen wirklich fruchtbaren Resultaten. Und da das vorliegende Werk zum größten Teil auf projektiven Methoden beruht, ist es vielleicht angebracht, hier einiges über diese Geometrie zu sagen.

Was ist projektive Geometrie, und wie unterscheidet sie sich von anderen geometrischen Gedankenformen? Über diese Frage könnte man ohne weiteres ein ganzes Buch schreiben; was ich dazu sagen will, kann nicht mehr als eine unvollständige und vielleicht recht naive Beschreibung eines besonderen Aspekts dieses weitreichenden Gebiets sein.

Ganz zu Beginn unserer geometrischen Studien definieren wir den Punkt normalerweise als etwas, das einen wohlbestimmten Ort, aber keine Ausdehnung hat. Eine unendliche Menge von nebeneinanderliegenden Punkten bildet eine Linie. Vor über zweitausend Jahren erklärte uns Euklid: Wenn die Linie «gleichmäßig» zwischen ihren Endpunkten liegt, dann ist sie «gerade». Wir bemerken sofort zweierlei; erstens wird die Linie definiert mittels der sie konstituierenden Teile, und zweitens wird die Qualität der Geradheit überhaupt nicht erklärt. Was ist «gerade»? Ja, eben «gleichmäßig». Aber wenn wir zu Euklid gehen und ihn fragen könnten: «Was ist ‹gleichmäßig›?», so würde er notgedrungen mit uns übereinstimmen müssen, er meine «gerade». Die gegebene Definition ist kaum mehr als eine Tautologie; sie würde uns nicht den geringsten Hinweis darauf geben, was überhaupt Geradheit heißt, wenn wir nicht bereits vor unserem Studium der Geometrie mit ihr bekannt geworden wären.

In der projektiven Geometrie geht man von einem ziemlich anderen Standpunkt aus. Man spricht hier von den drei Grundelementen des Raumes: Punkt, Gerade, Ebene (die Ebene hat in ihrer «Flachheit» eine mit der «Geradheit» der Geraden eng verknüpfte Qualität). Jedes dieser Elemente hat in seinen Beziehungen zu den anderen denselben Grundelement-Charakter: Wir können z. B. sagen, die Gerade «enthalte» unendlich viele Punkte, aber ein Punkt «enthält» ebenso unendlich viele Gerade (alle diejenigen, die durch ihn hindurchgehen). Für die Geradheit wie für die Flachheit wird normalerweise kein Versuch einer Definition unternommen. Es sind Qualitäten, von denen angenommen wird, daß wir sie schon irgendwie intuitiv erfahren haben. Wir müssen bereits wissen (oder annehmen, wir wüßten es), was (und wie) eine gerade Linie und eine ebene Fläche sind, bevor wir mit unseren Studien beginnen. Es ist merkwürdig, daß gerade dies, was in Wirklichkeit die größte aller Schwierigkeiten in sich birgt, normalerweise dem Studenten nur geringe Probleme verursacht. Wir «wissen» ja alle ganz genau – intuitiv – was Geradheit ist und ob ein Ding gerade oder krumm ist. Dies kam mir in aller Schärfe zum Bewußtsein, als ich vor einem kleinen Kurs von Mathematikern über dieses Problem sprach. Es wurde mir plötzlich bewußt, daß wir in der Stadt, in der wir leben, vermutlich die einzigen Menschen sind, die mit diesem Problem Schwierigkeiten haben und zu keiner absoluten Sicherheit kommen können. Wäre ich zu irgendeinem Menschen auf der Straße gegangen und hätte ihn gefragt, ob er wisse, was Geradheit sei, so würde er es als verrückt betrachtet haben, überhaupt eine solche Frage zu stellen. In dieser Welt voller Zweifel und Befürchtungen weiß dies jedermann. Trotz solcher inneren Sicherheit gehört die Geradheit jedoch zu denjenigen Begriffen, die immer undurchsichtiger werden, je mehr man über sie nachdenkt. Und in einer nahezu unangreifbaren Position sind die Vertreter der Auffassung, es handle sich dabei um eine elementare Erfahrung, die einer Erklärung durch noch grundlegendere Prinzipien nicht fähig sei.

Es scheint uns nützlich, an diesem Punkt eine Charakterisierung des Geometrisierens zu geben, die von ganz anderen Voraussetzungen ausgeht. Während des letzten Jahrhunderts spielt für die Betrachtung fast der gesamten Geometrie der mit ihr eng verknüpfte Begriff der «Transformation» eine große Rolle; dies trifft fast in gleichem Maße für die klassische euklidische Geometrie wie für viele der neueren Geometrien zu, die seither entwickelt wurden. In der modernen Topologie z. B. werden verschiedene Arten von raffinierten und machtvollen Transformationen studiert.

Mühelos läßt sich dieses  in dieses 
und dieses  in dieses 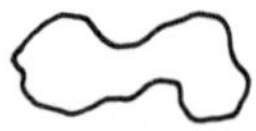 verwandeln.

Aber wenn wir Lehrbücher zu Rate ziehen und fragen, was denn die projektive Transformation von allen anderen Transformationen unterscheide, sagt uns ein Buch nach dem anderen, daß die projektive Transformation «algebraisch» ist. Und weil nun dieses kleine Wort ein wesentliches Unterscheidungsmerkmal für unsere Geometrie zu sein scheint, sollten wir es einer genaueren Betrachtung unterziehen.

Was meinen wir, wenn wir sagen, daß eine Transformation algebraisch ist? Es bedeutet einfach, daß es sich um eine Transformation handelt, die durch eine algebraische Gleichung ausgedrückt werden kann. Diese Aussage ist aber wieder eine Tautologie. Was *bedeutet* es, algebraisch zu sein? Wir wollen die einfachen Gleichungen aus unserer Schulzeit betrachten: diese x und y, was *sind* sie? Es sind sicherlich keine Zahlen, weil sie normalerweise keine bestimmten Werte haben. Aber wir können sagen, daß es sich um quantitätslose Elemente handelt, die sich aber dennoch gemäß den Gesetzen der Zahlen *verhalten*. Wenn wir sagen, daß unsere projektiven Transformationen algebraisch sind, so stellen wir eigentlich fest, daß unsere Geometrie nach den Gesetzen der Zahlen funktioniert. Suchen wir nach Gründen zur Unterstützung unserer Überzeugung, daß die Wahrheiten der projektiven Geometrie besondere Bedeutung haben, so könnten wir an dieser Stelle auf die alte pythagoreische Lehre verweisen, daß das Geheimnis der Zahl das Geheimnis aller Dinge sei und daß das Universum in kosmischer Musik erklingt, die seit allen erdenklichen Zeiten gemäß der Natur der Zahlen ertönt.

Es mag aber vielleicht sinnvoller sein, uns die Algebra unserer Schultage etwas zu vergegenwärtigen. Wir erinnern uns, daß wir eine beliebige einfache Gleichung mit zwei Variablen, etwa x und y, als Kurve in einem Koordinatensystem darstellen können. In Abb. 1 sehen wir drei solche einfachen Kurven mit ihren dazugehörigen Gleichungen. Bei genauerer Betrachtung sehen wir, daß die dritte Kurve eine besondere Eigenschaft hat, durch welche sie sich unmittelbar von den beiden andern absetzt: Sie ist gerade, während die anderen gekrümmt sind. Sehen wir die Gleichungen näher auf ihre Unterschiede an, so bemerken wir, daß bei den gekrümmten Kurven mindestens eine der Variablen x oder y einen Index (die kleine hochgestellte Zahl) trägt, während in der Geraden-Gleichung

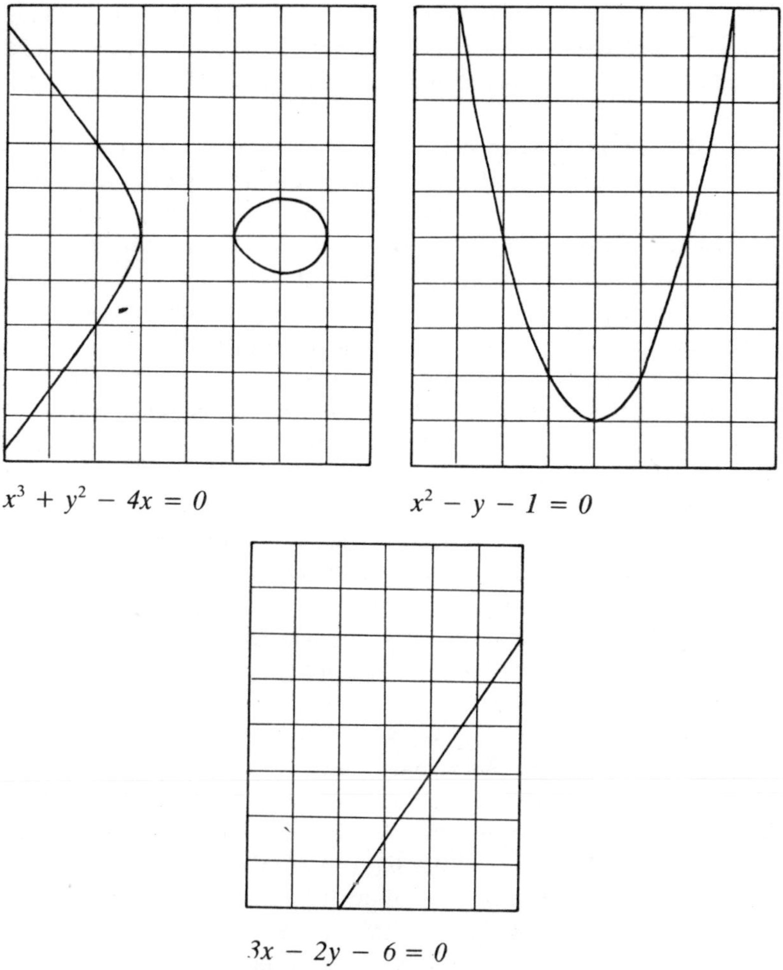

Abb. 1 Nur diejenigen Gleichungen haben als Graphen eine Gerade, die sowohl bei x wie bei y Indizes (Exponenten) besitzen, die gleich Eins sind (solche Indizes werden normalerweise gar nicht geschrieben).

kein Index erscheint. Aber dies ist eine kleine Täuschung; in Wirklichkeit trägt jedes x und y einen Index, aber wenn er gleich Eins (1) ist, so machen sich die Mathematiker im allgemeinen nicht die Mühe, ihn hinzuzuschreiben. Er versteht sich von selbst. (Die Kunst der Mathematik ist untrennbar verknüpft mit der Kunst der Vereinfachung; kein Mathematiker, der diese Bezeichnung wirklich verdient, möchte gern schuldig befunden werden, einen unnötigen Strich auf sein Papier gemacht zu haben.)

Es läßt sich nun eine allgemeine Regel aussprechen: Wenn die Indizes aller Variablen einer Gleichung Eins sind, und nur dann, ist die entsprechende Kurve eine Gerade. Hier kommen wir für mein Gefühl der Möglichkeit näher, eine Definition der Geradheit aufzustellen, die in ihrem Charakter vielleicht grundlegender ist als der Begriff der Geradheit selbst. Wir sehen nun Geradheit als eine mit der Eins und mit der Einheit verbundene Qualität, die sozusagen sogar als Bild der Einheit in unserem Raum-Bewußtsein erscheint. Und in den tiefsten Tiefen meines Seins, auf der grundlegendsten Ebene überhaupt, kenne ich den Unterschied zwischen Einheit und Vielheit. Ich kenne diesen fundamentalen Unterschied von Grund auf, weil ich ein Wesen mit Ich-Bewußtsein bin. Ich weiß, was es heißt, *Einer* zu sein.

Die Tragweite dieser Einsichten zeigt sich im Leben selbst. Durch mein Ich-Bewußtsein unterscheide ich mich im Bereich des Seelischen von den Tieren; und im Bereich des Raumes nehme ich durch meine aufrechte Haltung, durch die Tatsache, daß ich aufrecht stehen kann, eine Sonderstellung ein. Wir finden sie in der Sprache wieder. Wenn ein Mensch ehrlich ist, wenn das, was er sagt, und das, was er meint, eins sind, so sagen wir von ihm, er sei «aufrecht» und «aufrichtig». Und wenn er eines sagt und etwas anderes meint, so ist er doppelzüngig und zweideutig, und wir nennen ihn krumm, verbogen oder schräg. Wir haben es hier mit dem ganzen Begriffsumkreis der Integrität zu tun. Als Christus den Teufel aus dem Mann in der Gegend der Gadarener austrieb, fragte er ihn nach seinem Namen, worauf der Teufel antwortete: «Mein Name ist Legion, denn unser sind viele» (Mark. 5,9). Dieser Mann war krank, weil er Viele war; geheilt zu werden hieß für ihn, Einer zu werden. Wie oft lesen wir im Alten Testament, daß diese oder jene Person ein «aufrechter Mensch» sei; wurde mir dies als kleinem Kind vorgelesen, kam ich nie auf die Idee, es mit seiner Haltung in Verbindung zu bringen – obwohl ich heute glaube, daß er auch seinen Kopf hochgetragen hätte. Wenn Christus die Bittsteller fragte, «Was willst du, daß ich für dich tun soll?», so wird uns immer wieder und wieder berichtet, daß die Antwort nicht lautete: «Herr, mache, daß ich gesund werde», sondern «Herr, mache, daß ich ganz werde», heil werde, Einer werde.

Auf diese miteinander verwobenen Begriffe der Einheit, Ganzheit, Geradheit kommen wir natürlicherweise, sobald wir die Konsequenzen verfolgen, die sich ergeben, wenn wir die Welt unserer Gedanken «algebraisch» sein lassen. «Algebraisch» heißt hier: Durchdrungen vom Wesen der Gesetze der Zahlen; es ist dieselbe Qualität, die die Natur unserer projektiven Transformationen charakterisiert.[1] Ist es noch erstaunlich, wenn wir im tiefsten Herzen der projektiven Geometrie die intuitiven Vorstellungen der Geradheit und Flachheit vorfinden? Der projektive Geometer kann keinen Schritt ohne sie tun.

Die Tatsache, daß diese Beziehungen Gültigkeit haben, wird auch dadurch erhärtet, daß von vielen Generationen von Mathematikern jeder Prozeß oder jede Transformation, die nur von den ersten Potenzen ihrer Variablen abhängt, «linear» genannt wurde. Und Mathematiker haben schon immer bemerkt, daß sie es mit etwas von besonders grundlegender Bedeutung zu tun haben, wenn sie sich mit linearen Funktionen oder Prozessen befassen. Nun stehen im Zentrum der projektiven Geometrie gerade zwei Arten von Transformationen, die linear sind; sie werden Kollineationen und Korrelationen genannt.[2] Sie sind dem Herzen der projektiven Geometrie so nahe, daß einige Puristen nur das, was aus diesen linearen Prozessen entspringt, im eigentlichen Sinne als projektiv betrachten möchten.

Man kann in der Tat unter Anwendung projektiver Methoden die Untersuchung auf viele Transformationen höherer Ordnung ausdehnen, die dann natürlich weniger fundamental, aber immer noch algebraisch sind. Die meisten von uns werden sich die Freiheit nicht nehmen lassen wollen, diese Dinge in ihre Betrachtungen mit einzubeziehen. Aber der Kern der Sache liegt in den linearen Prozessen, und, speziell in unserem Zusammenhang, bei den Kollineationen.

Kollineationen

In Abb. 2a (s. S. 22) sehen wir eine einfache Figur, ein gleichseitiges Dreieck mit seinem Inkreis. Abb. 2b entstand daraus durch eine quadratische Transformation, d. h. eine solche, die in ihrer algebraischen Form

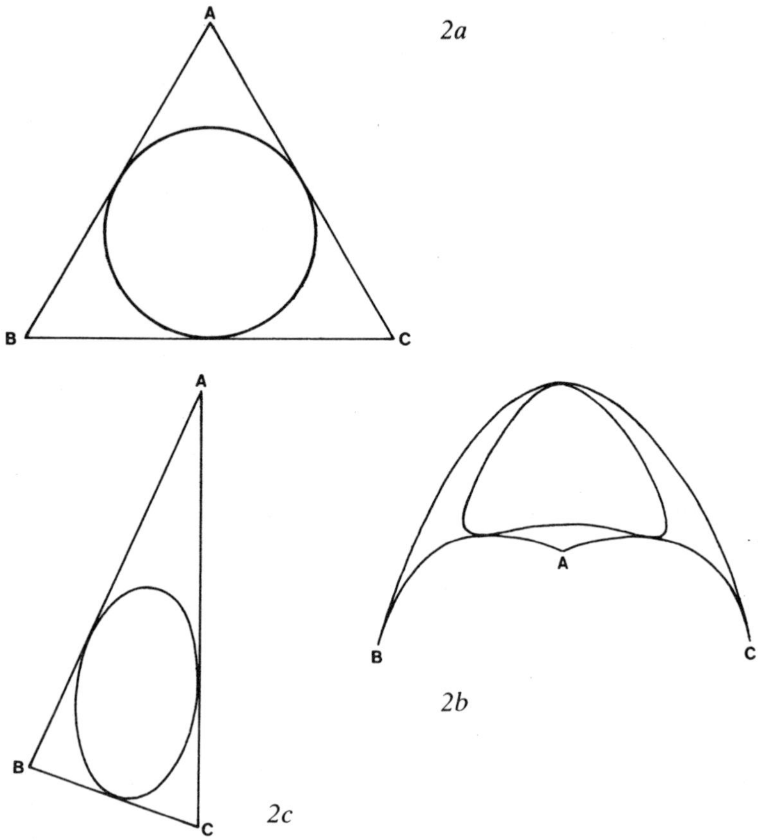

Abb. 2 Abb. 2c entsteht aus 2a durch eine Kollineation (eine lineare Transformation), wobei die Geradheit aller Geraden erhalten bleibt. Eine etwas kompliziertere Transformation führt 2a in 2b über, wo alles gekrümmt erscheint.

mindestens eine Variable in zweiter Potenz (quadriert) enthält. Bemerkenswert ist die dramatische Formänderung: Die Seiten des Dreiecks gingen in eine Art «Eulenspiegel-Mütze» über, und der Kreis geht in eine ähnliche, darin liegende Form über. In diesem besonderen Fall blieb etwas von der Symmetrie der ursprünglichen Figur erhalten. Dies ist aber nur deswegen der Fall, weil die Transformation in einer ganz bestimmten Weise durchgeführt wurde. Unter etwas allgemeineren Annahmen wäre die Symmetrie vollkommen zerstört worden. – In Abb. 2c sehen wir das Resultat, wenn die ursprüngliche Figur einer Kollineation unterzogen wird. Wieder sind die Veränderungen bemerkenswert und wichtig, obwohl nicht ganz so dramatisch. Der Kreis ging in eine ganz anders geartete Kurve über (in diesem besonderen Fall in eine Ellipse); während der Inkreis die Seiten des Dreiecks genau an deren Halbierungspunkten berührte, gilt dies nun für die neue Kurve nicht mehr; alle Spuren der ursprünglichen Symmetrie sind verschwunden; die Gleichheit der Seitenlänge des Dreiecks gilt nicht mehr. Was aber vor der Durchführung der Transformation gerade war, ist es auch danach. Kollineationen sind lineare Transformationen; es wird uns nicht überraschen, daß unter allen Transformationen die Kollineation diejenige ist, die Geraden immer in Geraden überführt, also die Geradheit bewahrt.

Dies alles weist der Kollineation eine besondere Stellung zu. Sie entspringt aus den elementarsten und grundlegendsten Prozessen, die im ganzen Bereich der Gesetzmäßigkeiten der Zahlen möglich sind; sie bringt diese Eigenschaften in räumlichen Verwandlungen und Bewegungen zur Erscheinung. Zugleich ist sie zutiefst verbunden mit der Qualität der Geradheit, die wir so tief und intensiv aus der Einheit unseres selbstbewußten Seins heraus erfahren. Ich denke sogar, daß es sich um einen Prozeß handelt, der sehr nahe mit der Entstehung des Seins überhaupt verwandt ist.

Alles in diesem Buch Beschriebene, bis einschließlich Kapitel 8, ging allein und vollständig aus dem Studium der Kollineationen hervor. Nur in den Kapiteln 9, 10 und 11, wo wir Fruchtknoten und die Prozesse der Fruchtentstehung betrachten werden, war es notwendig, eine etwas kompliziertere Transformation herbeizuziehen, die sogenannte Pivot-Transformation. Aber auch diese ergibt sich als direkte Konsequenz aus der Kollineation selbst.

Nachdem der Leser das Buch einmal flüchtig durchgeblättert hat, mag er sich fragen, wie es kommt, daß die meisten abgebildeten Formen und Flächen gekrümmt und vergleichsweise wenige gerade oder eben sind. Hier begegnen wir einem der bemerkenswertesten Aspekte dieses Gedankengebiets. Wir haben tatsächlich nur die einfachsten und grundlegendsten Prozesse in Gang zu setzen, um festzustellen, daß bereits dadurch tiefergehende Gesetzmäßigkeiten ins Spiel gebracht werden, ohne daß wir auf zusätzliche Komplikationen einzugehen haben. Und diese ersten Kurven und gebogenen Flächen, die auf diese Weise entstehen, sind wahrscheinlich die elementarsten Dinge dieser Art, die sich überhaupt finden lassen.

Wir begegnen hier einer merkwürdigen Parallele zu einem der schwierigsten Probleme der modernen Biologie. Die Evolution im Sinne Darwins wird oft als ein Bemühen der Natur geschildert, die Eigenschaft zu erreichen, die als «Überlebensfähigkeit» bezeichnet wird. Nun haben aber viele der aus wenigen Zellen bestehenden Ur-Organismen die größte Überlebens-Wahrscheinlichkeit überhaupt. Ist die beste «Überlebens-Fähigkeit» wirklich das höchste Ziel der Natur, so kommen wir um die Frage nicht herum, warum sich die Natur überhaupt auf die gefahrvollen Abenteuer der Erzeugung komplexer Organismen, die innerhalb ihrer Umgebung viel größeren Risiken ausgesetzt sind, eingelassen hat. Der in der Natur bemerkbare stetige Drang nach fortwährender Steigerung der Komplexität läßt sich in keiner Weise durch das Gesetz des Überlebens des best-angepaßten Organismus erklären.

Und hier, im Bereich der reinen Gedanken, ist es unmöglich, die einfachsten linearen Prozesse in Gang zu setzen, ohne daß die Sache – von selbst – zunehmend komplizierter und differenzierter wird. Die mit einer gewissen Unvermeidbarkeit aus den einfachsten, elementaren linearen Prozessen entstehenden komplexen Gebilde zeigen sich zunächst als die Wegkurven und -flächen, mit welchen diese Arbeit sich beschäftigt.

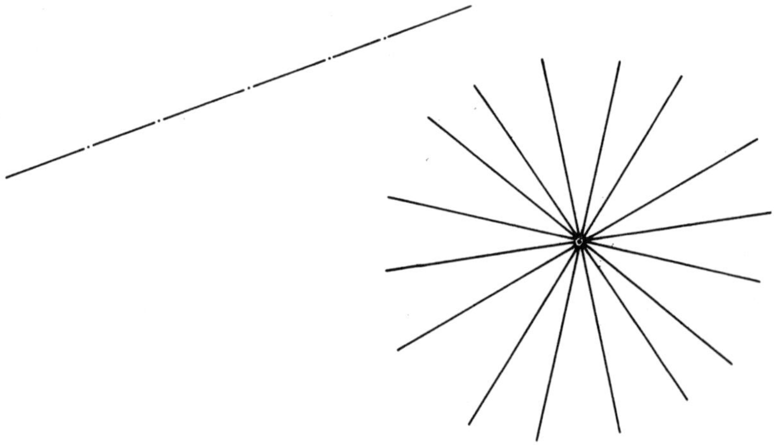

Abb. 3 Geradheit: Extensiver Ausdruck des Prinzips der Einheit. Strahlenbüschel: Intensiver Ausdruck des Prinzips der Einheit.

Bei der nun folgenden letzten Betrachtung in dieser kleinen Studie zur Einheit und Ganzheit müssen wir wirklich das ganz ernst nehmen, was weiter oben gesagt wurde. In der projektiven Geometrie sind die Begriffe *Ebene, Gerade* und *Punkt* alle gleich grundlegend und untereinander gleichberechtigt. So wie ich eine Gerade als eine Menge von Punkten betrachten kann, muß ich auch in der Lage sein, einen Punkt als Menge (Treffpunkt) von Geraden aufzufassen. Diesem letzteren Gebilde gab *Leonardo da Vinci* den Namen «Strahlende Linie» – wir sagen heute Strahlenbüschel; er scheint diesen Ausdruck mit so etwas wie einem Ausruf des Entzückens in seine Notizen zur Perspektive eingetragen zu haben.

Ich bringe eine Menge von Punkten «in eine Linie», d. h. ich verbinde sie *durch das Prinzip der Einheit,* und nenne sie dann «gerade». Geradheit wird für mich ein *extensives* Bild dieses Einheits-Prinzips.

Ich bringe eine Menge von Geraden «in einen Punkt». Wieder verbinde ich sie durch das Prinzip der Einheit, und kann nun von einem Strahlenbüschel sprechen. Darin habe ich ein *intensives* Bild desselben Prinzips der Einheit.

2
Geradheit in Bewegung

Im vorangehenden Kapitel haben wir einige Ideen zur Geradheit entwikkelt, aber es war eine rein gedankliche, begriffliche Darstellung. Wie steht es nun mit unserer Wahrnehmungs-Welt? Wo sehen wir in unserer Umgebung etwas Gerades oder zumindest annäherungsweise Gerades? Wir sehen es an sehr vielen Orten: an den Kanten der Stühle und Schreibtische, den Rahmen der Türen, an den Begrenzungen der Wände, Böden und Decken, am Mast eines Schiffes, an Türmen und deren Spitzen. Es läßt sich tatsächlich sogar einwenden, wenn wir nicht mindestens einen Teil dieser Dinge erlebt hätten – ganz naiv –, so wäre der größte Teil des vorherigen Kapitels unverständlich gewesen. Aber alle genannten Dinge sind von Menschenhand gemacht. Läßt sich auch in der Natur etwas finden, das wir der Form nach als gerade bezeichnen würden? Das ist nun nicht so leicht. Die lebendige Natur zeigt kaum Formen mit geraden Begrenzungen, obwohl wir vielleicht beim Stengel einer Pflanze mit Recht von einer Tendenz zur Geradheit sprechen dürfen. Gelegentlich finden wir bei Mineralien gerade Kanten und Flächen, d. h. bei den entsprechenden Kristallformen. Es gibt aber ein Natur-Phänomen, das uns die Qualität der Geradheit aber wieder in besonders exakter Weise zum Ausdruck bringt: die Begrenzungsflächen von Lichtbündeln. Wie ich glaube, haben wir im Lichtstrahl ein archetypisches Erlebnis der Geradheit.

Abb. 4 zeigt ein Bild, wie man es auf den ersten Seiten fast jedes Lehrbuches der elementaren projektiven Geometrie finden kann. Gegeben sind zwei Strahlen m_1 und m_2, sowie ein Strahlenzentrum O. (Wie üblich werden wir Punkte immer mit Großbuchstaben, Geraden mit kleinen Buchstaben bezeichnen.) Damit läßt sich eine Transformation zwischen den Punkten von m_1 und denjenigen von m_2 realisieren. Dabei wird A_1 in A_2, B_1 in B_2 usw. abgebildet. Diese elementare Transformation heißt Perspektivität. Sie hängt nur lose mit den Gesetzen der per-

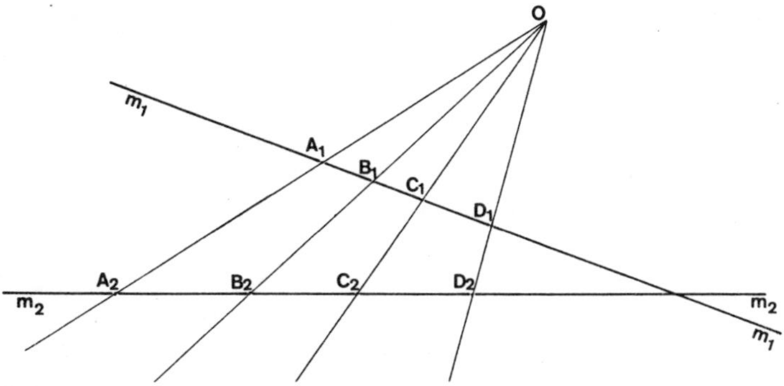

Abb. 4 Die projektive Transformation entsteht durch Ausstrahlung von Geraden aus einem Punkt. Sie ist dem Verhalten von Lichtgrenzen verwandt.

spektivischen Darstellung räumlicher Gebilde zusammen, wie sie etwa die Künstler anwenden. Die Bezeichnung geht zurück auf die frühen projektiven Geometer, für die es klar war, daß man es hier mit den fundamentalen Gesetzen des Lichtes zu tun hat. Das Studium der projektiven Geometrie beginnt mit einer genauen Untersuchung der Veränderungen in den Abstandsverhältnissen, die zwischen den Punkten von m_1 vor der Transformation und zwischen denjenigen von m_2 nach der Transformation vor sich gehen (und insbesondere denen, die *nicht* vor sich gehen). Und nun können wir sehen, daß dieser Prozeß vollkommen linear ist; die Punkte von m_1 sind auf einer Geraden, ebenso diejenigen von m_2. Sie sind gerade, im extensiven Sinne. Die Geraden, die A_1 mit A_2 und B_1 mit B_2 usw. verbinden, sind «in einem Punkt»; wir könnten sagen, sie sind «gerade» im intensiven Sinne. Die Sache ist durchdrungen vom Prinzip der Einheit; nichts anderem ist es erlaubt, darin eine Wirkung zu entfalten.

Eine gewöhnliche Dia-Schau ist eine dreidimensionale Entsprechung dieses Vorgangs. Die Gerade m_1 repräsentiert das Dia, m_2 die Leinwand und der Punkt O den Projektor. Unsere Wissenschaft wird nicht ohne Grund «projektiv» genannt; wiederum sehen wir, daß wir wirklich im Reich des Lichtes arbeiten. Sind das Dia und die Leinwand parallel, so ist die Transformation eine reine Vergrößerung; alle Umrisse und Proportionen sind unverändert, das Bild auf der Leinwand ist einfach größer – und das wollen wir ja gerade. Stellen wir die Leinwand in verschiedenen anderen Winkeln zum Dia, so können wir alle möglichen Verzerrungen des Bildes hervorrufen. So ganz genau stimmt das aber doch nicht; wie stark wir auch das Bild verzerren, eine besondere Verzerrung werden wir nie erreichen: eine Linie, die auf dem Dia gerade ist, wird unter allen Umständen auch auf der Leinwand gerade sein. Es handelt sich um einen linearen Prozeß. Die Geradheit bleibt erhalten, sie ist sakrosankt, unantastbar.

Wir wollen zu unserem zweidimensionalen Beispiel zurückkehren. Es wäre durchaus möglich, den Vorgang zu wiederholen und die Punkte von m_2 durch eine zweite Lichtquelle auf eine dritte Gerade, oder, was für unsere Zwecke hier interessanter ist, auf die Gerade m_1, woher sie kam, zurückzuprojizieren.

In Abb. 5 zeigen wir eine einfache Methode, dies durchzuführen. Sei m die Grundgerade, auf welcher die Punkte vor der Transformation liegen, und auf welche sie nach der zweiten Transformation zurückkehren. Die Gerade m_2 der Abb. 4 spielt nun nur eine vermittelnde Rolle, wir wollen sie deshalb neu mit i bezeichnen (abgeleitet von dem englischen Ausdruck «intermediate», für vermittelnd, dazwischen liegend). O_1 und O_2 sind die beiden Lichtquellen. Die Transformation geht nun folgendermaßen vor sich: Sei A_1 ein Punkt auf m. Wir projizieren ihn von O_1 auf den Punkt A' auf i und dann projizieren wir ihn von O_2 zurück nach A_2 auf m. (Bei Abb. 4 sprachen wir von der Transformation von A_1 nach A_2, aber wir hätten geradesogut von der Transformation von A_2 nach A_1 sprechen können. Der Prozeß läßt sich ohne jede wesentliche Änderung der Qualität umkehren. Wir dürfen uns deshalb nicht davon irritieren lassen, daß jetzt das «Bild» A' zwischen dem «Objekt» A_1 und der Lichtquelle O_1 liegt.)

Betrachten wir nun nur den Vorgang innerhalb der Geraden m und

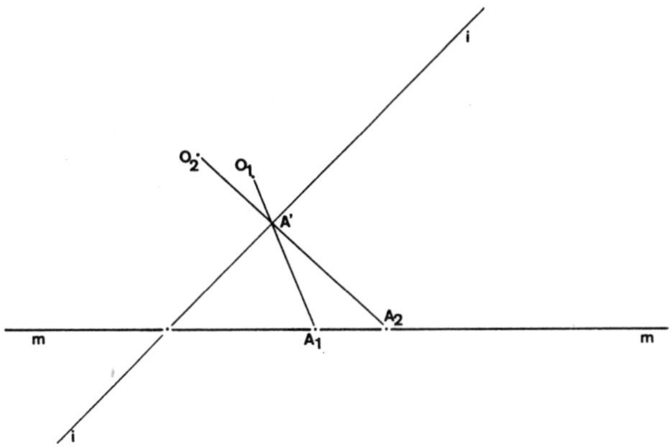

Abb. 5 Punkt A_1 wird in A_2 transformiert. Dies ist der einfachste und fundamentalste Prozeß, der die Punkte einer Geraden auf sich selbst abbildet.

vergessen wir für einen Moment den Mechanismus, durch welchen der Prozeß bewirkt wird (d. h. die Punkte O_1, O_2 und die Gerade i), so haben wir eine Transformation vor uns, die A_1 in A_2 überführt und ebenso jeden beliebigen Punkt der Geraden in einen andern Punkt derselben Geraden übergehen läßt.

Eine solche Transformation wird als Kollineation einer Geraden in sich selbst bezeichnet. Es ist die einfachste und fundamentalste Transformation einer Geraden, die sich – jedenfalls im algebraischen Bereich – finden läßt. Wie wir aus ihrer Konstruktionsmethode ersehen, ist sie in allen ihren Schritten vollständig linear.

Einige Fragen entstehen hier: Wenn wir einen Punkt A in einen anderen Punkt der Geraden transformieren, und dann in gleicher Weise diesen neuen Punkt usw., bis wir eine Serie von Punkten erhalten, die die Orte der Bilder von A bei wiederholter Anwendung der Transformation repräsentierten – welche Art von Eigenschaften wird diese Punktserie auszeichnen?

Erweitern wir unsere Betrachtungen auf die Kollineation der ganzen Ebene in sich. Ein Punkt A kann sich jetzt an jeden anderen Ort der Ebene bewegen. Welche Spur wird er bei wiederholter Anwendung einer solchen Transformation hinterlassen?

Schließlich gibt es noch die Kollineation des ganzen Raumes. Der Punkt A kann sich an jeden Ort in den drei Dimensionen bewegen.

Verfolgen wir wieder die aufeinanderfolgenden Positionen von A bei wiederholter Anwendung der Transformation. Was wird das Resultat sein?

Einige der weitreichenden Antworten auf diese Fragen werden in den nächsten beiden Kapiteln ausgearbeitet. Der nicht mathematisch vorgebildete Leser tut gut daran, den Ausführungen, soweit er kann, zu folgen. Er wird sicherlich einiges davon verstehen und im übrigen einen allgemeinen Eindruck von der Denkweise bekommen. Kommt der Leser nur mit Mühe voran, sollte er sich davon nicht abschrecken lassen; in Kapitel 4 werden wir eine kurze Zusammenfassung der erzielten Resultate geben, die ihn in die Lage setzen, dem größten Teil der dann anschließenden Ausführungen zu folgen.

3
Wegkurven in ein und zwei Dimensionen

Wachstumsmaß

Wir gehen nun daran, einige der am Ende des letzten Kapitels gestellten Fragen einer genaueren Untersuchung zu unterziehen. Blicken wir zurück auf Abb. 5. Dort fanden wir eine einfache Methode, die Punkte einer Geraden m zu transformieren. A_1 geht dabei in A_2 über, und jeder beliebige weitere Punkt der Geraden kann so durch genau denselben Prozeß in einen anderen Punkt transformiert werden. Wir betrachteten die Möglichkeit, nachdem wir A_1 in A_2 überführt hatten, A_2 in einen Punkt A_3 zu transformieren, diesen wiederum in einen weiteren, den wir jetzt A_4 nennen. Führt man diesen Prozeß immer weiter, so erhält man eine Serie von Punkten, die die aufeinanderfolgenden Positionen des Punktes A nach wiederholter Anwendung derselben Transformation zeigen. Wie wird eine solche Serie von Punkten beschaffen sein? Wird sie irgendwelche besonderen mathematischen Eigenschaften haben?

Abb. 6 (s. S. 32) zeigt eine Gerade m, bei welcher ein Punkt dem oben beschriebenen Prozeß unterzogen wurde. Wir sehen, daß die Punkte im mittleren Bereich der Geraden locker verteilt sind, während sie links und rechts davon enger liegen. Eine genauere Betrachtung lehrt, daß es sich hier um ein sehr wichtiges geometrisches Gebilde handelt, das einige bemerkenswerte Eigenschaften aufweist. George Adams nannte eine solche Serie von Punkten ein *Wachstumsmaß*; wir werden im folgenden diese Bezeichnung beibehalten. Wie geeignet und zutreffend dieser Name ist, wird sich im Lauf unserer Untersuchungen immer klarer herausstellen.

Die eindimensionale Kollineation hat völlig linearen Charakter; sie ist die einfachste und elementarste mögliche Transformation einer Geraden

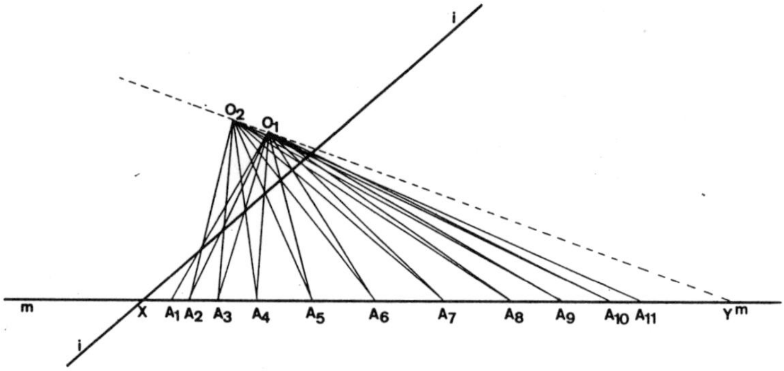

Abb. 6 Wir finden die «Geschichte» eines Punktes A durch wiederholte Anwendung derselben Transformation.

in sich selbst; sie muß nur immer wieder angewendet werden, um jeden Punkt der Geraden im Wachstumsmaß wandern zu lassen.

Beschäftigt sich ein Mathematiker mit einer Transformation, die die Elemente irgendeines Gebildes in sich überführt, so wird eine der ersten Fragen, die er sich stellt, die sein, ob es dabei solche Elemente des Gebildes gibt, die ihre Position nicht verändern, d. h. die bei der Transformation invariant bleiben. Die Kollineation einer Geraden ist von so großer Bedeutung und so grundlegend, daß sie schon oft bis ins kleinste untersucht wurde. Die Antwort auf unsere Frage findet sich in jedem elementaren Lehrbuch der projektiven Geometrie. Es ist hier nicht der Ort, alle dazugehörigen Überlegungen darzustellen. Wir werden das Resultat als gegebene Tatsache voraussetzen: In jeder projektiven Transformation einer Geraden in sich selbst (d. h. einer Kollineation) gibt es immer – und muß es immer geben – genau zwei Punkte, die sich nicht bewegen, die invariant sind. In Figur 6 sind diese beiden Punkte mit X und Y bezeichnet; sie sind gleich den Schnittpunkten der Geraden i und der Verbindungslinie O_1O_2 mit m, der Basislinie.

Geometrische Folgen

Projizieren wir ein Wachstumsmaß von seiner Trägergeraden m auf eine andere Gerade, gemäß dem in Abb. 4 gezeigten Vorgang, und zwar derart, daß einer der beiden Fixpunkte, X oder Y, in den unendlich fernen Punkt dieser Geraden übergeht, dann ordnen sich alle übrigen Punkte des Maßes in einer perfekten geometrischen Folge. Die Distanzen werden dabei vom anderen Fixpunkt aus gemessen, der jetzt als Nullpunkt dient. Wir sollten nie so weit abstumpfen, daß wir angesichts dieser überraschenden Tatsache nicht mehr erstaunen können, so selbstverständlich sie uns im Lauf der Zeit und mit zunehmender Erfahrung auch werden wird. Man beachte nämlich, daß Abb. 6 ohne jede Rücksicht auf Zahl oder Maß konstruiert wurde. Sie kann unter alleiniger Verwendung eines Lineals ohne Maßeinheiten aufgebaut werden. Und trotzdem ist das Endergebnis eine Serie von Punkten, die von Zahlenbeziehungen durchdrungen ist, und diese Zahlenbeziehungen sind von der Natur des Multiplikationsprozesses. Der eigentliche Multiplikationsprozeß, wie wir ihn aus der elementaren Arithmetik kennen, erscheint solange nicht, bis einer der Fixpunkte im Unendlichen liegt. Aber die *Qualität* des Prozesses ist jedem allgemeinen Wachstumsmaß inhärent.

Jedes Wachstumsmaß enthält eine unendliche Menge von Punkten. Der Punkt A muß eine unendliche Anzahl von Schritten durchlaufen, bis er Y erreicht, und er hat bereits eine unendliche Anzahl von Schritten hinter sich, wenn er von X kommt. Ein solches Maß wird in einigen Lehrbüchern auch ein hyperbolisches Maß oder eine *hyperbolische Metrik* genannt.

Schrittmaß

Es ist ohne weiteres möglich, die obige Konstruktion so abzuwandeln, daß die beiden Fixpunkte zusammenfallen, koinzidieren. Wir haben dann genau einen Doppelpunkt, X=Y, durch den die Geraden O_1O_2, sowie i, aus einer anderen Richtung, hindurchgehen müssen. Die Durch-

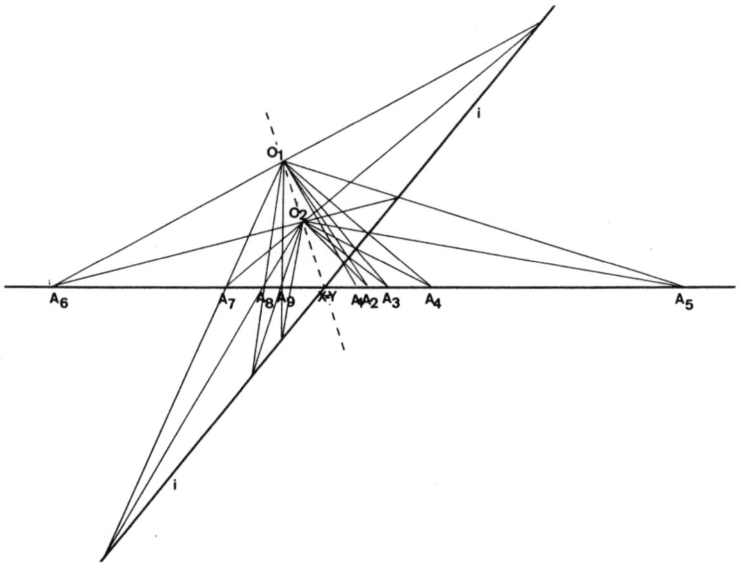

Abb. 7 Lassen wir die beiden invarianten Punkte zusammenfallen, so finden wir, daß A sich im Schrittmaß bewegt.

führung der Konstruktion ergibt eine Serie von Punkten, die in einer Richtung aus dem Fixpunkt X = Y herausquellen, durchs Unendliche gehen und sich wieder von der anderen Seite in der Annäherung an X = Y häufen (Abb. 7).

George Adams nannte diese Anordnung von Punkten ein *Schrittmaß*. Projizieren wir nämlich den (doppelten) Fixpunkt, wie oben angegeben, ins Unendliche, so werden alle Punkte untereinander denselben Abstand entlang der Geraden erhalten. Das Schrittmaß enthält die Qualität der Addition.

In der Schule lernten wir zunächst addieren, später wurde dann die Multiplikation als Ergebnis wiederholter Addition eingeführt; wir betrachteten die Multiplikation als eine höhere oder potenzierte Form der Addition. Dies ist sicherlich ein in seiner Art berechtigter Standpunkt. Hat man es aber mit diesen archetypischen Skalen zu tun, so kommt man zu den Grundlagen des Denkens, und hier erscheinen manche Dinge in anderer Weise. Sagen wir zu einer Geraden: «Transformiere dich», so wird sie, sich selbst überlassen, *multiplizieren*. Nur wenn wir ihr unseren Willen aufdrängen und sie zwingen, es in einer bestimmten Art und Weise zu tun, wird sie *addieren*. In diesem Sinne müssen wir die Multiplikation als archetypischen Prozeß auffassen und die Addition als eine ihrer «gefallenen» Erscheinungsformen.

Vielleicht wird sich die Tatsache, daß die gesamte lebende Natur nach den Gesetzen der Multiplikation wächst, und wir in unserer Umgebung nur in der mineralischen Welt und den Produkten der von Menschen gemachten Maschinen das additive Element vorfinden, von selbst mit den eben beschriebenen Eigenschaften der Multiplikation und Addition in unserem Bewußtsein zusammenfinden.

Charakteristik oder Multiplikator

Wir wollen nun das Wachstumsmaß einer genaueren Analyse unterwerfen. Wir wissen aus der elementaren projektiven Geometrie, daß die Transformation einer Geraden in sich selbst eindeutig bestimmt ist durch drei voneinander verschiedene Punktepaare. Daraus folgt, daß wir nach willkürlicher Wahl der beiden Fixpunkte einen dritten Punkt A in einen beliebigen Punkt A' übergehen lassen können. Die Transformation und damit das Wachstumsmaß ist dadurch eindeutig bestimmt. Durch die Wahl der vermittelnden Geraden i und der Projektionszentren O_1 und O_2 in beliebiger Weise haben wir eigentlich genau dies realisiert. Und weiter haben wir dadurch, bewußt oder unbewußt, eine gewisse Zahl ausgezeichnet, mit welcher das Wachstumsmaß multipliziert. Durch diese Zahl läßt sich das Wachstumsmaß in gewisser Weise vollständig charakterisieren, und ich will sie *Charakteristik* oder *Multiplikator* des Maßes nennen.

Betrachten wir irgendwelche vier aufeinanderfolgenden Punkte des Maßes, A, B, C, D, so werden diese in die nächsten vier Punkte B, C, D, E der Geraden transformiert usw. Offenbar haben also vier beliebig aufeinanderfolgende Punkte eines Wachstumsmaßes ein im ganzen Maß konstantes Doppelverhältnis. Betrachten wir nun ein aufeinanderfolgendes *Paar* von Punkten, zusammen mit den Fixpunkten X und Y; X, A, B, Y geht dann über in X, B, C, Y usw. Also können wir sagen, daß jedes aufeinanderfolgende Paar von Punkten zusammen mit den Fixpunkten ein im ganzen Maß konstantes Doppelverhältnis hat. Dieses Doppelverhältnis ist nicht dasselbe wie das oben erwähnte, aber eine einfache Funktion davon.

Wir wissen, daß die vier Punkte X, A, B, Y auf vierundzwanzig verschiedene Weisen miteinander kombiniert werden können, um zusammen ein Doppelverhältnis zu bestimmen. Jede dieser Kombinationen kann von uns herangezogen werden, und solange wir sie in allen folgenden Betrachtungen beibehalten, können wir die übrigen vergessen. Wir entscheiden uns für die folgende Darstellung des Doppelverhältnisses:

$$\mathrm{DV}(\mathrm{XABY}) = \frac{\mathrm{XB}}{\mathrm{BY}} : \frac{\mathrm{XA}}{\mathrm{AY}}$$

das wir berechnen als

$$\frac{\mathrm{XB}}{\mathrm{BY}} \cdot \frac{\mathrm{YA}}{\mathrm{AX}} \quad .$$

(Dies ist natürlich numerisch äquivalent zu (XB/BY) (AY/XA), ist aber dem Fluß entlang der Geraden besser angemessen.)

Das so berechnete Doppelverhältnis hat den Vorteil, daß es identisch ist mit der Charakteristik (oder dem Multiplikator) des Wachstumsmaßes, anstatt eine Funktion von ihr zu sein. Wir werden im folgenden alle Doppelverhältnisse in dieser Weise berechnen, wenn wir nicht ausdrücklich etwas anderes sagen.

Man beachte, daß zu jedem Wachstumsmaß *eine* Charakteristik gehört, während zu einer vorgegebenen Charakteristik (und den gegebenen zwei Fixpunkten) einfach unendlich viele *Wachstumsmaße* gehören, denn der Anfangspunkt A kann bei gegebenem Multiplikator immer noch frei auf der Geraden m gewählt werden; dadurch lassen sich unendlich viele diskrete Scharen von Punkten erzeugen, die alle dieselbe Charakteristik haben. Die *Transformation* der Punkte ist allerdings durch die beiden Fixpunkte und die Charakteristik völlig bestimmt.

Zweidimensionale Wegkurven

Als nächstes wollen wir uns fragen, was das zweidimensionale Äquivalent zu diesen Überlegungen ist. Was geschieht, wenn wir eine ganze Ebene in sich selbst transformieren und diese Transformation wiederholt anwenden?

Zunächst ist es im Rahmen elementarer Betrachtungen nicht schwer zu zeigen, daß es genau drei Punkte geben muß, die sich selbst entsprechen. Sie lassen sich als Eckpunkte eines frei wählbaren Dreiecks, des invarianten Dreiecks XYZ, auffassen. Dieses besteht aus drei Geraden, von denen jede einzelne als Ganzes invariant ist, während deren Punkte sich gemäß dem Gesetz des Wachstumsmaßes zwischen den beiden Fixpunkten auf der jeweiligen Geraden bewegen. Entsprechend enthält jeder der drei Fixpunkte ein im Wachstumsmaß angeordnetes Strahlenbüschel zwischen seinen beiden Fixgeraden. Man kann einsehen, daß das ganze invariante Gebilde völlig selbstdual* ist – und dies gilt für alle möglichen derartigen Systeme.

Betrachten wir Abb. 8 (s. S. 38): da X invariant bleibt und A nach B wandert, bewegt sich die Gerade XA (= a) nach XB (= b). Entsprechend bewegt sich die Gerade YS nach YT. Daraus folgt, daß der Punkt M zum Punkt N wandert. Verbinden wir gegenüberliegende Ecken der durch das Liniennetz gebildeten kleinen Vierecke durch eine Kurve, so zeigt diese die Spur aufeinanderfolgender Positionen von M unter wiederholter Anwendung der Transformation. Offenbar kann die Spur einer ganzen Menge anderer Punkte in entsprechender Weise mit Hilfe dieser Figur konstruiert werden. Tatsächlich wird die ganze Ebene von solchen Kurven bedeckt. Es sind dies die sogenannten *Wegkurven* von Felix Klein und Sophus Lie.[3] Sie müssen wir nun etwas näher untersuchen.

Zur vollständigen Bestimmung des Systems der Wegkurven genügt es, ein beliebiges invariantes Dreieck vorzugeben sowie einen frei gewählten Punkt M in einen beliebigen anderen Punkt N überzuführen. Durch diese Angaben ist die ganze Situation festgelegt, und jeder weitere Punkt

* Bezeichnen wir in natürlicher Weise die invarianten Geraden mit denselben Buchstaben wie ihre gegenüberliegenden Eckpunkte und die Geraden des Strahlenbüschels durch die Schnittpunkte mit der gegenüberliegenden Seite (Abb. 8), so wird das duale Doppelverhältnis gleich (sin xb/sin by) : (sin xy/sin ay).

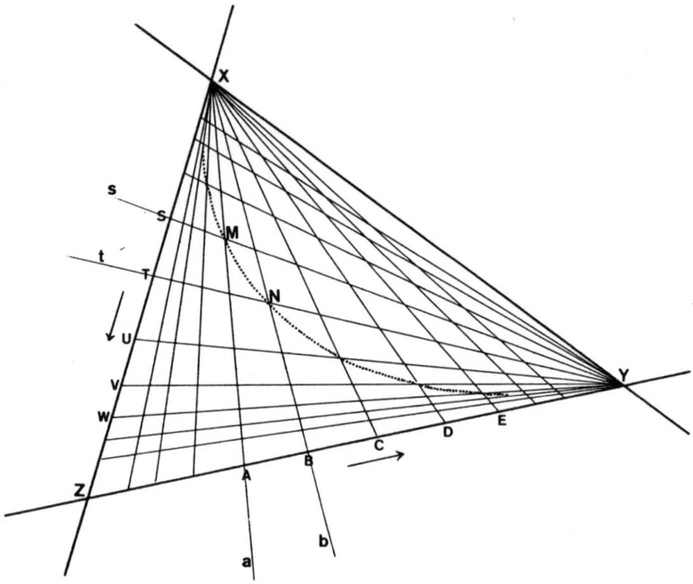

Abb. 8 Wachstumsmaße entlang den Seiten des invarianten Dreiecks erzeugen Wegkurven, die sich über die ganze Ebene ausbreiten.

der Ebene beginnt nun seine Bewegung entlang der wohlbestimmten Kurve. Denn die Bewegung von M nach N legt natürlich diejenige von S nach T und von A nach B fest und bestimmt dadurch das Wachstumsmaß entlang den Seiten des invarianten Dreiecks. Daraus folgt alles übrige.

Wir müssen uns nun fragen: wenn die Bewegungen entlang zwei Seiten des Dreiecks die ganze Sache bestimmen, wie verhält es sich mit der dritten Seite? Um diese wichtige Frage zu beantworten, müssen wir auf einen Satz der projektiven Geometrie zurückgreifen.

Es seien ein beliebiges Dreieck XYZ und zwei Punkte M und N gegeben. Wir projizieren M und N von den Eckpunkten des Dreiecks auf die gegenüberliegenden Seiten und erhalten dadurch die Punkte M_1, N_1, M_2, N_2, M_3, N_3 (Abb. 9). Das Doppelverhältnis von XM_3N_3Y sei gleich α, d. h. $\alpha = DV\ (XM_3N_3Y)$ und $\beta = DV\ (YM_1N_1Z)$, $\gamma = DV\ (ZM_2N_2X)$. Der erwähnte Satz behauptet dann:

$$\alpha\beta\gamma = 1.$$

Wenden wir den Satz auf die vorliegende Abb. 9 an und gehen dabei von X aus im Uhrzeigersinn herum, so finden wir $\alpha = DV(XM_3N_3Y) = 4.08$. Weiter ist das DV (YN_1M_1Z) ungefähr gleich 2.06. Wir sind jetzt aber «rückwärts» gegangen, d. h. von N nach M anstatt von M nach N. Dies erfordert den inversen Prozeß: Division statt Multiplikation. Wir müssen den reziproken Wert von 2.06 berechnen, d. h. $\beta = 1/2.06 = 0.485$. Entsprechend wird das Doppelverhältnis von Z zu X ungefähr gleich 1.94, wobei wir wiederum den reziproken Wert zu nehmen haben, $\gamma = 0.515$. Eine einfache Rechnung zeigt, daß das Produkt tatsächlich gleich Eins ist. Wir lernen aus diesem arithmetischen Beispiel, daß man immer sorgfältig die Anordnung der Punkte beachten muß, um zu entscheiden, ob wir mit dem gefundenen Doppelverhältnis multiplizieren oder dividieren müssen.

Wir kehren zurück zur Abb. 8. Ist der Multiplikator entlang XZ gleich

$$\alpha\beta\gamma = 1.$$

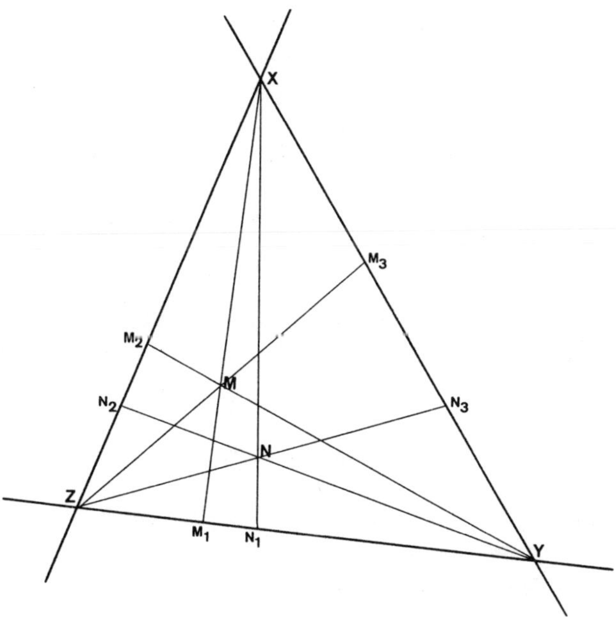

Abb. 9 Das Gesetz der Doppelverhältnisse entlang den Seiten des invarianten Dreiecks.

β und entlang ZY gleich α, dann ist derjenige entlang YX bereits festgelegt, er ist gleich $1/\alpha\beta$. Die Tatsache, daß er kleiner als Eins ist, weist uns darauf hin, daß die Bewegung in umgekehrter Richtung verläuft, d. h. von X nach Y. Ein Blick auf die Abbildung bestätigt dies, wobei der Multiplikator von X nach Y natürlich $\alpha\beta$ ist. Wählt man anstelle von M einen anderen Punkt und verbindet seine aufeinanderfolgenden Positionen mit Z, so induzieren die so entstehenden Geraden nicht dasselbe Wachstumsmaß (d. h. nicht dieselbe diskrete Schar von Punkten) entlang XY, aber es wird ein Maß derselben Art sein, d. h. ein Maß mit demselben Multiplikator.

λ - *Parameter*

Wir wollen jetzt der Frage nachgehen, was für eine Art von Kurven wir erzeugt haben. Ist ein invariantes Dreieck vorgegeben, so wird nun der ganze Prozeß von den Multiplikatoren α und β bestimmt – die Gestalt der Kurve muß in irgendeiner Weise von diesen abhängen. Es zeigt sich, daß die Gestalt der Kurvenfamilie nicht direkt vom Verhältnis von α zu β, sondern von einer Größe, die wir als ihr «exponentielles Verhältnis» bezeichnen können, abhängt. Es handelt sich um das Verhältnis ihrer Exponenten, oder in anderen Worten, um das Verhältnis ihrer Logarithmen. Aus diesem Grunde haben wir es gewöhnlich nicht mit den Parametern α und β, sondern mit ihren Logarithmen zu tun. Ist $a = \ln\alpha$ und $b = \ln\beta$, so ist die Form der Kurvenfamilie bestimmt durch den Parameter

$$\lambda = \frac{a}{b} = \frac{\ln\alpha}{\ln\beta}\,.$$

Wie sich später herausstellen wird, ist dieser Parameter von fundamentaler Bedeutung für das Studium der Wegkurven. (Üblicherweise verwendet man Logarithmen zur Basis e, obwohl natürlich für die Berechnung von λ die Wahl der Basis keine Rolle spielt.)

Ist z. B. $\alpha = 16$, $\beta = 4$ im einen Fall und $\alpha = 9$, $\beta = 3$ in einem anderen Fall, so werden die entsprechenden Kurven identische Gestalt haben; der einzige Unterschied besteht in der Schrittweite der Transformation: im ersten Fall wandern die Punkte in größeren Intervallen, im zweiten in kleineren. Ist λ gegeben, so können wir α und folglich β so klein machen, wie wir nur wollen, bis sie schließlich infinitesimal werden, und erhalten im Grenzfall glatte, stetige Kurven.

Die allgemeine Wegkurve

Nun ist es an der Zeit, uns ein typisches System von Wegkurven vor Augen zu führen (Abb. 10).

Diese Figur repräsentiert den einfachsten und elementarsten Fall eines Wegkurvensystems. Es zeigt die Bewegung, die durch die einfache eindeutige Transformation der Ebene in sich selbst hervorgerufen wird. Man kann sie als zweidimensionales Wachstumsmaß auffassen. Während aber das (eindimensionale) Wachstumsmaß seine invarianten Punkte symmetrisch behandelt, d. h. in genau derselben Weise aus dem einen hervorquillt und in den anderen hineinverschwindet, behandelt jenes das

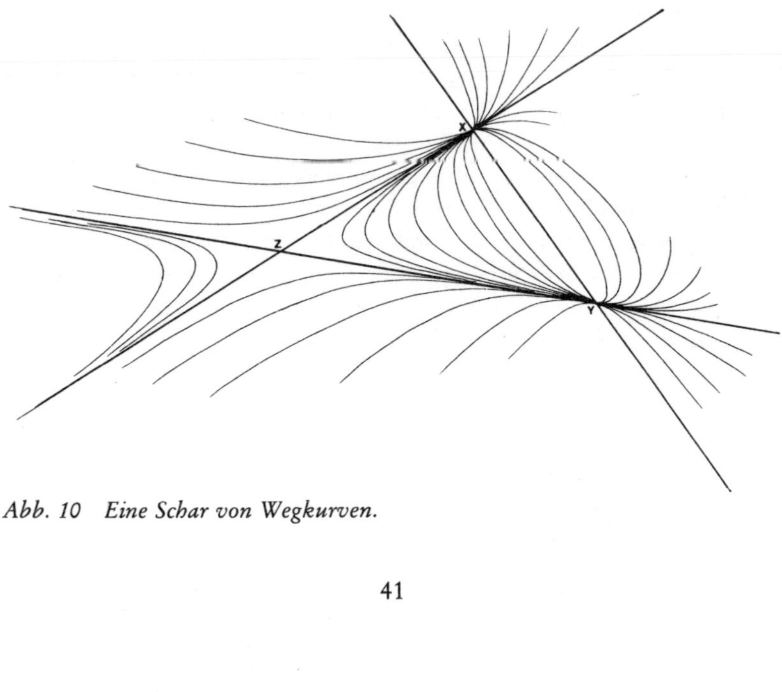

Abb. 10 Eine Schar von Wegkurven.

invariante Dreieck unsymmetrisch. Zwei der drei Fixpunkte werden von allen Kurven durchlaufen, der dritte überhaupt nicht; alle Kurven berühren zwei Seiten des Dreiecks und keine die dritte. Ein Blick auf Abb. 9 (s. S. 39) macht klar, warum dies so sein muß. Durchläuft man in einer bestimmten Richtung die Seiten des Dreiecks, so überstreichen wir auf zwei von ihnen M und N in dieser Reihenfolge und in der umgekehrten Reihenfolge, von N nach M, auf der dritten. Wie auch immer wir die Punkte M und N inmitten des Dreiecks plazieren, es wird in jedem Fall eine Seite geben, die aus dem Rahmen fällt. Es ist die Seite, die die beiden Punkte enthält, durch die alle Kurven hindurchgehen, und die von keiner Kurve berührt wird. (Den Spezialfall, wo M und N mit einem der invarianten Punkte kollinear sind, werden wir später behandeln.)

Betrachten wir Abb. 10 (s. S. 41): Was ist hier eigentlich invariant? Nicht nur die drei Punkte und Geraden des Dreiecks, sondern das ganze System der Kurven ist in seiner Totalität invariant! Offenbar bewegt sich jeder Punkt und jede Gerade der Ebene – ausgenommen die Elemente des invarianten Dreiecks – so, daß die Punkte (und Tangenten) jeder Kurve wiederum in Punkte (und Tangenten) derselben Kurve übergehen. Jede Kurve, aufgefaßt als Gesamtheit der Punkte und Tangenten, bleibt invariant und zwar im selben Sinne wie die invarianten Seiten des Dreiecks als Ganzes invariant bleiben. Die Geraden des Dreiecks können tatsächlich als spezielle, degenerierte Fälle von Wegkurven aufgefaßt werden.

In der Ebene ist alles in fortwährender, fließender Bewegung. Gibt es etwas, was trotz dieses Flusses weiterexistiert, sich selbst intakt erhält? Es ist die Gesamtheit der Wegkurven, und nichts anderes! Der Qualität nach haben wir in jedem lebendigen Organismus eine ähnliche Situation: Die Substanz, aus der er besteht, war gestern nicht in ihm und wird es morgen nicht mehr sein, sie ist in kontinuierlichem Fluß, sie fließt hinein und hinaus; bestünde der Organismus nur aus seiner Substanz, wir würden ihn vom einen auf den anderen Tag nicht mehr erkennen. Nun bleiben aber sein Sein und im wesentlichen seine Gestalt von einem Moment zum anderen, von diesem zum nächsten Tage unverändert. *Form* und *Gestalt* können im Fluß weiterbestehen.

Die Gleichungen dieser Wegkurven sind so elementar, wie es die ursprüngliche Natur ihrer Entstehung vermuten läßt. Sind a, b und c die natürlichen Logarithmen von α, β und γ und nehmen wir das invariante Dreieck als Koordinatendreieck eines Systems von homogenen Koordinaten, so ist die Gleichung des gesamten Systems der Wegkurven

$$x^a\, y^b\, z^c = k.$$

Da $\alpha\beta\gamma = 1$, ist $a + b + c = 0$; die Gleichung ist vom Grad Null auf beiden Seiten und bewahrt so ihre Homogenität. Lassen wir k nacheinander verschiedene Werte annehmen, so durchlaufen wir hintereinander die entsprechenden Kurven des Systems.

In Abb. 10 strömen alle Punkte von X aus in verschiedenen Richtungen ins Unendliche hinaus und auf Y zu aus allen Richtungen ins Unendliche hinein; bei der inversen Transformation ist die Bewegungsrichtung natürlich umgekehrt. Folgen wir einem Punkt auf seiner Reise nach Y, so bemerken wir, daß er Y nie erreichen kann; er hat eine unendliche Anzahl von Schritten zurückzulegen, bevor er dort ankommt. Die Frage, was der Punkt tut, wenn er Y passiert hat, hat von diesem Gesichtspunkt aus keinen Sinn. Betrachten wir die Kurve aber als ein Ding für sich, als Ganzheit, können wir uns mit Recht fragen, wie sie nach der Überquerung von Y weiterläuft. Nun läßt sich wegen der besonderen Natur der vorliegenden Situation merkwürdigerweise von der Geometrie her keine Antwort auf diese Frage finden. Schauen wir nur auf die *Form* der Kurven, so läßt sich denken, daß die Kurve über Y hinausläuft, so daß ZY eine ihrer Tangenten wird, oder daß sie beim Passieren von Y die Gerade ZY überquert und damit ZY zur Wendetangente wird, oder daß schließlich die Kurve bei Y ihren Richtungssinn umkehrt, eine Dornspitze bildend.

In gewissem Sinn kann die Algebra, was die Geometrie nicht leistet. Wir nehmen an, die Parameter a, b und c seien rational zueinander. Da die Form der Kurve nur von den Verhältnissen a:b:c abhängt, nehmen wir weiter an, daß diese Verhältnisse ausgekürzt sind, also keinen gemeinsamen Faktor mehr enthalten. Die Parameter a, b und c können dann nicht alle gerade sein, weil sonst 2 ein gemeinsamer Faktor wäre; da ihre Summe gleich Null ist, können nicht zwei von ihnen gerade sein, ohne daß der dritte auch gerade ist; drei ungerade Zahlen können nun aber nicht die Summe Null haben, es bleibt also nur eine Möglichkeit übrig: zwei der Parameter a, b und c müssen ungerade und einer gerade sein. Man beachte, daß zwei von ihnen dasselbe Vorzeichen haben müssen, entweder plus oder minus, während der dritte, der den größten numerischen Wert hat, dann ein dazu entgegengesetztes Vorzeichen haben muß, entweder minus oder plus. Wir kommen dadurch wieder auf die Asymmetrie bezüglich der Ecken und Seiten des invarianten Dreiecks, die hier in rein zahlenmäßigen Relationen ihren Ursprung hat. Derjenige unter den Parametern a, b und c, der den größten numerischen Wert hat, d. h. der das zu den beiden übrigen entgegengesetzte Vorzeichen hat, liegt entlang der Seite des Dreiecks, die an keine der Kurven Tangente ist; der dieser Seite gegenüberliegende Punkt ist dann der Punkt, der von allen Kurven gemieden wird. Ist dieser (numerisch) größte Parameter ungerade, werden die Kurven eine Dornspitze bei dem einen der beiden invarianten Punkte X oder Y haben und eine Wendestelle bei dem anderen. Ist andererseits dieser Parameter gerade, so werden die Kurven die invarianten Geraden nicht überqueren, sondern im gewöhnlichen Sinn tangential daran liegen.

Haben dagegen a und b ein irrationales Verhältnis – dies ist der wahrscheinlichste Fall, wenn wir nicht gerade etwas ganz bewußt veranstaltet haben – so kann sogar mit Hilfe der Algebra keine Entscheidung darüber gewonnen werden, wie die Kurven verlaufen. Die Kurven selber wissen es nicht; man kann nur sagen, daß sie «fließen».

Nehmen wir z. B. den Fall mit a = 100, b = 201 und c = – 301. Dies gibt uns ein System von Kurven von gewisser Gestalt, mit Dornspitzen und Wendestellen. Haben wir auf der anderen Seite a = 99, b = 201 und c = – 300, so erhalten wir Kurven von fast derselben Gestalt, jetzt aber ohne Dornspitzen und Wendestellen. Bei der Wahl genügend großer Zahlen können wir offenbar die Umrisse unserer Kurven so nahe zur Übereinstimmung bringen, wie wir nur wollen, während dabei die einen Dornspitzen und Wendestellen aufweisen, die andern nicht. So nahe sich diese auch in ihrer Gestalt kommen, gibt es zwischen ihnen doch einen Abgrund von irrationalen Möglichkeiten – verlorene Seelen, die nicht einmal wissen, welchen Weg sie zu nehmen haben.

Obwohl die Variation der Formen, die diese Kurven annehmen können, streng begrenzt ist, gibt es innerhalb dieser Schranken trotz allem eine unendliche Vielfalt an Möglichkeiten.

Spezielle Wegkurven: Zwei Punkte im Unendlichen

Verschiedene Spezialfälle sind es wert, genauer betrachtet zu werden, da wir an ihnen manches wichtige ablesen können. Wir setzen etwa Z in die Mitte unseres Blattes und senden X und Y ins Unendliche, vorzugsweise, aber nicht notwendig, im rechten Winkel zueinander. Die Wachstumsmaße entlang ZX und ZY werden dann zu gewöhnlichen geometrischen Folgen, und die Kurven erhalten Formen, die mit der cartesischen Gleichung $y = kx^a$ verknüpft sind.

Diese Kurven bilden für $a = -1$ eine Schar von Hyperbeln, für $a = +1$ ein Strahlenbüschel, für $a = 2$ eine Schar von gewöhnlichen Parabeln, für $a = 3$ eine Schar von kubischen Parabeln usw. Alle diese Kurven sind spezielle Formen von Wegkurven. Zwei typische solcher Scharen, die sich überkreuzen, zeigen wir in Abb. 11. Das konstante Verhältnis entlang der x-Achse ist hier gleich 2 und entlang der y-Achse gleich 1.5.

Wir nehmen an, die Wachstumsmaße verlaufen entlang der y-Achse einwärts gegen Z und entlang der x-Achse auswärts gegen X. Dies liefert uns eine Schar von Hyperbel-ähnlichen Kurven. Abb. 12 (s. S. 47) zeigt den projektiven Fall dieser Situation, wobei die Gerade XY die unendlich ferne Gerade repräsentiert. Entlang YZ haben wir den Paramter 0.405 (ln1.5) und entlang ZX den Parameter 0.693 (ln2). Daraus folgt, daß der Parameter entlang XY gleich − 1.098 sein muß, d. h. + 1.098 in der Richtung von YX. Dies bedeutet, daß die Verbindungslinien aufeinanderfolgender Punkte der Kurve mit Z sich schnell im Uhrzeigersinn bewegen, wenn das Wachstumsmaß von Y gegen Z fortschreitet; ein Blick auf Abb. 11 (s. S. 46) bestätigt, daß dies tatsächlich der Fall ist. Die Gleichung dieser Kurven hat die Form

$$x^{0.405} y^{0.693} z^{-1.098} = k.$$

Gehen wir zu cartesischen Koordinaten über, so erhalten wir

$$x^{0.405} y^{0.693} = k.$$

oder $$y = hx^{-0.405/0.693}$$

oder $$y = hx^{-0.584}$$

wobei h eine einfache Funktion von k ist.

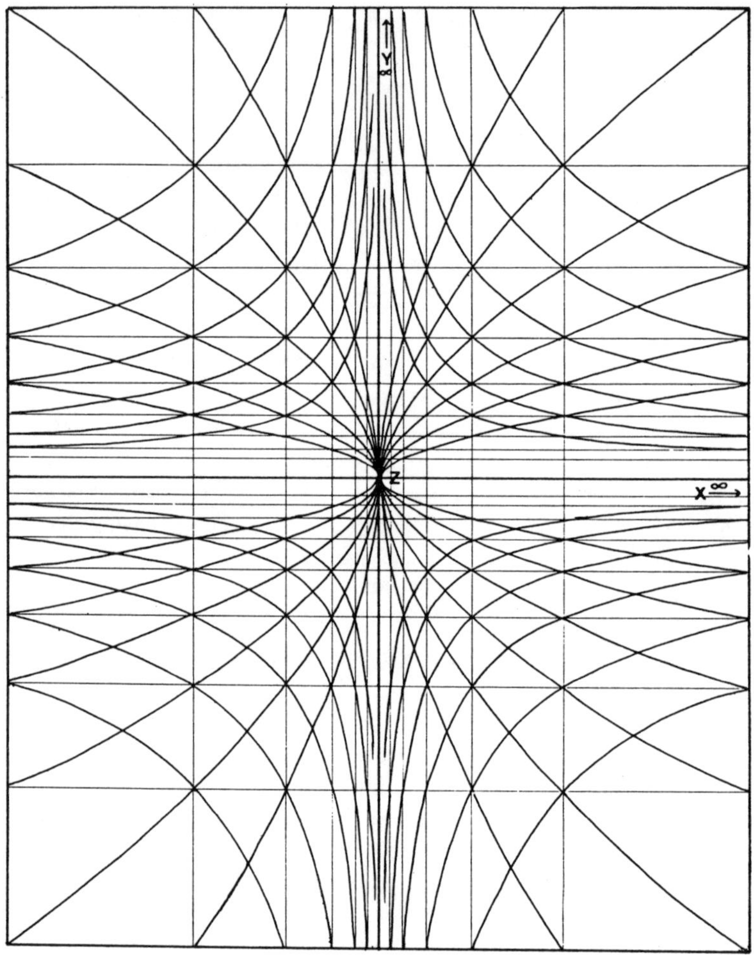

Abb. 11 Zwei Scharen von Wegkurven, die die kartesischen Koordinatenachsen sowie die unendlich ferne Gerade als ihr invariantes Dreieck haben.

Richten wir die Transformation derart ein, daß das Wachstumsmaß entlang der y-Achse einwärts gegen Z, und entlang der x-Achse ebenso einwärts gegen Z wandert, so erhalten wir Parabel-ähnliche Kurven. Das entsprechende projektive Bild des Dreiecks haben wir in Abb. 13 dargestellt. Der Parameter entlang YZ ist wieder 0.405, aber während die

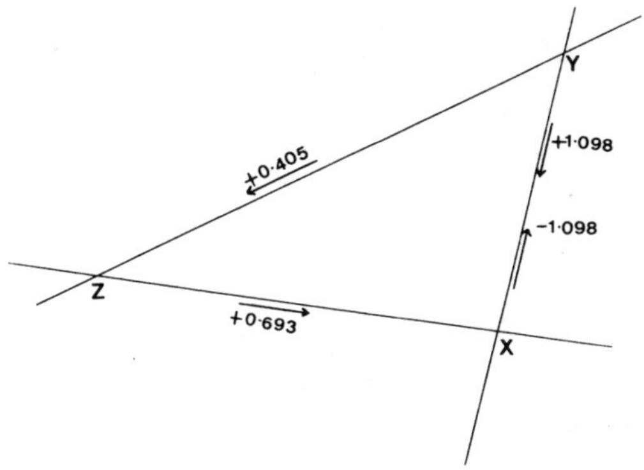

Abb. 12

Bewegung von X nach Z einen Parameter von 0.693 hat, ist der wahre Parameter längs ZX gleich −0.693. Dies verlangt längs XY einen Parameter von + 0.288.

Geht also das Wachstumsmaß einwärts von Y nach Z und ebenso einwärts von X nach Z, so erwarten wir eine langsame, im Gegenuhrzeigersinn verlaufende Drehung der Verbindungsgeraden aufeinanderfol-

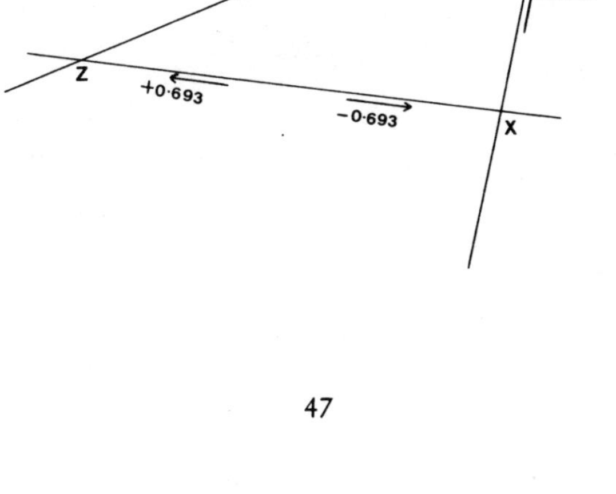

Abb. 13

gender Punkte der Kurve mit Z. Wiederum wird dies durch einen Blick auf Abb. 11 bestätigt. Die Gleichung dieser Kurvenschar wird

$$x^{0.405} \, y^{-0.693} \, z^{0.298} = k;$$

in cartesischen Koordinaten lautet sie

$$y = kx^{0.584}.$$

Wir sehen dabei, daß es sich tatsächlich fast (aber nicht ganz) um echte Parabeln handelt.

Die Erörterung dieser Beispiele macht uns auf die wichtige Tatsache aufmerksam, daß wir zuallererst einen Drehsinn (normalerweise in Gegenuhrzeigerrichtung) zu wählen haben, auf den dann alle unsere Messungen bezogen werden können. Jeder Pfeil, der in die gewählte Richtung weist, zeigt uns den echten *Parameter* der Bewegung; jeder Pfeil, der einer positiven Zahl zugeordnet ist, zeigt uns die wahre *Richtung* der Bewegung längs dieser Achse.

Wir sind hier ein wenig ins Detail gegangen, weil für das Verständnis der folgenden Ausführungen eine klare Einsicht in diese Verhältnisse wesentlich ist.

Spezielle Wegkurven: Ein Punkt im Unendlichen

Eine weitere wichtige Situation liegt vor, wenn X und Y im Endlichen auf unserem Papier liegen und Z ins Unendliche abgewandert ist, vorzugsweise, aber nicht notwendig, im rechten Winkel zur Geraden XY. Die Wachstumsmaße längs XZ und YZ werden dabei wieder zu gewöhnlichen geometrischen Folgen. In Abb. 14 haben wir wieder die konstanten Verhältnisse (Multiplikatoren) entlang XZ gleich 2 und entlang YZ gleich 1.5 gewählt.

Wir betrachten nun zuerst den Fall, wo das Wachstumsmaß einwärts von Z nach X und auswärts von Y nach Z wandert. Wir erhalten eine Schar von eiförmigen Kurven, die bei Y eher stumpf und bei X eher spitz

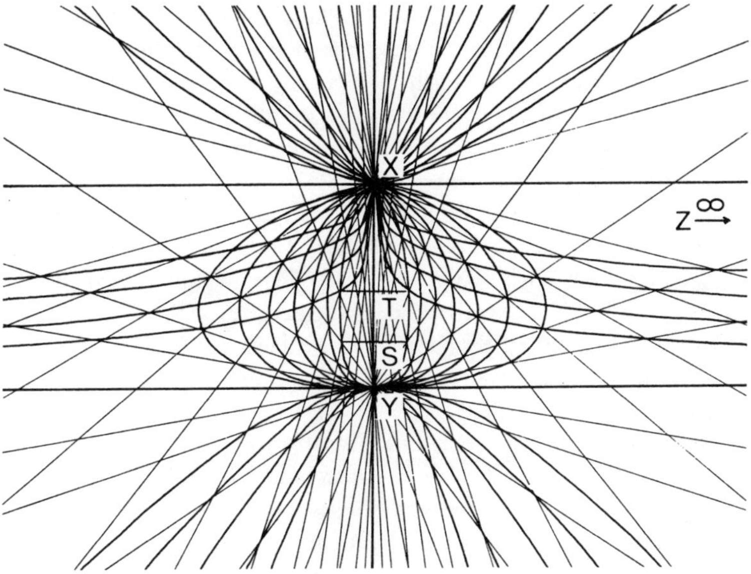

Abb. 14 Zwei weitere Scharen von Wegkurven, die in diesem Fall zwei invariante Punkte im Endlichen und einen im Unendlichen haben.

sind. Vom projektiven Standpunkt aus handelt es sich um dieselbe Situation wie in Abb. 12 (s. S. 47), aber zum besseren Vergleich mit Abb. 14 zeichnen wir sie neu (Abb. 15).

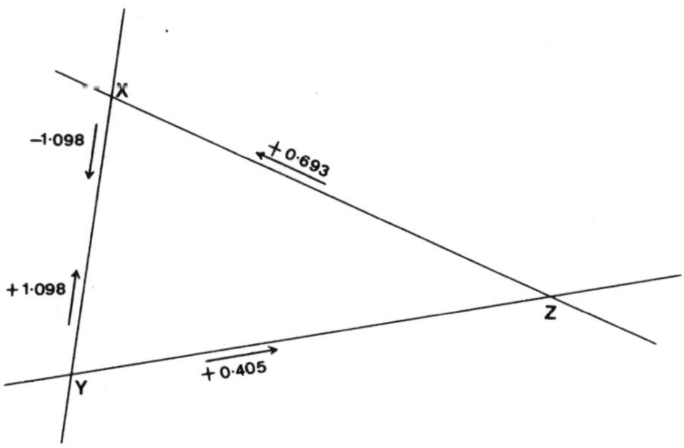

Abb. 15

Der Parameter von X nach Y ist −1.098; dies bedeutet eine tatsächliche Bewegung von Y nach X mit einem Parameter von + 1.098, während sich das Wachstumsmaß von Z nach X nach innen zu bewegt. Nehmen wir also zwei aufeinanderfolgende Punktepaare auf einer der Eiformen und verbinden sie durch horizontale Geraden, die die Schnittpunkte S und T mit der Zentralachse XY haben (Abb. 14), so wird das Doppelverhältnis YSTX einen natürlichen Logarithmus mit dem Wert 1.098 erhalten: ln (DV (YSTX)) = 1.098. Dies läßt sich leicht durch eine Messung an der vorliegenden Abb. 14 bestätigen. Man beachte: Wenn wir nur die Pfeile mit positiven Zahlen betrachten, d. h. diejenigen Pfeile, die die tatsächliche Bewegungsrichtung repräsentieren, so läuft die Bewegungsrichtung von Y nach X den anderen beiden entgegen und der Punkt Z wird von allen Wegkurven gemieden.

Betrachten wir andererseits eine Transformation, bei der das Wachstumsmaß einwärts von Z nach X sowie von Z nach Y fortschreitet, so erhalten wir eine andere Schar von Wegkurven, die nach innen zu aus der Richtung von Z und nach oben, in Richtung X fließen. Wir haben nur vier davon gezeichnet (Abb. 14); um die Abbildung nicht zu sehr zu belasten, haben wir die dazugehörigen Kurven oberhalb und unterhalb der Geraden ZX und ZY weggelassen.

Wie wir sehen, ist der wahre Parameter längs ZX gleich + 0.693 und längs YZ gleich − 0.405, was uns gemäß dem bekannten Gesetz einen wahren Parameter vom Wert −0.288 längs XY liefert (Abb. 16). Dies bedeutet natürlich eine tatsächliche Bewegung von Y nach X mit viel kleineren Schritten als von S nach T in Abb. 14; ein Blick auf die

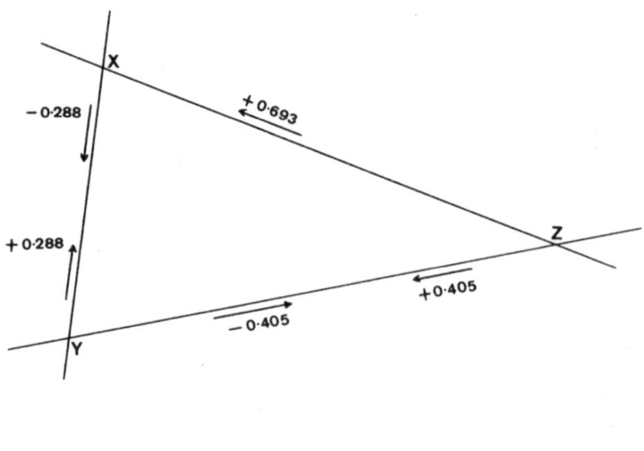

Abb. 16

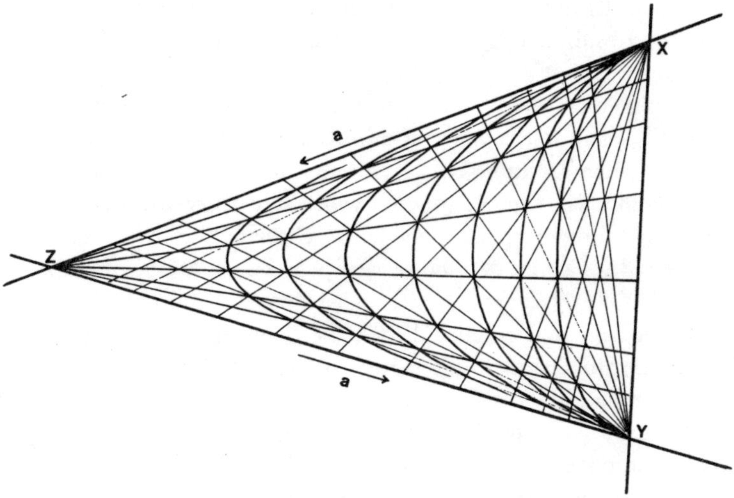

Abb. 17 Sind im speziellen die Multiplikatoren längs zwei Seiten des invarianten Dreiecks gleich, wird die Schar der Wegkurven zu einer Schar von Kegelschnitten und Geraden.

Abbildung wird dies bestätigen. Beachten wir wiederum nur die Pfeile mit positiven Zahlen, so sehen wir, daß die Bewegung von Z nach X entgegengesetzt zu den beiden übrigen verläuft, während jetzt Y der gemiedene Punkt ist.

Wir können λ in diesem Diagramm definieren als

$$\lambda = \frac{\ln\text{ (Multiplikator von Z nach X)}}{\ln\text{ (Multiplikator von Y nach Z)}}$$

Hier ist $\lambda = +\,0.693/+\,0.405 = +\,1.71$ für die eiförmigen und $+\,0.693/-\,0.405 = -\,1.71$ für die übrigen Kurven.

Ist $\lambda = 1$, so werden die eiförmigen Kurven zu Ellipsen, und für $\lambda = -1$ degenerieren die übrigen Kurven in horizontale Geraden. Letzterer Fall muß nun vom projektiven Standpunkt aus etwas sorgfältiger betrachtet werden.

Abb. 17 zeigt uns eine Schar von Wegkurven mit demselben Parameter a längs XZ und ZY. Diese beiden Wachstumsmaße sind folglich als Punktreihen zueinander projektiv. Daraus schließt man, daß XZ eine Tangente an das Kurvensystem ist; entsprechendes gilt für YZ. Die

Kurven sind Kegelschnitte. Dies ist eben dann der Fall, wenn $\lambda = 1$; die erwähnten Resultate folgen aus elementaren Betrachtungen der projektiven Geometrie.

Wir nehmen an, daß die Transformation ein Wachstumsmaß erzeugt, das auf XZ einen Parameter a und in Richtung YZ denselben Parameter hat. In der einen Richtung entspricht, im Grenzfall, der Geraden YZ von Y die Gerade XZ von X; folglich gehen alle Kurven durch Z. In der anderen Richtung entspricht, wieder im Grenzfall, der Geraden YX von Y die Gerade XY von X. Die beiden projektiven Strahlenbüschel in X und Y haben demzufolge eine sich selbst entsprechende Gerade XY, sind also perspektiv, und folglich liegen die Schnittpunkte entsprechender Strahlen alle auf Geraden, die natürlich durch Z hindurchgehen.

In diesem Fall sind die Parameter längs XZ gleich a und längs ZY gleich −a. Daraus folgt, daß der Parameter längs XY Null sein muß. Die Transformation entlang dieser Linie ist gleich der «Identität» – nichts bewegt sich. Dies ist das algebraische Äquivalent zur geometrischen Tatsache, daß die zweite «Kurven»-Schar aus Geraden durch Z besteht. Hier ist nun $\lambda = -1$ und die Transformation ist eine gewöhnliche Perspektivität (oder Homologie) mit dem Zentrum Z und der invarianten Achse XY. *Die Perspektivität ist also ein spezieller Fall einer Wegkurventransformation.*

Bei einer Wegkurventransformation, die eine Perspektivität ist, bewegen sich alle Punkte längs Geraden durch Z. Mit einer kurzen Überlegung liest man aus Abb. 17 ab, daß die Wegkurven-Geraden im Wachstumsmaß angeordnet sind und auf der Geraden XY ein Wachstumsmaß mit dem Parameter 2 a induzieren. Wir sehen daraus, daß wir ein Netz von Kegelschnitten und Geraden konstruiert haben, die sich gegenseitig im Wachstumsmaß schneiden. Mit einem solchen Netz kann man nun sofort eine beliebige Anzahl anderer Wegkurvensysteme zeichnen. Beginnen wir bei einem beliebigen Schnittpunkt, und nehmen diesen als ersten Punkt, der der Transformation unterworfen werden soll, so können wir etwa zum Schnittpunkt des nächsten Kegelschnitts mit der übernächsten Geraden fortschreiten, dann wieder einen Kegelschnitt und zwei Geraden weitergehen usw.; in dieser Weise fortfahrend erhalten wir ein ganz neues Wegkurvensystem. Würden wir etwa jeden dritten Kegelschnitt und jede zweite Gerade zum Schnitt bringen, so würden die so entstehenden Punkte wiederum auf einem anderen Wegkurvensystem liegen. Das vorliegende Netz (Abb. 17) repräsentiert also eine Menge von

Bewegungen im Wachstumsmaß, die in jedem beliebigen Verhältnis zusammengesetzt werden dürfen, in ähnlichem Sinne, wie wir zwei Vektoren addieren, um einen dritten zu erhalten.

Kreisendes Maß

Zur Beschreibung der folgenden Zusammenhänge müssen wir auf einige bekannte Tatsachen der projektiven Geometrie zurückgreifen. Man findet sie vollständig in meinem Buch *Projective Geometry* [1985]. Es würde zu viel Raum in Anspruch nehmen, sie hier ausführlich darzustellen; wir wollen aber die Resultate zusammenfassen.[4]

Neben dem Wachstums- und Schrittmaß gibt es eine dritte Art von Maß, das wir nach George Adams *kreisendes Maß* nennen wollen. (Jedes Strahlenbüschel, dessen nebeneinanderliegende Strahlen alle denselben Winkel umschließen, schneidet eine beliebige Gerade, die nicht durch das Zentrum des Büschels geht, in Punkten, die ein kreisendes Maß bilden. Manche Autoren nennen dies eine *elliptische Metrik.*) Jedes kreisende Maß ist im projektiven Sinne exakt äquivalent zum Wachstumsmaß, mit dem entscheidenden Unterschied, daß die beiden Fixpunkte, die beim Wachstumsmaß reell waren, nun imaginär (genauer: konjugiert komplex) geworden sind. Alle Kreise einer Ebene schneiden die unendlich ferne Gerade derselben in einem besonderen Paar solcher imaginärer Punkte, den sogenannten absoluten Kreispunkten der unendlich fernen Geraden. Wir wollen sie mit I und J bezeichnen. Die kreisenden Maße, die durch die beiden Fixpunkte I und J auf der unendlich fernen Geraden der Ebene bestimmt werden, bestehen aus «gleichwinkligen» Punkten auf derselben, d. h. aus Punkten, die aus einem im Endlichen liegenden Punkt paarweise unter demselben Winkel projiziert werden. (Daraus folgt der wohlbekannte Peripheriewinkelsatz der euklidischen Geometrie: Ein Kreissegment wird von allen Punkten der einen Hälfte der Kreisperipherie unter demselben Winkel gesehen.) Damit ergibt sich eine rein projektive Definition des Kreises: Jeder Kegelschnitt, der die unendlich ferne Gerade in den Punkten I und J schneidet, ist ein Kreis.

Spezielle Wegkurven: Zwei imaginäre Punkte

Wir sind nun genügend vorbereitet, um das der Abb. 17 (s. S. 51) entsprechende imaginäre Analogon zu konstruieren. Wir lassen etwa die beiden invarianten Punkte X und Y konjugiert imaginär werden (sie haben dann eine reelle Verbindungsgerade). Lassen wir sie insbesondere mit I und J zusammenfallen, so fällt eine der Seiten des invarianten Dreiecks (ihre reelle Verbindungsgerade) ins Unendliche. Z sei reell und im Endlichen auf unserem Zeichenpapier (es ist der Schnittpunkt der konjugiert imaginären Geraden der anderen beiden Seiten des Dreiecks). Die Kegelschnitte der Abb. 17 werden folglich zu Kreisen. Man beachte, daß in Abb. 17 Z und die Gerade XY Pol und Polaren für alle Kegelschnitte der Schar sind. Dies wird auch in unserer neuen Abb. 18 der Fall sein: Z ist der Pol der unendlich fernen Geraden bezüglich aller Kreise.

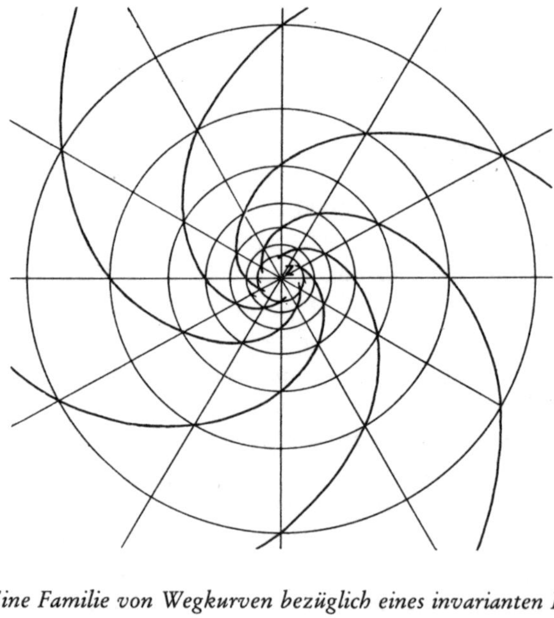

Abb. 18 Eine Familie von Wegkurven bezüglich eines invarianten Dreiecks mit zwei imaginären Punkten. Hier sind insbesondere die imaginären Punkte gleich I und J auf der unendlich fernen Geraden, und die Kurven sind logarithmische Spiralen.

Daraus sehen wir, daß die konzentrischen Kreise einen Sonderfall von Wegkurven darstellen. Das Strahlenbüschel durch den neuen Punkt Z wird die unendlich ferne Gerade im «Wachstumsmaß» mit den Doppelpunkten I und J schneiden. Aber I und J sind imaginär, so daß tatsächlich ein kreisendes Maß vorliegt. Die Geraden durch Z bilden ein Strahlenbüschel mit paarweise gleichem Zwischenwinkel – ein weiterer Spezialfall von Wegkurven. Man beachte, daß in Abb. 17 die Wegkurven die Geraden durch Z im Wachstumsmaß treffen. Folglich werden in unserer neuen Abbildung die konzentrischen Kreise die Geraden des Strahlenbüschels mit dem Zentrum Z, die paarweise gleiche Winkel einschließen, im Wachstumsmaß schneiden, wobei der eine der Fixpunkte auf der unendlich fernen Geraden liegt. Die Kreise werden also Radien besitzen, deren Längen eine geometrische Folge bilden.

Bewegen wir uns nun über die Kurven und Geraden des neuen Netzes beispielsweise einen Kreis nach außen und eine Gerade weiter, oder etwa zwei Kreise nach außen und drei Gerade weiter oder in jeder beliebigen anderen Kombination der Bewegungen, so werden unsere neuen Wegkurven zu logarithmischen Spiralen (Abb. 18). Durch eine projektive Transformation der Abb. 18 läßt sich leicht ein allgemeines Bild des Wegkurvensystems mit einem imaginären Dreieck entwerfen (Abb. 19).

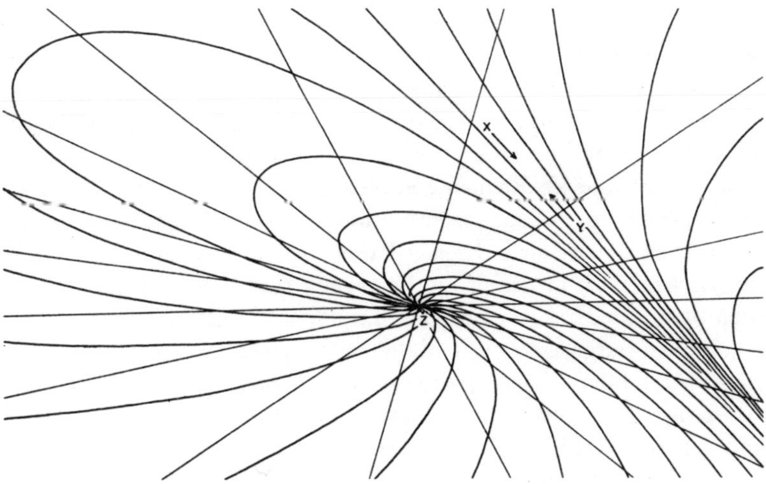

Abb. 19 Eine allgemeine Schar von Wegkurven, bezüglich eines invarianten Dreiecks mit zwei imaginären Punkten.

4
Wegkurven in drei Dimensionen

Allgemeiner Fall

Wird der ganze dreidimensionale Raum durch die allgemeinste projektive Transformation in sich selbst transformiert, so läßt sich zeigen, daß es dabei notwendigerweise genau vier Punkte gibt, die auf sich selbst abgebildet werden. Im allgemeinen liegen diese in den vier Ecken eines Tetraeders. Wir haben also vier invariante Punkte, vier invariante Ebenen und sechs invariante Geraden, die sich in drei windschiefe Paare gliedern lassen. Die Punkte jeder der invarianten Geraden werden sich im Wachstumsmaß entlang derselben bewegen, und die Punkte jeder invarianten Ebene werden sich entlang den Wegkurven innerhalb derselben bewegen. Dual entsprechend werden sich die Ebenen jeder invarianten Geraden im Wachstumsmaß um ihre Gerade herum drehen, und die Ebenen (und Geraden) jedes invarianten Punktes werden sich auf Wegkegeln mit Zentren in diesem Punkt bewegen. Nicht nur der invariante Organismus, sondern das ganze Bewegungssystem ist in jedem Moment selbstdual.

Sind die invarianten Elemente vorgegeben, so gibt es eine allgemeine Regel, nach der zur vollständigen Bestimmung einer Wegkurventransformation ebensoviele unabhängige Parameter notwendig sind, wie es Dimensionen gibt, in denen die Bewegung stattfindet. Folglich ist ein System von Wachstumsmaßen (in einer Geraden oder in einem Punkt) vollkommen festgelegt durch die Vorgabe *eines* Parameters, den wir Multiplikator oder Charakteristik genannt haben. Ein ebenes Wegkurvensystem ist vollkommen festgelegt durch *zwei* Parameter, a und b, entlang zwei Seiten des invarianten Dreiecks (der dritte Parameter c ist nicht unabhängig). Man beachte allerdings: Wenn wir uns nur mit der *Gestalt* der Kurven beschäftigen wollen und nicht an der Schritt*weite*, mit der die Transformation die Kurven durcheilt, interessiert sind, so genügt *ein* Parameter, der am bequemsten durch das Verhältnis a:b, oder $\lambda = a/b$, ausgedrückt wird.

Es ist nun leicht zu sehen, daß genau drei voneinander unabhängige Parameter die Transformation im dreidimensionalen Falle eindeutig bestimmen, vorausgesetzt, daß sie nicht alle entlang drei koplanaren Geraden (d. h. Geraden, die alle in *einer* Ebene liegen) wirken; nach dem Vorhergehenden ist es offenbar gar nicht möglich, daß dieser Fall eintritt.

Es seien drei beliebig gewählte Multiplikatoren mit den Logarithmen a, b und c vorgegeben, die entlang den Geraden WY, YZ bzw. ZX wirken sollen (Abb. 20). Nach unserer Dreiecksregel (Kap. 3), angewendet auf das Dreieck WYZ, ist der Parameter längs ZW gleich $-(a + b)$, oder, etwas naheliegender, $+(a + b)$ längs WZ; diese Werte tragen wir in Abb. 20 ein. Betrachten wir das Dreieck XYZ, so wird der Parameter längs XY gleich $-(b + c)$, oder längs YX gleich $+(b + c)$. Nun wird beim Dreieck XZW der Parameter längs XW gleich $-(a + b + c)$, oder längs WX gleich $+(a + b + c)$. Ziehen wir auch das Dreieck XYW hinzu, so haben wir entlang WX ebenfalls den Parameter $+(a+b+c)$; die Sache ist also konsistent.

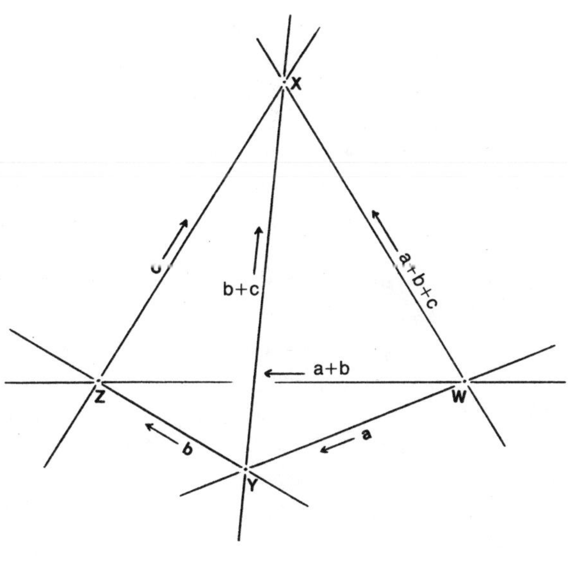

Abb. 20 Sind drei beliebige Multiplikatoren a, b und c gegeben, so ist die Bewegung entlang allen sechs Kanten des invarianten Tetraeders bereits bestimmt.

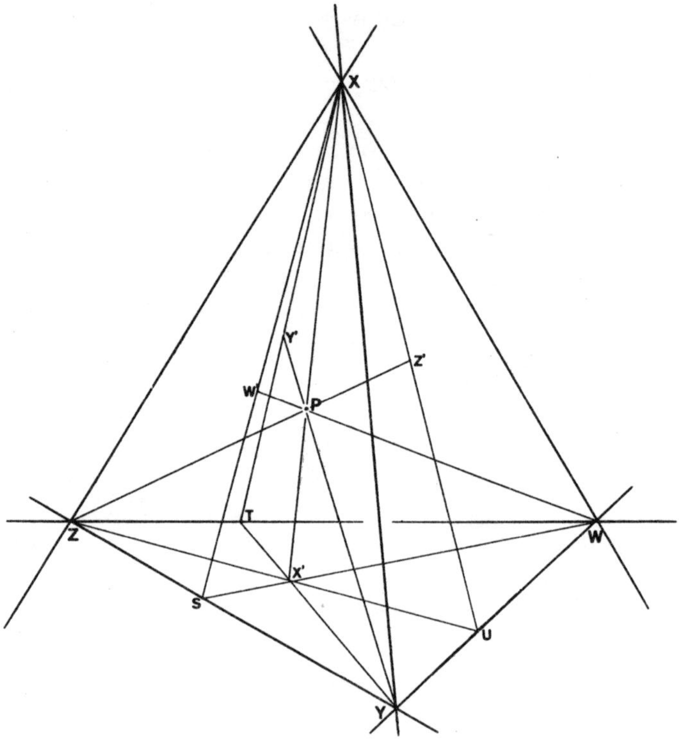

Abb. 21 Auf diese Weise wird ein allgemeiner Punkt P des Raumes von den invarianten Punkten W, X, Y und Z auf die ihnen gegenüberliegenden Flächen projiziert.

Die Annahme von drei beliebigen Parametern legt die Wegkurvensysteme in allen vier invarianten Ebenen also eindeutig fest.

Wir wählen nun irgendeinen nicht auf einer invarianten Ebene gelegenen Punkt P (Abb. 21), verbinden ihn mit X und bezeichnen mit X' den Durchstoßpunkt der Geraden XP mit der Ebene XYZ. X' kann natürlich irgendwo auf der Geraden XP gewählt werden; durch die Festlegung von X' haben wir aber unsere letzte Freiheit vergeben. Die Gerade WX' schneide ZY im Punkt S; den Schnittpunkt von WP mit SX nennen wir W': es ist der Punkt, in welchem WP die Ebene XYZ trifft. Entsprechend findet man die Punkte T und U sowie Y', in welchem YP die Ebene WXZ durchstößt, und Z', in welchem ZP die Ebene WXY trifft.

Da uns aus Abb. 20 die Multiplikatoren längs der invarianten Geraden bekannt sind, können wir die von den Punkten X', Y', Z' und W' durchlaufenen Wegkurvensysteme in den invarianten Ebenen konstruieren. Da die vier Geraden XP, YP, ZP und WP alle durch einen Punkt hindurchgehen und projektive Transformationen alle Inzidenzeigenschaften unverändert lassen, so können wir sicher sein, daß die Geraden, in welche diese vier beim nächsten Schnitt des Prozesses transformiert werden, ebenfalls wieder durch einen Punkt hindurchgehen. Ihr gemeinsamer Punkt wird der nächstfolgende auf derjenigen Wegkurve sein, die von P durchlaufen wird. Auf diese Weise gewinnt man leicht dreidimensionale Wegkurven. Bei der konkreten Durchführung der Konstruktion genügt es natürlich, nur zwei der ebenen Wegkurvensysteme zu zeichnen und die übrigen beiden als dadurch bestimmt hinzunehmen; aber selbst so wird es zu einem äußerst mühsamen Prozeß, ein einigermaßen vollständiges Bild eines Systems von räumlichen Wegkurven zu erhalten.

Liegt die Zeichnung einmal vor, so finden wir eine Familie von den ganzen Raum durchwebenden Kurven, die alle durch zwei der invarianten Punkte hindurchgehen, die übrigen zwei aber meiden; alle Wegkurven haben genau zwei der invarianten Ebenen als Schmiege-Ebenen[5] (auch Oskulationsebenen genannt), während die übrigen beiden invarianten Ebenen diese Eigenschaft nicht besitzen.

Man beachte: Ist das invariante Tetraeder gegeben, so müssen wir bloß einem Punkt P in beliebiger Weise einen Punkt P' zuordnen, um den ganzen Prozeß eindeutig zu bestimmen. Oder, was tatsächlich auf dasselbe hinausläuft, wir wählen Multiplikatoren längs beliebiger drei nicht koplanarer invarianter Geraden. Sind wir aber nur an der *Gestalt* der Kurven interessiert, so brauchen wir nur die Verhältnisse a : b : c zu spezifizieren, wobei dann im Grunde genommen nur zwei unabhängige Zahlen, etwa a/b und a/c am Prozeß beteiligt sind. Im weiteren Verlauf der Arbeit werden wir manchmal die spezielle Natur unserer Parameter ändern müssen, aber ihre notwendige Anzahl wird immer dieselbe bleiben.

Wir wollen nun zur Grenze, zum infinitesimalen Fall übergehen, wo die Punkte in stetiger Bewegung entlang ihren Kurven wandern, ein Bild, das man am zutreffendsten einen linearen Fluß nennt. Jeder Punkt des Raumes bewegt sich entlang seiner wohlbestimmten Kurve. In jedem Moment bewegt er sich entlang der Tangente der Kurve in diesem Punkt, und ebenso bewegt sich diese Tangente im gegebenen Moment in der

Schmiege-Ebene (Oskulationsebene) der Kurve in diesem Punkt. Dual entsprechend bewegt sich jede Ebene des Raumes um ihre momentane Drehachse und um ihren Oskulations- oder Pivotpunkt. Die momentanen Drehachsen, die zugleich Tangenten an die Wegkurven des Systems sind, bewegen sich so, daß sie tangential an ihre Kurve bleiben und folglich eine abwickelbare Fläche überstreichen.

Offenbar ordnet unsere Transformation jedem Punkt des Raumes eine Gerade zu: nämlich diejenige, entlang welcher er sich momentan gemäß der Transformation bewegt. Wir wissen nun, daß die Punkte eine dreidimensionale, die Geraden aber eine vierdimensionale lineare Mannigfaltigkeit bilden. Greifen wir also eine beliebige Gerade des Raumes heraus und lassen sie durch unser Wegkurvensystem hindurchgehen, so ist es möglich, daß sie an keine der Kurven des Systems Tangente ist. Zu jeder Geraden des Raumes, die Tangente an eine der Kurven ist, gibt es unendlich viele Geraden, die es nicht sind. Diejenigen Geraden, die Tangenten an irgendeine der Kurven sind, wollen wir *Weggeraden* des Systems nennen.

So können wir sagen, daß jedes Wegkurvensystem aus den ∞^4 Geraden des Raumes ∞^3 Geraden als Weggeraden ausliest. Mit andern Worten, ein Wegkurvensystem bestimmt einen Linienkomplex. Es lohnt sich zu überlegen, welche Art Komplex dies sein muß.

Wir betrachten irgendeine Weggerade m des Systems, die durch einen infinitesimalen Schritt der Transformation in die Gerade m' übergeht.

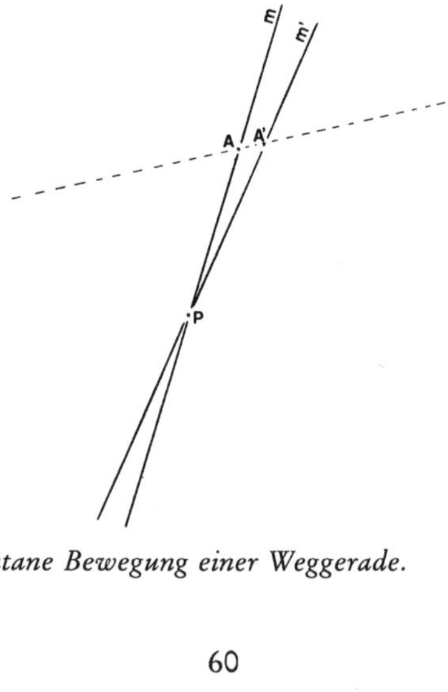

Abb. 22 Die momentane Bewegung einer Weggerade.

Abb. 22 gibt ein sehr schematisches Bild der vorliegenden Situation. Da es sich um einen infinitesimalen Schritt handelt, ist es naheliegend anzunehmen, daß sich die beiden Geraden in einem Punkt P, dessen Weglinie gleich m ist, schneiden, und daß sie demzufolge in einer Ebene π, der Schmiege-Ebene von P, liegen. Jeder Punkt A der Geraden m wird dabei in einen Punkt A' auf m' übergehen, wobei offenbar AA' die zu A gehörige Weggerade des Systems ist.

Ziehen wir in Betracht, daß durch die infinitesimale projektive Transformation die Punktreihe m in die Punktreihe m' übergeführt wird, so wird klar, daß es sich bei m und m' um zwei zueinander projektive Punktreihen handelt. Die Verbindungsgeraden entsprechenden Punkte hüllen folglich einen Kegelschnitt ein, der die Weggeraden aller Punkte von m enthält. Da die Ebene π sich momentan um m dreht, ist klar, daß keiner ihrer Punkte außerhalb von m seine Weggerade in π haben kann. Folglich können wir sagen, daß alle Weglinien des Systems, die in π liegen, einen Kegelschnitt in dieser Ebene umhüllen. Und dies gilt für jede Ebene des Raumes in allgemeiner Lage.

Wir können demzufolge sagen, daß die Weggeraden eines Wegkurvensystems einen quadratischen Komplex – oder einen Komplex zweiten Grades – bilden.

Betrachten wir andererseits eine beliebige Gerade des Raumes in allgemeiner Lage, die nicht Weggerade des Systems ist, und beobachten ihren Fortgang im Lauf der Transformation, so stellen wir fest, daß sie sich windschief zu sich selbst bewegt, also eine Regelfläche erzeugt. Diese Fläche wird offensichtlich vollständig von Wegkurven überzogen sein, und jeder Punkt der Fläche wird immer in einen anderen Punkt derselben Fläche transformiert werden. Im dreidimensionalen Raum finden wir also nicht nur invariante Kurven, sondern auch eine Fülle von invarianten Flächen. Diese Flächen sind von großer Schönheit und manche von ihnen von hoher Bedeutung; wir müssen sie deshalb auch etwas eingehender studieren.

Die durch die Transformation erzeugte Bewegung einer Geraden von allgemeiner Lage im Raum ist nicht der einzige und nicht einmal der gewöhnliche Weg zur Erzeugung einer Fläche. Wir brauchen bloß eine beliebige Kurve in das Wegkurvensystem einzubringen und diejenigen Wegkurven zu betrachten, die durch die Punkte der gegebenen Kurve hindurchgehen. Die so bestimmte Menge der Wegkurven bildet eine Fläche von meist immenser Komplexität; ein kurzer Moment des Nachdenkens genügt, um einzusehen, daß dies eine invariante Fläche sein muß. (Die oben beschriebene Methode zur Erzeugung einer invarianten Fläche mit Hilfe der Bewegung einer Geraden ist offenbar nur ein besonderer Fall dieser allgemeinen Methode.)

Ganz offensichtlich handelt es sich hier um einen extrem willkürlichen Weg zur Erzeugung invarianter Oberflächen. Aus dem gleichen Grunde ist es sehr wahrscheinlich, daß die meisten der so entstehenden Formen von wenig Interesse oder Bedeutung sind.

Es gibt aber einige Flächen, die von herausragender Bedeutung und Wichtigkeit sind. Sie sind für die Natur des Wegkurvensystems, aus dem sie abgeleitet werden, so fundamental, daß wir sie die *Fundamentalflächen* des Systems nennen wollen.

Zur Erzeugung einer Fundamentalfläche eines Wegkurvensystems gehen wir nicht von einer beliebigen das System durchlaufenden Kurve aus, sondern von einer Wegkurve, die mittels irgendeiner anderen Transformation, der dasselbe invariante Tetraeder zugrunde liegt, gewonnen wurde. Wir wollen uns diese Wegkurve in blauer Farbe gezeichnet vorstellen. Durch jeden Punkt der blauen Kurve zeichnen wir, etwa in rot, die Wegkurven der erstgenannten Transformation. Dies liefert uns eine von roten Kurven überdeckte invariante Fläche. Nun ist die Eigenschaft einer Kurve, Wegkurve zu sein, eine projektive; wenn also die rote Transformation auf die blaue Kurve angewendet wird, wird diese Eigenschaft erhalten bleiben.

Daraus ersehen wir sofort, daß die invariante Fläche mit zwei Scharen von invarianten Kurven bedeckt sein wird, die zu zwei verschiedenen Transformation mit demselben invarianten Tetraeder gehören. Die Fläche wird mit einem ganzen Netz von Wegkurven bedeckt sein. Und nun können wir entlang den Diagonalen des Netzes voranschreiten, indem wir etwa von einer roten zur nächsten und von einer blauen zur nächsten blauen Kurve übergehen, oder immer zwei rote und eine blaue, oder zwei rote und drei blaue usw. Kurven überschreiten und damit so viele verschiedene Mengen von Wegkurven erzeugen wie wir nur wollen. Es handelt sich um denselben Vorgang, den wir schon anhand des Netzes der Abb. 17 (s. S. 51) besprochen haben.

Obwohl wir eine solche Fläche mit Hilfe der Wegkurven *einer* Transformation gefunden haben, stellt sich heraus, daß es eine unendliche Menge von Transformationen gibt, die sich alle innerhalb desselben invarianten Tetraeders abspielen, die die Fläche vollständig mit ihren

Wegkurven überdecken und alle geradesogut zur Erzeugung der Fläche hätten herangezogen werden können. Während die weiter oben beschriebenen invarianten Flächen allgemeiner Natur nur *eine* unendliche Familie von Wegkurven enthalten, ist jede Fundamentalfläche von unendlich vielen solchen unendlichen Familien von Wegkurven bedeckt. Der Bereich der Möglichkeiten solcher Flächen ist weit stärker begrenzt und viele von ihnen sind von großer Bedeutung.

Zwei imaginäre invariante Punkte: Erster Fall

Unsere nächste Aufgabe wird sein zu verfolgen, was geschieht, wenn zwei der invarianten Punkte konjugiert imaginär werden. Dies kann in vielen verschiedenen Weisen eintreten; es gibt aber zwei Fälle von besonderer Bedeutung, die wir hier im Detail auseinandersetzen wollen.

Wir lassen zunächst Z und W von Abb. 20 (s. S. 57) mit den Punkten I

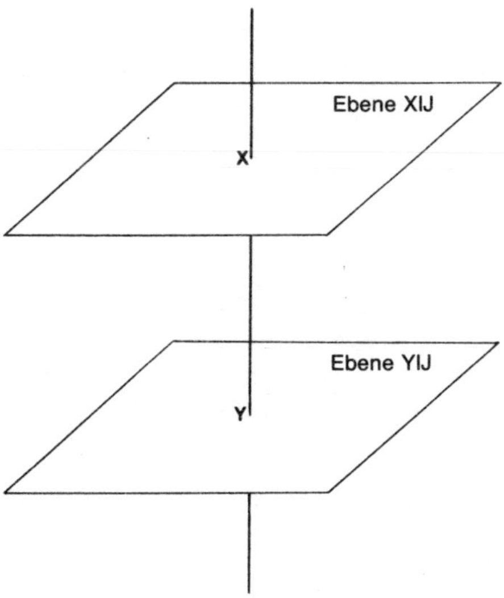

Abb. 23 Dies ist der reelle und sichtbare Teil unseres speziellen halb-imaginären Tetraeders.

und J in der horizontalen Ebene unseres neuen Tetraeders zusammenfallen. Das Tetraeder der Abb. 23 wird nun zwei reelle Punkte X und Y und zwei konjugiert imaginäre Punkte I und J besitzen, zudem zwei reelle (und horizontale) Ebenen XIJ und YIJ und zwei imaginäre Ebenen, sowie zwei reelle Geraden, XY und die unendlich ferne Gerade (IJ), und vier imaginäre Geraden. Die zwei imaginären Ebenen werden durch Ebeneninvolutionen mit der Trägergeraden XY repräsentiert; die beiden Paare von imaginären Geraden werden durch Strahleninvolutionen in den horizontalen Ebenen repräsentiert, die ihre Zentren in X und Y haben. Für weitere Details verweise ich den Leser auf mein Buch *Projective Geometry* [1985].[4]

Entlang der unendlich fernen Geraden, d. h. auf einer der beiden reellen invarianten Geraden der Transformation, haben wir eine Bewegung im kreisenden Maß zwischen den invarianten Punkten I und J. Dies liefert uns eine konstante Bewegung in gleichen Winkelabständen. Jede der reellen invarianten Ebenen enthält ein imaginäres Dreieck, XIJ und YIJ. Die Wegkurven in diesen Ebenen werden folglich logarithmische Spiralen sein, natürlich mit derselben Winkelgeschwindigkeit. Die Spiralen werden im allgemeinen verschiedene konstante Multiplikatoren haben. Die allgemeine Form der Wegkurven hängt aber weitgehend

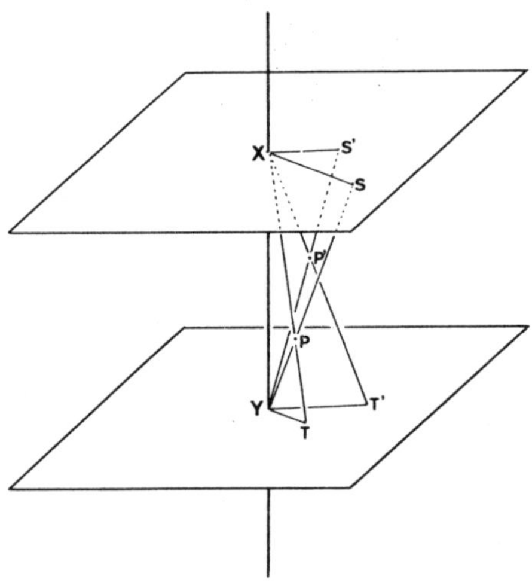

Abb. 24 Konstruktionsmethode zur Darstellung der Bewegung eines Punktes mittels einer Wegkurventransformation.

davon ab, ob, während sich die Spiralen etwa im Gegenuhrzeigersinn drehen, beide sich nach innen einwickeln, oder sich die eine nach innen und die andere nach außen windet. Beide Möglichkeiten können vorkommen.

Wie wird sich ein allgemeiner Punkt des Raumes gemäß einer solchen Transformation bewegen? Der Konstruktionsprozeß ist ganz einfach. In Abb. 24 sehen wir einen Punkt P zwischen den invarianten Ebenen der Transformation. Die Geraden XP und YP schneiden die untere und die obere Fläche etwa in T und S. Man beachte, daß XS und YT notwendig parallel sind. Nun werden sich S und T mit konstanter und gleicher Winkelgeschwindigkeit, etwa im Gegenuhrzeigersinn, jeder auf seiner eigenen logarithmischen Spirale, bewegen. Wir nehmen an, daß sich S nach innen und T nach außen bewegt. Nach einem Transformationsschritt geht S nach S' über und T nach T'. Da sich beide perspektiv zum kreisenden Maß zwischen I und J bewegen, sind XS' und YT' wieder parallel; YS' und XT' schneiden sich folglich in einem Punkt P', der der nächste Punkt in der von P verfolgten Wegkurve ist.

Eine echt perspektivische Darstellung (schiefe Parallelprojektion), wie in Abb. 24 angedeutet, ist nur mit großem Aufwand herzustellen, da es dafür notwendig ist, perspektive Ansichten der Spiralen in der oberen und unteren Ebene zu konstruieren. Es ist einfacher und rationeller, die Zeichnungen in orthogonaler Parallelprojektion anzufertigen, wobei man die Sache horizontal anblickt. Die zwei invarianten Ebenen erscheinen dann als horizontale Geraden, deren Punkte sich gemäß geometrischen Folgen bewegen. Die Einzelheiten der Konstruktion liegen auf der Hand und brauchen hier nicht beschrieben zu werden.

Windet sich wie in Abb. 24 eine Spirale einwärts und die andere nach außen, ergibt sich die allgemeine Form der Kurven wie in Abb. 25 (s. S. 66). Die Kurve windet sich ausgehend vom einen Pol unendlich oft nach außen und unendlich oft nach innen hin zum andern Pol. Winden sich dagegen beide Spiralen in derselben Richtung, dann zeigt sich die Kurve in einer wirbelartigen Erscheinungsform und windet sich von der unendlich weit entfernten Peripherie nach innen, dem einen der endlichen Pole entgegen (Abb. 26, s. S. 66).

Ziehen wir etwa die Kurve der Abb. 26 (die wir A-Kurve nennen wollen) zur Erzeugung einer invarianten Fläche herbei und setzen sie zu diesem Zweck in ein Transformationssystem, das, unter unendlich vielen anderen Kurven, die Kurve der Abb. 25 (die B-Kurve) erzeugt. Die

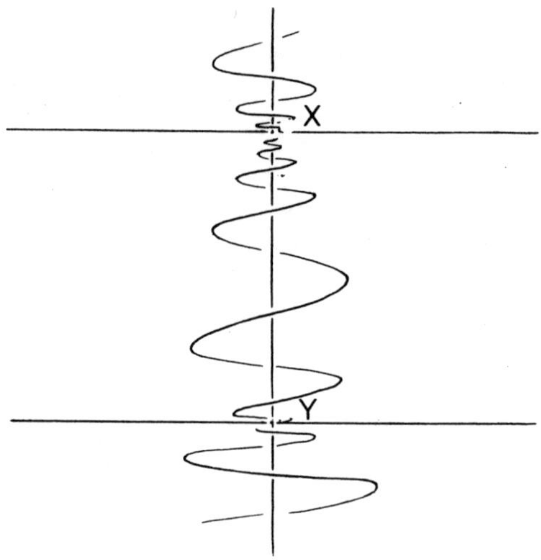

Abb. 25 Eine typische Wegkurve innerhalb des halb-imaginären Tetraeders.

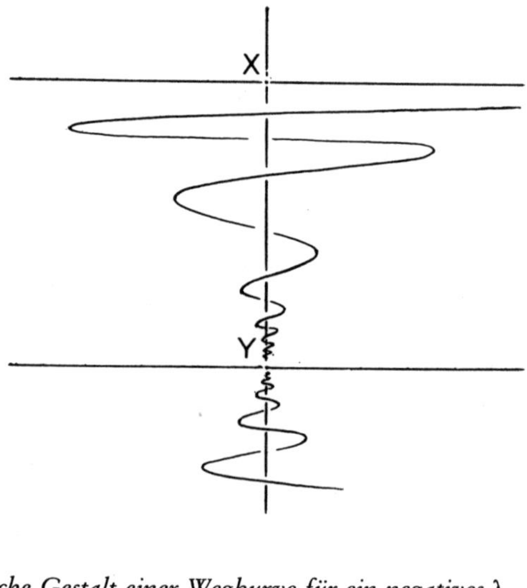

Abb. 26 Typische Gestalt einer Wegkurve für ein negatives λ.

Gesamtheit aller B-Kurven, die durch die Punkte der A-Kurve hindurchgehen, bildet nun eine der Fundamentalflächen, die mit dem vorliegenden invarianten Tetraeder verknüpft sind. Wie man feststellt, enthält die so erzeugte Fläche nicht nur eine unendliche Familie von B-Kurven sowie eine unendliche Familie von A-Kurven, sondern auch eine unendliche Familie von weiteren unendlichen Kurvenfamilien, von denen jede einer der anderen Transformationen, die innerhalb desselben Tetraeders stattfinden, assoziiert ist. Diese Fläche ist sehr schwer zu zeichnen und noch schwerer vorzustellen – aber sie ist sehr interessant und von großer Schönheit.

Glücklicherweise bietet sich ein einfacherer Zugang an. Unter allen Transformationen, die mit diesem Tetraeder möglich sind, gibt es eine spezielle Familie, bei der sich die Spiralen in der oberen und unteren Ebene beide mit demselben konstanten Multiplikator nach innen winden, d. h. es handelt sich um kongruente Spiralen. In diesem Fall werden alle Wegkurven zu ebenen logarithmischen Spiralen, die je in ihrer horizontalen Ebene liegen. Solche Kurven können geradesogut wie die anderen als erzeugende Kurven für Fundamentalflächen verwendet werden, wobei sich mit ihnen natürlich wesentlich leichter arbeiten läßt.

Zur Konstruktion einer Fundamentalfläche bezüglich dieses Tetraeders genügt es also, irgendeine horizontale Ebene ins Auge zu fassen, die eine logarithmische Spirale enthält, deren Zentrum im Durchstoßpunkt von XY mit dieser Ebene liegt. Dann bilden alle durch die Punkte dieser Spirale hindurchgehenden Wegkurven des Systems die gewünschte Fläche.

Die möglichen Spiralen bilden ein ganzes Spektrum mit Multiplikatoren (pro Einheitsbogen), deren Werte sich von Null bis Unendlich ausdehnen. Im ersten Fall ergibt sich ein Kreis und im letzten eine von der Zentralachse XY ausgehende Gerade, die uns spiralige Regelflächen als Fundamentalflächen liefert. Im ersten Fall erhalten wir eine Reihe von Rotationsflächen, die von so großer Bedeutung sind, daß wir sie näher betrachten müssen.

Wir nehmen an, wir haben eine Transformation von ähnlicher Art wie diejenige von Abb. 25; wir legen in sie einen horizontalen Kreis mit Zentrum auf der Achse XY und nehmen alle Wegkurven, die durch die Punkte dieses Kreises hindurchgehen. Was für eine Fläche werden wir dadurch erhalten? Es wird eine eiförmige Fläche sein, die bei X eher spitz und bei Y eher stumpf ist. Sie wird vollständig mit spiraligen Kurven bedeckt sein, die sich unendlich oft aus den Polen bei X und Y hinaus und in sie hinein winden. Es wird zudem eine unendliche Familie von anderen Transformationen geben, die die Fläche in ähnlicher Weise bedecken werden und deren Kurven mit verschiedenen Steigungen «spiralen». Abb. 27 zeigt eine solche mit einer Familie von Deck-Kurven versehene Fläche.

Wir nehmen an, die Kurve in der oberen Fläche winde sich einwärts mit einem Faktor 2 für je 60° und in der unteren Ebene nach außen mit einem Faktor 1.5 für je 60°. Diese Kurven werden nun durch geometrische Folgen repräsentiert, die entlang der oberen und unteren horizontalen Geraden der Figur die genannten konstanten Quotienten aufweisen. Die Konstruktion geht nun in derselben Weise weiter wie für die ebenen Kurven in Abb. 14. Aufeinanderfolgende Punkte A, B, C, D usw. zeigen die Höhen, die ein Punkt in aufeinanderfolgenden Schritten der Transformation erreicht, sowie seine radiale Entfernung von der Zentralachse. Wir haben nur die durch das kreisende Maß zwischen den imaginären invarianten Punkten I und J vermittelte Drehung hinzuzufügen. Wir markieren den Mittelpunkt zwischen B und der Achse, den Mittelpunkt zwischen C' und der Achse usw. Die Kurve wird von A aus zum ersten dieser Mittelpunkte, dann zum zweiten fortschreiten und schließlich D' erreichen, bevor sie auf die hintere Seite der Fläche verschwindet. Und in dieser Art geht es immer weiter. Unter Verwendung trigonometrischer Tafeln oder eines Taschenrechners wird es leicht gelingen, auch mit

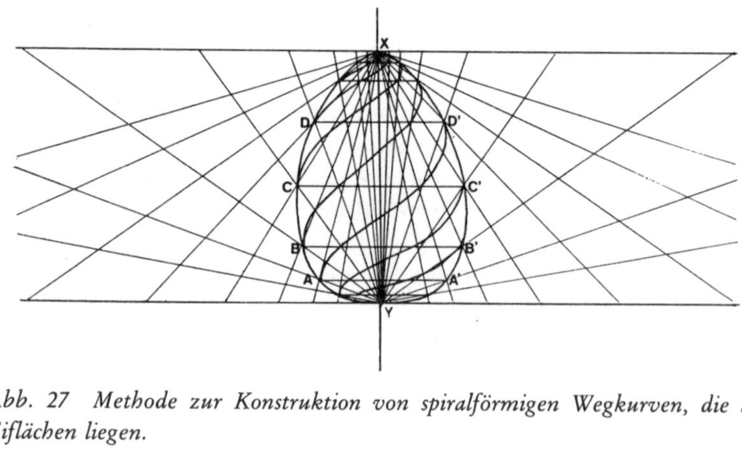

Abb. 27 Methode zur Konstruktion von spiralförmigen Wegkurven, die auf Eiflächen liegen.

Transformationen zurechtzukommen, die einen anderen Drehwinkel als 60° aufweisen.

In ähnlicher Weise, lassen sich die dem Transformations-Typ der Abb. 26 (s. S. 66) entsprechenden Rotationsflächen konstruieren. Wir erhalten auf diese Weise schöne trichterförmige Wirbel.

Zur exakten Bestimmung und Handhabung dieser Art von Kurven und Flächen müssen wir nun ein geeignetes System von Parametern entwickeln. Mit den drei ursprünglichen Parametern a, b und c entlang den Kanten des Tetraeders läßt sich jetzt nicht mehr so gut arbeiten wie im vollkommen reellen Fall, da jetzt nur zwei reelle Kanten übrig geblieben sind. Eine davon ist die unendlich ferne Gerade, wo wir es mit einer Drehung zu tun haben, die durch das kreisende Maß zwischen I und J hervorgerufen wird. Diese Bewegung bezeichnen wir mit θ und messen sie natürlich im Bogenmaß.

Wir sind insbesondere an Eiflächen interessiert, wie sie etwa in Abb. 27 dargestellt sind. Ihre Gestalt ist nach dem Vorhergehenden vollständig bestimmt durch die Verhältnisse der Logarithmen der Multiplikatoren entlang den horizontalen Geraden durch X und Y, d. h., im dreidimensionalen Fall, durch die Logarithmen der Multiplikatoren der logarithmischen Spiralen in den Ebenen XIJ und YIJ. Sind wir, wie es meist der Fall ist, nicht an der Größe der diskreten Schritte der Transformation interessiert, sondern nur an der eigentlichen Gestalt der Kurven und Flächen, so setzen wir θ gleich Eins und arbeiten bei den logarithmischen Spiralen mit Faktoren (Multiplikatoren) pro Einheitsbogen.

Wie wir wissen, ergibt der Logarithmus des Multiplikators (Parameter) entlang der X-Ebene plus dem Parameter entlang der Y-Ebene den Parameter des Wachstumsmaßes, das auf der Zentralachse zwischen X und Y bewirkt wird. Wir gehen also folgendermaßen vor: Sei ε gleich dem arithmetischen Mittel der Parameter auf der X- und Y-Ebene. Der X-Parameter wird dann gleich $\varepsilon + \alpha$ und der Y-Parameter gleich $\varepsilon - \alpha$, wenn α die halbe Differenz zwischen dem X- und dem Y-Parameter bezeichnet. Offenbar ist dann der Parameter des Wachstumsmaßes von Y nach X gleich 2ε. Wir werden es im folgenden, soweit es sich um den Fall des halbimaginären Tetraeders handelt (d. h. bei zwei reellen und zwei imaginären invarianten Punkten), nun nicht mehr mit den oben eingeführten X- oder Y-Parametern zu tun haben, sondern ausschließlich mit den drei Parametern ε, α und θ arbeiten.

Die Ei- und Wirbelflächen werden folgendermaßen erzeugt: Entlang der unendlich fernen Geraden haben wir eine durch das kreisende Maß zwischen I und J induzierte gleichförmige θ-Rotation; in der X-Ebene haben wir eine einwärts drehende logarithmische Spirale mit dem Parameter (natürlicher Logarithmus des Multiplikators) $\varepsilon + \alpha$ pro Einheit des Bogenmaßes von θ, sowie in der Y-Ebene eine nach außen drehende logarithmische Spirale mit dem Parameter $\varepsilon - \alpha$ pro Einheit des Bogenmaßes von θ. Entlang der Zentralachse haben wir ein Wachstumsmaß, das sich mit einem Parameter 2ε von Y nach X bewegt. Die Gestalt der Ei- oder Wirbelflächen ist exakt bestimmt durch den Parameter λ, wobei

$$\lambda = \frac{\varepsilon+\alpha}{\varepsilon-\alpha}.$$

Abb. 28 zeigt uns die Positionen und Richtungen dieser Parameter. Man beachte, daß gemäß der im letzten Kapitel beschriebenen Dreiecksregel der Parameter längs XY gleich -2ε sein muß, da die Parameter entlang den beiden Horizontalen $\varepsilon + \alpha$ und $\varepsilon - \alpha$ sind. Dies impliziert natürlich einen Parameter $+ 2\varepsilon$ von Y nach X; hier liegt der Grund, weshalb der Parameter 2ε als positiv angesehen werden muß, da er «gegen den Strom» gerichtet ist, d. h. in diesem Falle: weg von Y. Obwohl wir hier nicht dieselben Parameter wie im ganz reellen Fall verwenden, ist doch die *Anzahl* der unabhängigen Parameter, nämlich drei, unverändert geblieben.

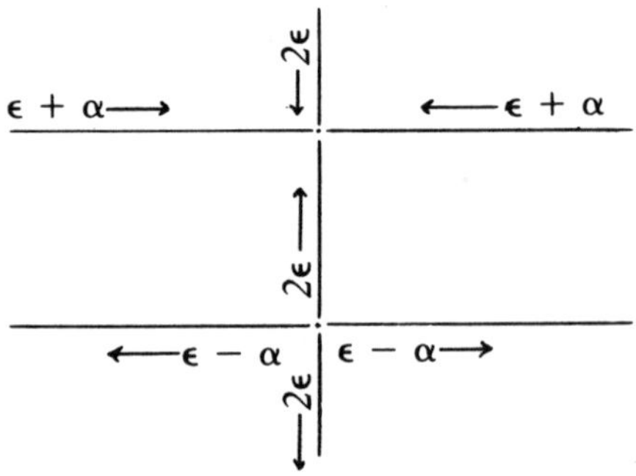

Abb. 28 Die Bewegungen, die mit den positiven Parametern verknüpft sind.

Sind wir zusätzlich an der Schrittweite der Transformation interessiert, so haben wir natürlich für θ gemäß der Größe der Schritte einen anderen Wert als die Einheit herbeizuziehen. Dies zieht auch Änderungen von ε und α nach sich. Für $\theta \neq 1$ wollen wir nun im allgemeinen die Parameter mit ε', α' und θ' bezeichnen. Wie wir wissen, ist die Größe der Winkelschritte in einem kreisenden Maß das geometrische Äquivalent des Argumentes einer komplexen Zahl; Argumente verhalten sich in ähnlicher Weise wie Logarithmen, d. h. sie addieren sich bei Multiplikationen und subtrahieren sich bei Division usw. Da ε und α beide Logarithmen sind, heißt dies, daß sich ε, α und θ immer in direkter Proportion zueinander ändern.

Deshalb dürfen wir sagen, daß die Transformation vollständig bestimmt ist durch die drei Parameter ε', α' und θ'. Ignorieren wir die Schrittweite, so ist die geometrische Gestalt vollständig bestimmt durch die Verhältnisse $\varepsilon : \alpha : \theta$. Die Ei- und Wirbelformen sind der Gestalt nach bestimmt durch das Verhältnis $\varepsilon : \alpha$, oder, etwas bequemer, durch $\lambda = (\varepsilon + \alpha)/(\varepsilon - \alpha)$. Die Steigung der die Eiformen überdeckenden Spiralen ist bestimmt durch das Verhältnis $\varepsilon : \theta$.

Wir sind nun in der Lage, das ganze Spektrum der durch die Variation von λ möglichen Formen der Fundamentalflächen, die einen kreisförmigen Querschnitt (Horizontal- oder Äquatorialschnitt) haben, zu überschauen und zu zeichnen. Die Figuren stellen *vertikale Querschnitte* (Meridianschnitte) dar.

Ist $\lambda = 1$ (Abb. 29, s. S. 72), so sind die Flächen Rotationsellipsoide und zweischalige Rotationshyperboloide mit elliptischem vertikalem Querschnitt zwischen den invarianten Ebenen bzw. hyperbolischem außerhalb.

Wächst der Wert von λ über Eins hinaus (Abb. 30), werden die Eiformen oben spitz und unten abgestumpft. Man beachte, daß das Ausmaß der Zuspitzung und Abstumpfung immer exakt vergleichbar bleibt und durch die Größe von λ angezeigt wird. Man wird nie eine Eiform erhalten, die am einen Ende nur wenig spitz und am anderen aber stark abgestumpft ist oder umgekehrt.

Geht λ gegen ∞ (Abb. 31), so nähert sich die Eiform einem Kegel.

Geht λ «übers Unendliche hinaus» (Abb. 32), krümmt sich der Kegel leicht nach innen und wird zu einer Wirbelform. Wenn sich λ dem Wert -2 annähert, wird der Wirbel immer schärfer gebogen.

Ist $\lambda = -2$ (Abb. 33), erhalten die Umrisse des Wirbels eine hyperbo-

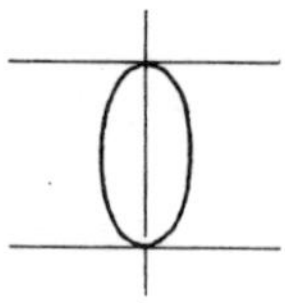

Abb. 29
Rotationsellipsoide:
$\lambda = 1$

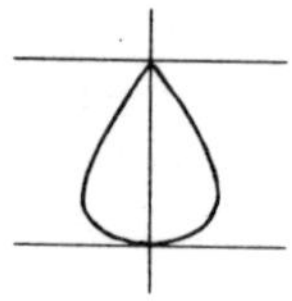

Abb. 30
Eiformen:
$1 < \lambda < \infty$

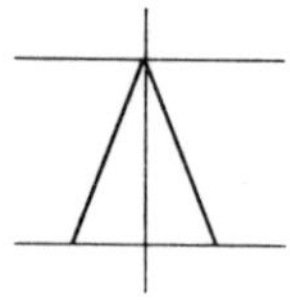

Abb. 31
Kegel: $\lambda = \infty$

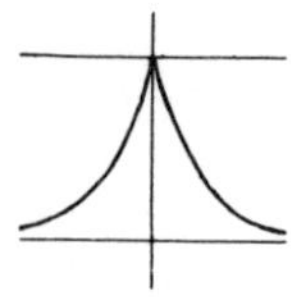

Abb. 32
Wirbel:
$-\infty < \lambda < -2$

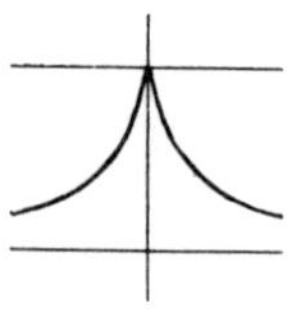

Abb. 33
Wirbel mit hyperbolischen Querschnitten:
$\lambda = -2$

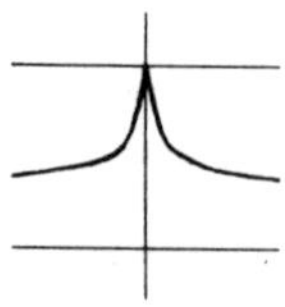

Abb. 34
Wirbel:
$-2 < \lambda < -1$

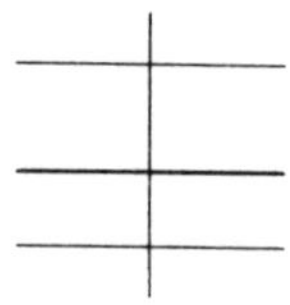

Abb. 35
Ebene Spiralen:
$\lambda = -1$

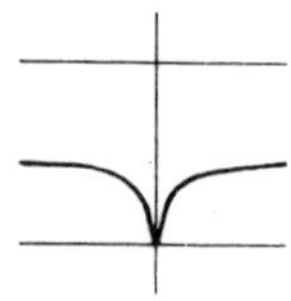

Abb. 36
Wirbel:
$-1 < \lambda < -1/2$

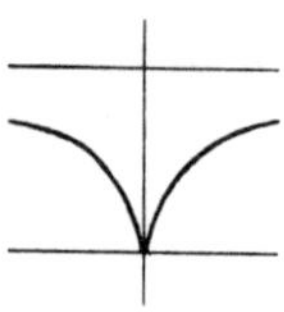

Abb. 37
Wirbel mit hyperbolischen Querschnitten:
$\lambda = -1/2$

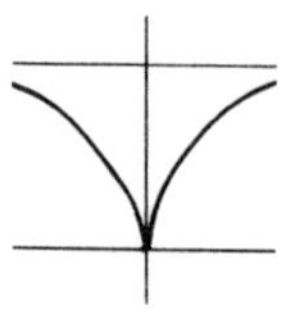

Abb. 38
Wirbel:
$-1/2 < \lambda < 0$

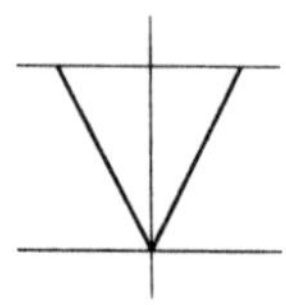

Abb. 39
Kegel: $\lambda = 0$

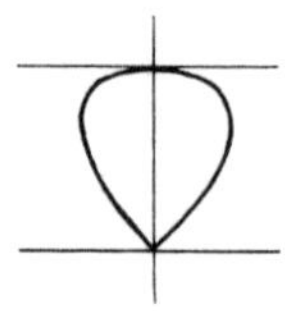

Abb. 40
Eiformen:
$0 < \lambda < 1$

lische Form. (Dies folgt aus elementaren algebraischen Betrachtungen. Ist $\lambda = (\varepsilon + \alpha)/(\varepsilon - \alpha) = -2$, dann ist $\alpha = 3\varepsilon$. Setzen wir dies in die Formel für λ ein, so wird $\lambda = -4\varepsilon/(-2\varepsilon)$. D. h. aber, daß die Bewegung entlang der horizontalen Geraden durch Y denselben Multiplikator hat wie die Bewegung von Y nach X, nämlich beide 2ε. Folglich sind die Strahlenbüschel in X und Z zueinander projektiv und die Schnittpunkte entsprechender Strahlen erzeugen einen Kegelschnitt.)

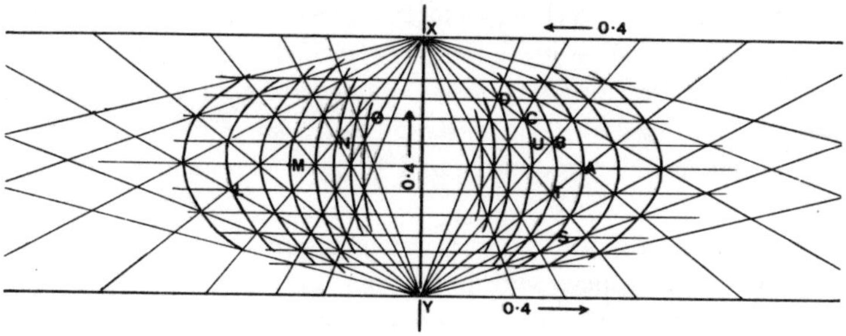

Abb. 41 Diese Abbildung zeigt, wie die Parameter ε und α in der Praxis tatsächlich auftreten.

Nähert sich λ dem Wert − 1 (Abb. 34), werden die Wirbel immer stärker und schärfer gekrümmt.

Ist λ = − 1 (Abb. 35), degenerieren die Wegkurven in ebene Spiralen, die sich im Querschnitt als Geraden zeigen.

Wächst λ von − 1 nach Null (Abb. 36, 37 und 38), durchlaufen die Wirbel exakt dieselbe Formverwandlung wie für − ∞ nach − 1, nur ist jetzt oben und unten vertauscht; kongruente Formen haben dabei reziproke λ-Werte.

Für λ = 0 (Abb. 39) werden die Flächen wieder zu Kegeln.

Zwischen Null und Eins (Abb. 40) haben wir dieselbe Formverwandlung wie zwischen Eins und Unendlich, nur ist wieder oben und unten vertauscht. Kongruente Formen ergeben sich wieder durch reziproke λ-Werte.

Es ist vielleicht sinnvoll, hier einige Beispiele anzuführen, wie sich eine Eiform aus vorgegebenen Parametern berechnen und konstruieren läßt. Sei λ = 2.10 und ε = 1.50. Daraus folgt

$$\frac{1.50 + \alpha}{1.50 - \alpha} = 2.10$$

also

$$\alpha = 0.532.$$

Dies ergibt für λ den Ausdruck 2.032/0.968. Zähler und Nenner dieses Bruches liefern uns die Parameter für die Wachstumsmaße entlang den oberen und unteren horizontalen Geraden unserer Abbildung, bezogen auf den Einheitsbogen im θ-Maß. Wir wollen unsere Abbildung aber für ein Maß von 30° pro Drehungsschritt konstruieren. Die Parameter müssen also mit $30\pi/180$ multipliziert werden; dies ergibt 1.06 für die obere und 0.507 für die untere Gerade. Gehen wir vom Logarithmus zum Numerus (bezogen auf die Basis e) über, so ergeben sich nun für die Multiplikatoren der oberen und unteren Geraden die Werte 2.90 und 1.66.

Wir machen unsere Zeichnung analog wie in Abb. 27 (s. S. 68), benutzen aber jetzt diese Multiplikatoren für unsere geometrischen Folgen (Abb. 41, s. S. 73). Indem wir uns wieder auf Abb. 27 beziehen, haben wir natürlich die Abstände zwischen A, B, C usw. und der Zentralachse nicht nur mit 0.500 (sin 30°), sondern auch mit 0.866 (sin 60°) zu multiplizieren, um die Wegkurven auf der Eiform richtig zeichnen zu können.

Wir müssen als nächstes die Bedeutung des Parameters α ein wenig näher untersuchen. Dazu müssen wir Abb. 27 aufs neue konstruieren, diesmal aber mit dem gleichen Parameter längs der X- und der Y-Geraden. Mit anderen Worten, wir zeichnen Bilder unserer Eiflächen für $\lambda = 1$, oder, was dasselbe ist, mit $\alpha = 0$. Es ergibt sich dabei als ebene Figur ein System von Ellipsen, die Rotationsellipsoide im dreidimensionalen Raum repräsentieren.

Es handelt sich im Grunde genommen um eine spezielle Konfiguration der Abb. 17; die Kegelschnitte und Geraden, die Rotationsellipsoide bzw. horizontale Ebenen durch die Punkte des Wachstumsmaßes entlang XY repräsentieren, bilden ein perfektes Netz für eine Wegkurven-Metrik. Nun gibt α den multiplikativen Faktor für den radialen Abstand des Punktes von der Zentralachse an, *gemessen zwischen den Rotationsellipsoiden des Systems.*

Wir haben unsere geometrische Folge entlang der X- und Y-Geraden mit einem multiplikativen Faktor von 1.492 konstruiert, was einen Parameter vom Wert 0.4 ergibt. Horizontale Geraden durch aufeinanderfolgende Paare von Punkten auf irgendeiner der Ellipsen werden die Gerade XY in Punkten eines Wachstumsmaßes mit dem Parameter 0.8 schneiden. Bezüglich unserer Abbildung heißt das, daß wir jede zweite der gezeichneten Geraden zu nehmen haben. Folglich müssen die gezeichneten Geraden ein Wachstumsmaß von Y nach X mit dem Parameter 0.4 haben. Ein Vergleich mit Abb. 28 läßt uns erkennen, daß die Bewegung einen positiven ε-Wert in dieser Richtung haben muß. Es ist leicht zu sehen, daß jede horizontale Gerade durch jede zweite Ellipse in einem

Wachstumsmaß (genauer: geometrischen Folge) mit dem multiplikativen Faktor 1.492 geschnitten wird. Geht man also von einer Ellipse zur übernächsten, so entspricht dem ein Parameter von 0.4, und dem Übergang zur nächstgelegenen Ellipse entspricht ein Parameter von 0.2. Man beachte, daß α *mit* ε längs der nach innen gerichteten Bewegung der oberen Geraden wirkt, während α in der nach außen gehenden Bewegung der unteren Geraden *entgegen* ε wirkt; gemäß beiden Fällen ist es also klar, daß α eine nach innen gerichtete Bewegung aufeinanderfolgender Schritte der Transformation repräsentiert, wobei der Abstand bei jedem Schritt durch α geteilt wird.

Wir wollen nun eine Transformation betrachten, die einen Punkt von A nach B nach C nach D usw. trägt, während θ je um einen Einheitsbogen fortschreitet. Horizontale Geraden durch diese Punkte schneiden XY mit einem Parameter von 0.4. Dieser ist aber auch gleich 2ε, so daß schließlich für diese Transformation ε gleich 0.2 ist. Die Punkte bewegen sich aber durch die Rotationsellipsoide des Systems mit einem Parameter von 0.2 nach innen, d. h. $\alpha = 0.2$. Folglich

$$\lambda = \frac{\varepsilon + \alpha}{\varepsilon - \alpha} = \frac{0.2 + 0.2}{0.2 - 0.2},$$

was wir in diesem Fall durch ∞ repräsentieren dürfen. Dies ist der Fall des Kegels von Abb. 31 (s. S. 72).

Bewegt sich dagegen der Punkt von S nach T nach U nach D usw., so bewegen sich die horizontalen Geraden mit einem Parameter von 0.8 längs XY, was für ε den Wert 0.4 ergibt. Dabei bewegen wir uns immer noch durch die Rotationsellipsoide des Systems mit einem Parameter von 0.2 nach innen, so daß in diesem Fall

$$\lambda = \frac{\varepsilon + \alpha}{\varepsilon - \alpha} = \frac{0.4 + 0.2}{0.4 - 0.2} = 3.$$

Dieser Fall entspricht etwa Abb. 30.

Bewegt sich der Punkt von L nach M nach N nach O usw., so wird $\varepsilon = 0.2$ und $\alpha = 0.4$. Also wird hier

$$\lambda = \frac{\varepsilon + \alpha}{\varepsilon - \alpha} = \frac{0.2 + 0.4}{0.2 - 0.4} = -3.$$

Dies ist der Fall der Abb. 32, also eine wirbelförmige Kurve.

Zusammenfassend können wir festhalten:

- ε ist der halbe Parameter, mit welchem die Transformation längs der Zentralachse von Y nach X wirkt;
- α ist der Parameter, gemäß welchem die Bewegung durch die Rotationsellipsoide des Systems nach innen geht;
- $\varepsilon + \alpha$ ist der Parameter, nach dem die logarithmischen Spiralen sich auf der X-Ebene nach innen winden;
- $\varepsilon - \alpha$ ist der Parameter, nach dem die logarithmischen Spiralen sich auf der Y-Ebene nach außen winden;
- λ ist der Parameter, der die Umrisse der Eiflächen zeigt, die durch einen horizontalen Kreis erzeugt werden, während ε derjenige Parameter ist, der die Steigung der auf der Fläche liegenden Spiralen angibt,
- wobei alles dieses auf der Grundlage eines konstanten θ-Wertes von einer Bogenmaßeinheit berechnet wird.

Gehen wir nun zur Betrachtung von Fundamentalflächen über, die nicht durch einen Kreis, sondern durch eine logarithmische Spirale auf einer horizontalen Ebene durch das Wegkurvensystem erzeugt werden, so betreten wir einen sehr schönen und interessanten, aber außerordentlich subtilen und komplexen Bereich.

Es gibt zwei allgemeine Typen solcher Flächen: spiralige Eiflächen und spiralige Wirbelflächen. Blicken wir zurück auf Abb. 14 (s. S. 49) im vorigen Kapitel und stellen uns eine Fläche vor, die durch die innerste der rechtsseitigen Eikurven hindurchgeht, sich hinter der Zeichenebene herumwindet, auf der linken Seite wieder bei der zweiten Eikurve erscheint, sich vorneherum zur rechten Seite der dritten Eiform windet usw., so haben wir eine anfängliche Vorstellung einer spiraligen Eiform. Die spiralige Wirbelform ergibt sich analog aus den Wirbelformen der Abb. 14.

Daraus ersehen wir, daß die vertikalen Querschnitte solcher Formen eine Familie von Querschnitten bilden, denen ein bestimmter λ-Wert von einer derjenigen Formen, die durch einen kreisförmigen horizontalen Querschnitt erzeugt werden, zugeordnet ist. Um diese Formen besser in den Griff zu bekommen, müssen wir zwei neue Parameter einführen: β sei der Logarithmus des multiplikativen Faktors der horizontalen erzeugenden Spirale (wobei θ wieder um eine Einheit des Bogenmaßes weiterrückt), und μ sei definiert als

$$\mu = \frac{\varepsilon + \alpha + \beta}{\varepsilon - \alpha - \beta}.$$

Nun liefert uns μ genau den λ-Wert der vertikalen Querschnitte der Fläche; mit anderen Worten, ist μ etwa gleich 2, so werden die vertikalen Querschnitte unserer Fläche dieselbe Gestalt haben wie diejenigen, die durch horizontale Kreise bei einer Transformation mit $\lambda = 2$ erzeugt werden.

Es können jetzt merkwürdige Dinge eintreten. Sei $\varepsilon = 0.8$, $\alpha = 0.5$, $\beta = 0.7$. Daraus ergibt sich $\mu = -5.0$ und $\lambda = +4.3$. Wir erhalten eiförmige Kurven, die ihrer gesamten Länge nach auf einem spiraligen Wirbel liegen.

Ist aber etwa $\varepsilon = 0.2$, $\alpha = 0.3$, $\beta = -0.4$, dann ist $\mu = +0.3$ und $\lambda = -5$. Hier haben wir wirbelförmige Kurven, die auf eiförmigen Flächen liegen. Solche Situationen sind schwer zu zeichnen und noch schwerer vorzustellen. Der vielleicht einzige mögliche und effektive Weg, um ihnen beizukommen, besteht in der Herstellung von geeigneten Modellen.

Dieses System von Parametern erlaubt uns nun, alles zu beherrschen, was im Gebiet dieser Flächen geschieht. Halten wir μ und β konstant, so ergibt sich eine einfache Relation zwischen ε und α. Variieren wir nun ε und verarbeiten die daraus entspringenden Werte für α, so erhalten wir eine feste Fläche, während wir verschiedene Arten von Kurven, mit denen sie vermöge der verschiedenen Transformationen bedeckt wird, durchlaufen. Halten wir dagegen ε und α konstant, ergibt sich daraus eine einfache Beziehung zwischen μ und β. Bei Variation von β durchlaufen wir die ganze Skala der verschiedenen Flächen, die bei einer gegebenen konstanten Transformation möglich sind; dabei geben uns die aufeinanderfolgenden Werte von μ einen Hinweis auf die Gestalt der jeweiligen Fläche. Es mag sein, daß wir nicht fähig sind, uns vorzustellen, wie die Fläche *aussieht*, aber wir wissen unmittelbar, was sie *tun* wird.

Die einfachste Methode zur Herstellung von Modellen ist wahrscheinlich die «Schichtung». Soll unser Modell etwa zwischen Y und X 50 mm messen, so werden wir zwanzig Scheiben Plexiglas von je 2.5 mm Dicke nehmen und auf jeder den horizontalen Querschnitt der Flächen in der entsprechenden Höhe eintragen. Werden dann die Scheiben aufeinandergelegt, so macht das Auge mit Hilfe des Vorstellungsvermögens eine recht befriedigende Integration der verschiedenen Kurven in die Erscheinungsform der Fläche.

Zur Berechnung einer derart «aufgeschichteten» Fläche geht man folgendermaßen vor. Wir nehmen an, daß $\varepsilon = 0.3$ und $\alpha = 0.1$ ist, und daß wir uns für einen bestimmten Wert von β entschieden haben. Abb. 42 zeigt die Situation im Aufriß.

Auf die obere Fläche der ersten Plexiglasplatte, auf einer Höhe von 2.5 Millimetern über Y (in der Höhe A unserer Abb. 42) zeichnen wir eine logarithmische Spirale mit dem gegebenen Parameter β. Zur Konstruktion der Zeichnung der zweiten Schicht auf der Höhe des Punktes B müssen wir berechnen, durch welchen multiplikativen Faktor jeder Punkt der ursprünglichen Spirale nach außen getragen wurde und mit welchem θ-Wert er gedreht wurde. Um dies zu tun, müssen wir herausfinden, welcher Transformationsschritt bei einer Bewegung längs der Zentralachse von A nach B in Betracht kommt. Das zugehörige Doppelverhältnis ist

$$\frac{YB}{BX} \cdot \frac{XA}{AY} = \frac{5.0}{45.0} \cdot \frac{47.5}{2.5}$$

$$= 2.11.$$

$$\ln 2.11 = 0.747.$$

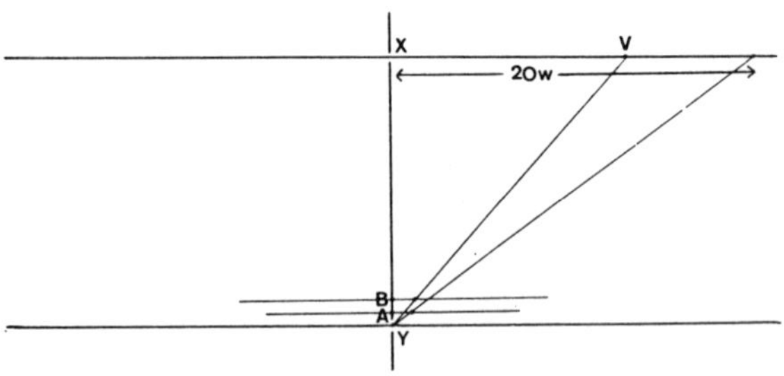

Abb. 42 Konstruktion zur Herstellung von Plexiglas-Modellen der Wegflächen.

Nun ist ein voller Schritt der Transformation gegeben durch 2ε, so daß der Schritt von A nach B repräsentiert wird durch 0.747/0.6, d. h. durch das 1.245fache eines vollen Schrittes. Nun ist

$$\lambda = \frac{0.3 + 0.1}{0.3 - 0.1}$$

$$= \frac{0.4}{0.2},$$

so daß der Logarithmus des multiplikativen Faktors längs der oberen Geraden gleich

$$0.4 \times 1.245 = 0.498$$

wird und damit der multiplikative Faktor selbst gleich 1.646.

Wir nehmen nun an, daß ein Punkt der Spirale auf der Höhe A unsere Zeichenebene im Abstand w von der Zentralachse schneidet. Die Verbindungsgerade von Y mit diesem Punkt wird also die oberste Gerade des Modells in einem Abstand von 20w von X treffen. Wie wir wissen, wirkt auf dieser Geraden der Parameter $\varepsilon+\alpha$ nach innen, so daß wir diese Distanz mit unserem multiplikativen Faktor 1.646 zu dividieren haben, was einen Abstand von 12.2w (Punkt V) ergibt. Offensichtlich wird der Abstand des neuen Punktes auf der Höhe B ein Zehntel davon sein, nämlich 1.22w. Daraus sehen wir, daß bei der Bewegung von A nach B der Abstand jedes Punktes unserer Spirale vom Zentrum um einen Faktor 1.22 wächst. Zusätzlich wird er einer Drehung in der Richtung von θ unterworfen, mit dem Betrag von 1.245 Bogenmaßeinheiten, d. h. etwa um 71°.

Dies setzt uns in den Stand, die neue Spirale in der Höhe B zu zeichnen. Analoge Berechnungen liefern uns die Spiralen der übrigen Plexiglasscheiben.

Zwei imaginäre invariante Punkte: Zweiter Fall

Das andere Beispiel von besonderem Interesse im halbimaginären Fall ergibt sich, wenn wir Y auf unserem Zeichenpapier behalten und X senkrecht zur Ebene YIJ ins Unendliche schicken. Die unendlich ferne Ebene wird dann zur invarianten Ebene durch X.

Wenn wir nun das Unendlichkeitszentrum (oder den absoluten Mittelpunkt) eines negativ-euklidischen Raumes oder Gegenraumes nach Y legen, so finden wir dieses Tetraeder wunderbar verwoben mit den gegenseitigen Beziehungen zwischen positivem und negativem Raum.[6] Zwei seiner Elemente, die unendlich ferne Ebene und der Punkt Y, sind Glieder des Absolut- oder Fundamentalgebildes der euklidischen bzw. negativ-euklidischen Maßbestimmung. Sechs Elemente des Tetraeders gehören zur positiven Absoluten, d. h. zum Fundamentalgebilde des euklidischen Raumes: der reelle Punkt X und die reelle unendlich ferne Gerade, die zwei durch X gehenden imaginären Geraden sowie die zwei imaginären Punkte I und J auf der reellen unendlich fernen Geraden. Die imaginären Punkte I und J sind Punkte des (absoluten) imaginären Kugelkreises, der die Maßbestimmung des euklidischen Raumes beherrscht; die zwei imaginären Geraden sind Tangenten an ihn, und der Punkt X und die unendlich ferne Gerade sind Pol und Polare mit Bezug auf ihn. Ebenso gehören sechs Elemente des Tetraeders zur negativen Absoluten, d. h. zum Fundamentalgebilde des negativ-euklidischen Raumes: die reelle (horizontale) Ebene durch Y, die Gerade YX, die zwei durch Y gehenden imaginären Geraden (die in der horizontalen Ebene liegen) sowie die zwei imaginären Ebenen durch die Gerade YX. Diese Ebenen sind Tangentialebenen an den imaginären Kegel, der die Maßbestimmung des negativ-euklidischen Raumes beherrscht; die imaginären Geraden sind Elemente dieses Kegels und die reelle Gerade YX und die horizontale Ebene durch Y sind Pol und Polare mit Bezug auf ihn.

Dieses Tetraeder umspannt also nicht nur den ganzen Raum, sondern ist auch auf die subtilste Weise mit den positiven und negativen Fundamentalgebilden des Raumes verknüpft; natürlich werden die in ihm möglichen Wegkurven für uns von besonderem Interesse sein. Es ist recht leicht, unter Verwendung der Parameter $\varepsilon - \alpha$ längs der horizontalen Ebene und 2ε längs der Zentralachse, Bilder dieser Wegkurven zu entwerfen. Die allgemeine Form der invarianten Fundamentalflächen, die

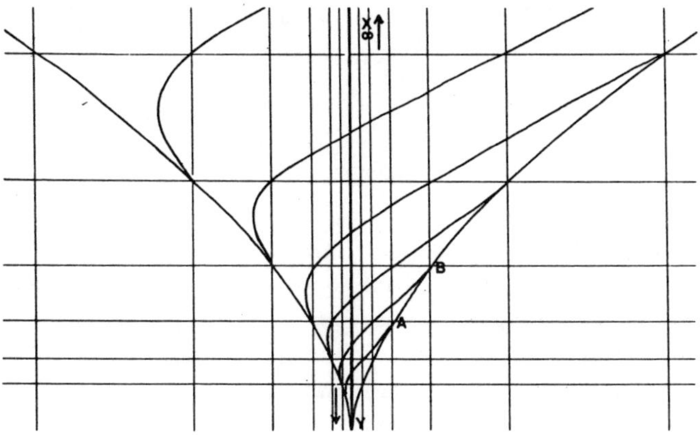

Abb. 43 Eine wirbelförmige Wegfläche mit negativem λ und einem der invarianten Punkte im Unendlichen.

durch einen horizontalen Kreis erzeugt werden, lassen sich ziemlich mühelos vorstellen, indem man die Abb. 29 bis 40 herbeizieht und sich den oberen invarianten Punkt unendlich weit entfernt denkt. Für $\lambda = 1$ erhalten wir ein System von Rotationsparaboloiden. Ist λ negativ, so haben wir schöne und sehr wichtige Wirbelformen vor uns, von denen eine in Abb. 43 abgebildet ist. Es scheint der Mühe wert zu sein, der Methode zur Bestimmung ihres λ-Wertes nähere Aufmerksamkeit zu schenken.

Wir wählen einen Multiplikator vom Wert 2 entlang der horizontalen Ebene, und einen vom Wert 1.5 entlang der vertikalen Achse sowie, zur bequemen Ausführung der Zeichnung, eine Drehung von 60° für jeden Schritt der Transformation. Für den Moment schauen wir die Sache als ebene Abbildung an; die Pfeile zeigen die Richtung der Bewegungen längs den Seiten unseres invarianten Dreiecks an, das wir wie üblich gemäß den Standardrichtungen gewählt haben. Wir erinnern uns, daß der Parameter 2ε positiv zu nehmen ist, wenn er «gegen den Strom» wirkt, d. h. weg von Y. Bewegen wir uns von A nach B, so gehen wir horizontal von Y aus nach außen mit einem Faktor 2, d. h. $\varepsilon' - \alpha' = \ln 2 = 0.693$. Gleichzeitig bewegen wir uns mit einem Faktor 1.5 von Y nach X. Dies ergibt einen positiven Wert von 0.405 für $2\varepsilon'$. Daraus folgt $\alpha' = -0.49$, folglich

$$\lambda = \frac{\varepsilon' + \alpha'}{\varepsilon' - \alpha'}$$

$$= \frac{0.203 - 0.49}{0.203 + 0.49}$$

$$= -\ 0.415.$$

Dies ist der Fall der Abb. 38 (s. S. 72).

Diese Berechnungen wurden auf der Grundlage einer θ-Bewegung von 60° pro Transformationsschritt gemacht; wir haben also zu beachten, daß sowohl ε' wie α' mit 180/60 π multipliziert werden müssen, um sie in die gewöhnlichen Werte ε und α zu verwandeln (die sich auf eine θ-Bewegung von einer Bogenmaßeinheit beziehen).

Vier imaginäre Punkte

Was geschieht, wenn alle vier invarianten Punkte imaginär werden? Je zwei der Punkte sind dann konjugierte Paare; das ganze invariante Tetraeder geht ins Imaginäre über, mit der Ausnahme von zwei reellen Geraden: nämlich der Zentralachse, die Trägergerade des (konjugiert) imaginären Punktepaars X und Y ist, sowie etwa die horizontale unendlich ferne Gerade, auf der I und J liegen.

Das Entwerfen von Kurven und Flächen wird nun um einiges schwieriger. Man geht am besten so vor, daß man ein imaginäres Analogon zur Abb. 41 konstruiert. Die durch X und Y gehenden Ellipsen werden dann zu Hyperbeln, die das imaginäre Paar X und Y enthalten; sie repräsentieren ein einschaliges Rotationshyperboloid im dreidimensionalen Raum.

Hat das imaginäre Paar X und Y auf der Zentralachse die gegebene Amplitude 2a, so gibt Abb. 44 eine leicht nachvollziehbare Konstruktionsanweisung zur Herstellung einer Hyperbel, die diese Punkte enthält. Sei T ein Punkt, der den Abstand a von der Zentralachse hat. Man zeichne nun irgendeine horizontale Gerade m, die die Achse in M schneidet. Der Abstand MT auf m abgetragen ergibt zwei Punkte der Hyperbel. Die übrigen Hyperbeln des Systems erhält man durch einfache Dehnung parallel zur X-Achse.

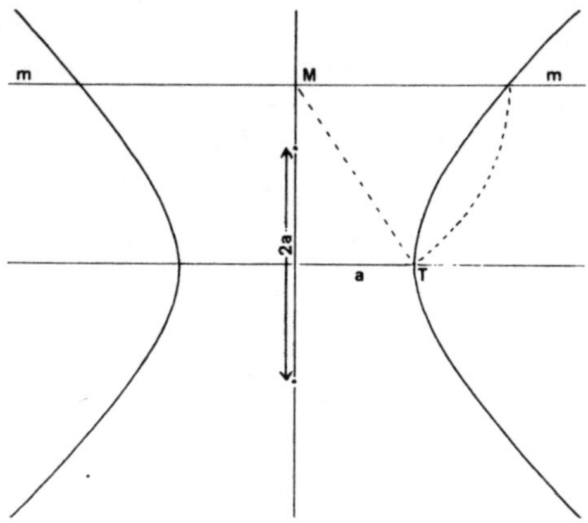

Abb. 44 Konstruktionshilfe zur Darstellung von Wegkurven mit voll-imaginärem invariantem Tetraeder.

Unsere Wegkurven werden nun beherrscht durch die drei Parameter: a, b und c. Der Parameter a wird im Bogenmaß entlang des kreisenden Maßes auf der Zentralachse mit den imaginären Fixpunkten X und Y gemessen; b ist der Logarithmus des multiplikativen Faktors, nach außen gemessen durch die Schar der Hyperboloide des Systems; und c wird im Bogenmaß entlang dem kreisenden Maß auf der unendlich fernen Geraden zwischen dem imaginären Paar I und J gemessen.

Invariante Fundamentalflächen erhält man auf dieselbe Weise wie im halb-imaginären Fall, indem man logarithmische Spiralen, zentriert auf die Zentralachse, durch das System hindurchlegt und die Wegkurven durch ihre Punkte nimmt. Die Einzelheiten der Konstruktion dürfen dem Leser überlassen bleiben.

Zusammenfassung einiger bisher gewonnener geometrischer Resultate

Wir lassen eine Kollineation auf die Punkte einer Geraden wirken. Jeder Punkt wird durch die Transformation in einen anderen Punkt der Geraden verschoben, mit Ausnahme der zwei invarianten Punkte (die wir X und Y nennen wollen), die unverändert an ihrem Platz bleiben. Verfolgen wir die Stationen eines bestimmten Punktes unter wiederholter Anwendung der Transformation, so finden wir ihn sich gemäß den Schritten eines wohlbestimmten Maßes bewegen. Wir wollen dies ein Wachstumsmaß nennen. Ein typisches Wachstumsmaß haben wir in Abb. 45 dargestellt.

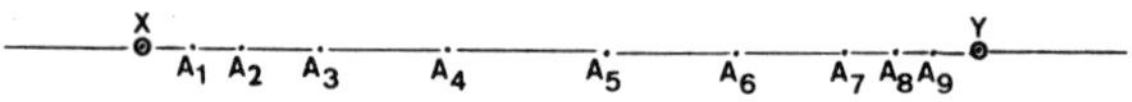

Abb. 45 Die Bewegung von Punkten gemäß einem typischen Wachstumsmaß.

Der Punkt A wird den invarianten Punkt Y nicht in einer endlichen Anzahl von Schritten erreichen; verfolgen wir seine «Vergangenheit» nach rückwärts, so werden wir nie zu dem invarianten Punkt X zurückkommen.

Liegt Y im Unendlichen, so ordnen sich die übrigen Punkte des Maßes gemäß einer perfekten geometrischen Folge, die den Punkt X als Nullpunkt hat. Projizieren wir im vorliegenden Beispiel den Punkt Y ins Unendliche, so erhalten wir eine geometrische Folge mit dem konstanten Verhältnis (Quotient) von ungefähr 2.1. Wir können folglich sagen, daß dieses Wachstumsmaß das «Wesen» der Multiplikation mit 2.1 enthält; aber dies wird sich erst dann als die gewöhnliche Art der Multiplikation, wie wir sie vom Alltag her kennen, offenbaren, wenn Y ins Unendliche projiziert wird.

Als nächstes wollen wir eine Kollineation auf die ganze Ebene anwenden. Man findet, daß es genau drei invariante Punkte X, Y und Z gibt, die ein invariantes Dreieck bilden. Unter wiederholter Anwendung der Transformation werden sich alle anderen Punkte auf einem System von Wegkurven bewegen (Abb. 46).

Weder A noch B noch jeder beliebige andere Punkt wird Y je in einer endlichen Anzahl von Schritten erreichen. Wir betrachten nun die Situation, wenn nur eine Anwendung der Transformation durchgeführt wird. Jeder Punkt der Ebene (außer X, Y und Z) bewegt sich einen Schritt weiter, *entlang seiner eigenen Kurve.* Deshalb läßt sich sagen: Während der Ausführung des Transformationsschrittes bewegt sich alles und jedes (außer X, Y und Z) und doch bleiben alle Kurven unverändert. Aus diesem Grunde werden sie die invarianten Kurven der Transformation genannt. Zum vertieften Verständnis dieses wichtigen Punktes empfehlen

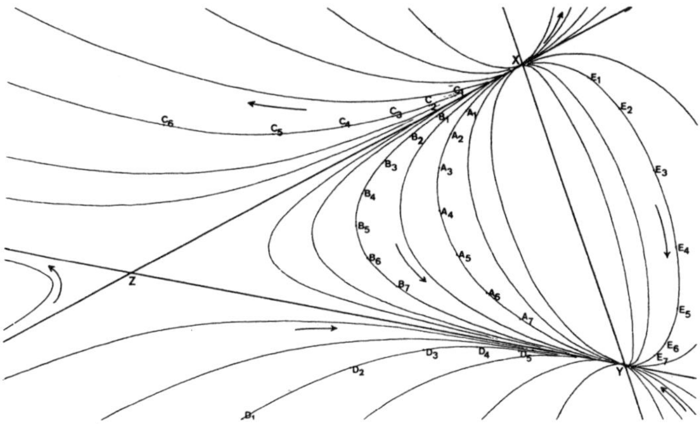

Abb. 46 Die Bewegung von Punkten in einem Wegkurvenfeld.

wir dem Leser, sorgfältig den ersten Teil des Abschnittes «Die allgemeine Wegkurve» (s. S. 41 f.) zu studieren.

Werden zwei Punkte des invarianten Dreiecks imaginär (d. h. unsichtbar, wenn auch im mathematischen Sinne aktiv), dann nehmen die Wegkurven die schönen spiraligen Formen der Abb. 19 (s. S. 55) an.

Wenden wir unsere Kollineation auf den ganzen Raum an, so ergeben sich vier invariante Punkte, die die Ecken eines Tetraeders bilden. Alle übrigen Punkte werden sich auf Wegkurven bewegen. Zusätzlich zu diesen invarianten Kurven gibt es Unendlichkeiten von invarianten Flächen, die je mit Systemen von Wegkurven vollständig bedeckt sind. Eine fundamental wichtige derartige Fläche ist die Eifläche, die ganz mit spiraligen Wegkurven überzogen ist (Abb. 47, s. S. 86).

Obwohl es viele mögliche Variationen dieser Form gibt, ist doch der Bereich der Möglichkeiten streng beschränkt. Das Ausmaß der Stumpfheit oder Spitzheit an den beiden Enden ist exakt aufeinander abgestimmt; man wird nie eine Form erhalten, die sehr stumpf am einen Ende und nur wenig spitz am anderen ist, noch wird man je eine finden, die nur wenig stumpf, aber sehr spitz ist. Die Eiformen können auch nicht an beiden Enden spitz oder stumpf sein. Die Liste der unmöglichen Dinge ist tatsächlich viel länger als diejenige, die die Möglichkeiten umfaßt.

Im vorhergehenden Kapitel befaßten wir uns mit Einzelheiten zur Berechnung eines höchst wichtigen Parameters: λ. Diese Zahl gibt uns exakt den Grad an, wie weit unsere Formen an ihren Enden spitz oder

$\lambda = 1.2$ $\lambda = 2.5$ $\lambda = 5.0$

Abb. 47 Dies sind einige der möglichen Eiformen mit den entsprechenden λ-Werten.

stumpf sind. Bei $\lambda = 1$ ist die Form weder stumpf noch spitz; ihre vertikalen Querschnitte sind elliptisch. Aber Stumpfheit und Spitzheit nehmen zu, sobald λ größer wird. Abb. 47 gibt eine Vorstellung davon, wie das Verhältnis von λ zur sichtbaren Form beschaffen ist.

Das Entstehen dieser Formen aufgrund rein begrifflicher Überlegungen ist, wie ich denke, eine bemerkenswerte Tatsache. Wenig mehr als rein lineare Prozesse wurden herangezogen. Die verwendete Mathematik war so grundlegend und im wahrsten Sinne des Wortes elementar wie sie es überhaupt nur sein kann. Wir befinden uns hier in der Nähe der Grundlagen des Denkens überhaupt, was nichts anderes heißt, als in der Nähe der Grundlagen des Seins. Und die Genese der Formen aus diesen geometrischen Prozessen, die in unserem Bewußtsein oder auf dem Zeichenpapier zur Erscheinung kommen, ist rein begrifflich-konstruktiver Natur. Sobald die Formen aber zur Erscheinung gekommen sind, bemerken wir erst, oder meinen zumindest zu bemerken, daß sie schon immer um uns herum – als ein fortwährend wiederkehrendes Motiv der Wahrnehmungswelt – da waren.

Wenn wir durch einen Kiefernwald wandern und am Boden die Zapfen verstreut herumliegen sehen, oder wenn wir die Entfaltung einer Blüten- oder Blattknospe beobachten oder gerade beim Frühstücksei sitzen – wie auch in vielen anderen Situationen und Umgebungen –, sind es tatsächlich die Wegkurvenformen, die uns umgeben, oder ist es etwas ganz anderes, das nur eine entfernte Ähnlichkeit mit ihnen aufweist? Könnte es sein, daß die schaffende Intelligenz, die die Welt gestaltet und aufrechterhält, sich sowohl nach außen in den Formen der Natur zur Erscheinung bringt wie auch im Innern, in der Art der Gedankengänge, wie wir sie hier unternommen haben, und daß diese beiden Dinge, wenn man sie zusammenbringt, auch zusammenstimmen, weil sie beide Erscheinungsformen ein und derselben Realität sind?

Endgültige Antworten auf diese Fragen sind wohl schwer zu finden. Wir wollen damit beginnen zu untersuchen, wie weit, oder mit anderen Worten, bis in welche kleinsten Einzelheiten diese Übereinstimmung wirklich geht. Die folgenden Kapitel geben Zeugnis von unseren bisherigen unvollständigen und verbesserungsbedürftigen Versuchen.

5

Das Pflanzenreich

Richten wir unsere Aufmerksamkeit auf die verschiedenen im letzten Kapitel beschriebenen Wegkurvenflächen, insbesondere etwa auf die mit Hilfe des halbimaginären Tetraeders gewonnenen Eiformen, so bemerken wir unmittelbar, wie ganz ähnliche Gestalten in mindestens vier Bereichen der Pflanzenwelt vorkommen: Erstens bei den verschiedensten Arten von Tannenzapfen und damit verwandten Samenträgern; zweitens bei den von mir etwas unpräzise so genannten «Infloreszenzen», worunter ich jeden mehr oder weniger dicht gepackten Strauß von Blütenknospen verstehe (typische Beispiele sind Rhododendron, Blutjohannisbeere, Traubenhyazinthe), in welchem die einzelnen Knospen fast immer in spiraliger Art angeordnet sind; drittens die Blattknospen der Laubbäume (Eiche, Buche, Ulme usw.), bei welchen die kleinen Blättchen selbst in Spiralform angeordnet sind; und viertens der große Bereich der eigentlichen Blütenknospen, bei welchen in den meisten Fällen die Ränder der Blütenblätter sich spiralig um die eiförmige Gestalt der Knospe emporwinden (Abb. 48).

Sauerklee

Als besonders ergiebig und fruchtbar erwies sich bisher gerade dieser letzte Fall, so daß wir damit beginnen, das Verfahren mit solchen Knospen genauer zu beschreiben. Wir betrachten dazu eine kleine weiße und vorwiegend im Wald aufwachsende Pflanze, die während des Hochsommers blüht – den Sauerklee *(Oxalis acetosella)*.

Sobald man seine Knospen genauer untersucht, ist man unmittelbar

Kieferzapfen: Schottische Kiefer

Infloreszenz: Blut-Johannisbeere

Blattknospe: Ulme

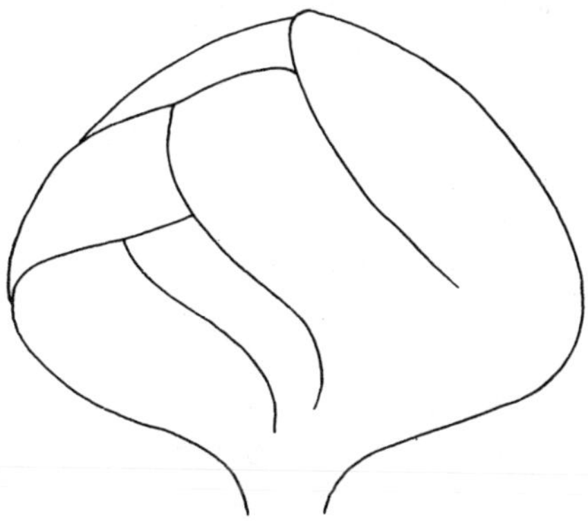

Blütenknospe: Butterblume

Abb. 48 Vier Beispiele für das Auftreten von Wegkurven im Pflanzenreich.

beeindruckt von ihrer Ähnlichkeit mit denjenigen Formen, die wir zunächst in rein geometrischem Kontext studiert haben. Es stellt sich nun die Frage, ob wir eine Meßmethode für diese Knospe finden können, die uns in die Lage versetzt, mit möglichst hoher Präzision und Aussagekraft festzustellen, ob es sich tatsächlich um eine Wegkurve handelt, und, falls die Knospenform davon abweicht, die genaue Lage und den Charakter dieser Abweichungen aufzuzeigen.

Man muß sich darüber im klaren sein, daß Knospen sehr feingliedrige und zerbrechliche Gebilde sind; sie müssen mit großer Sorgfalt gepflückt und für das Fotografieren montiert werden.

Die geringste Berührung kann die Blütenblätter verschieben und so die Form der Knospe verändern. Diese Knospen sind im Wald oder manchmal auf offenen Abhängen allen möglichen Einflüssen des Windes und des Wetters ausgesetzt; unter solchen Umständen fällt es schwer zu glauben, daß jede einzelne Knospe mit großer Vollkommenheit gerade diejenige Form ausbildet, zu der die ganze Pflanze hintendiert. Ich begann diese Arbeit in der Überzeugung, daß die reale Pflanze, wie man sie vor sich sieht, die materielle (und vielleicht unvollkommene) Erscheinung einer idealen und vollkommenen Form-Gesetzmäßigkeit ist, die der wahren Natur dieser Pflanzenart entspricht. An dieser idealen Form war ich natürlich besonders interessiert; ich wollte jede zufällige Unregelmäßigkeit, die durch die speziellen Umstände, unter denen jede einzelne Pflanze aufwächst, hervorgerufen wird, ausschalten. Ich ging deshalb so vor, daß ich sieben oder acht Knospen pflückte, sie fotografierte, maß und den Mittelwert aus den so gewonnenen Werten bildete. In dieser Weise hoffte ich, der zufälligen Unregelmäßigkeiten Herr zu werden und zu der Form zu gelangen, die so genau wie möglich die ideale Form dieser Pflanzenart darstellte. Wir müssen uns natürlich der möglichen Unzulänglichkeiten dieser Arbeitsmethode bewußt sein; Forschungen aus jüngster Zeit haben gezeigt, wie wichtig es ist, das Verhalten einer einzelnen Knospe, so wie sie sich vor unseren Augen entwickelt, genauer zu beobachten und zu verfolgen; davon wird später einiges zu berichten sein. Ich glaube aber, daß die Arbeit mit der «mittleren» Form, wie sie hier beschrieben wurde, immer noch eine wichtige Methode darstellt; auf ihr basiert tatsächlich der größte Teil der früheren Forschungen.

Die Fotografien werden so stark vergrößert, daß sie bequem ausgemessen werden können. Auf jeder Fotografie wird die Zentralachse der Knospe eingezeichnet und in acht gleiche Teile geteilt. Dies ergibt sieben Punkte auf der Achse, die wir von unten nach oben mit A, B, C, T, D, E und F bezeichnen. Zunächst wird der Radius jeder Knospe auf dem Niveau A gemessen und dann gemäß einer Standardlänge der Knospe, zur Anfangszeit betrug sie 100 mm, proportional vergrößert. Die Resultate aus den sieben Knospen werden gemittelt, um den mittleren Radius der Form auf diesem Niveau zu erhalten. Wird dies für alle sieben Niveaus durchgeführt, so können wir ein Bild entwerfen, das ich als der idealen Form der Knospe so nahekommend betrachte wie das überhaupt

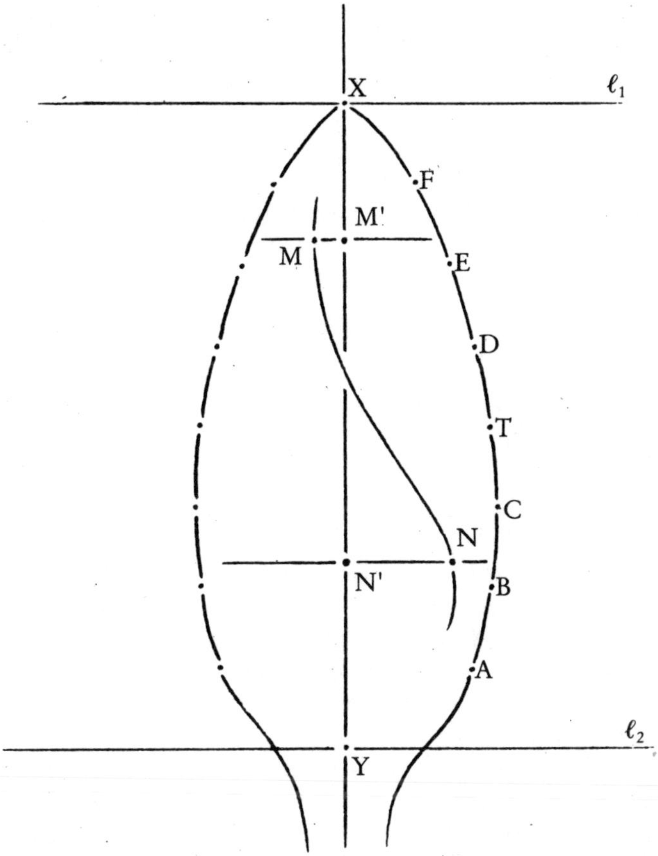

Abb. 49 Sauerklee. Mittel aus einer Serie von sieben Knospen, etwa 16mal vergrößert. Mittlere (vergrößerte) Radien: F = 11.1 mm; E = 16.0 mm; D = 19.8 mm; T = 22.2 mm; C = 23.5 mm; B = 22.4 mm; A = 19.3 mm.

möglich ist. Abb. 49 zeigt eine solche mittlere Form für den Sauerklee.

Wir legen durch den oberen und unteren Pol X und Y der Knospe zwei horizontale Geraden l_1 und l_2. Sie repräsentieren die zwei reellen Ebenen des Tetraeders. Die Gerade YT trifft l_1 in einem Punkt, der 2 × 22.3 mm von X entfernt liegt, und die Gerade YA trifft l_1 in einem Punkt, der 8×19.3 mm von X entfernt liegt. Für den Punkt A ist folglich der Logarithmus des Multiplikators in der oberen Ebene gleich

$$\ln \frac{8 \times 19.3}{2 \times 22.3} = 1.24.$$

Für die untere Ebene trifft XA die Gerade l_2 in einem Punkt, der $1\,^1\!/_7 \times 19.3$ mm von Y entfernt liegt. Der Logarithmus des Multiplikators für die untere Ebene ist folglich

$$\ln \frac{2 \times 22.3}{1^1\!/_7 \times 19.3} = 0.709.$$

Der gesuchte λ-Wert ist gleich dem Verhältnis dieser Logarithmen und ist folglich gegeben durch

$$\lambda = \frac{1.24}{0.709} = 1.75.$$

Dies ist der durch die Punkte T und A eindeutig bestimmte Wert von λ, der genau eine Wegkurve durch diese Punkte liefert. Entsprechend lassen sich diejenigen λ-Werte berechnen, für welche die Kurve durch T und B, T und C, T und D, T und E und durch T und F geht. Wächst die Knospe gemäß den Gesetzen der Wegkurvenform, so müssen diese sechs Werte identisch sein.

Es ist für uns natürlich selbstverständlich, daß sich kein lebendiger Organismus mit vollkommener Genauigkeit gemäß irgend einem mathematischen Ideal verhält. Wir werden das Mittel aus unseren sechs λ-Werten den λ-Wert der Knospe nennen. Die mittlere Abweichung dieser sechs Werte vom Mittel ergibt uns dann ein gutes Maß für den Grad der Abweichung der Knospe von der mathematischen Idealform. (Die mittlere quadratische Abweichung oder Standardabweichung könnte natürlich ebensogut verwendet werden, bringt aber, soweit ich sehe, für die bisherigen Forschungen keinen Vorteil.) Indem wir vom Radius beim Punkt T ausgehen, können wir nun ein Bild der reinen mathematischen Form konstruieren. Legen wir darauf die tatsächliche nach der Natur gemessene Form, so machen wir die Erfahrung, daß für eine mittlere Abweichung unter 10% bei den meisten Knospen die mathematische Form so nahe an der beobachteten liegt, daß das Auge den Unterschied kaum bemerkt. Nähert sich die mittlere Abweichung

20 %, so ist der Unterschied der beiden Kurvenformen immer noch sehr gering, aber doch leicht erkennbar. Für den größten Teil der Knospen nahm ich 20 % als Grenze für eine «gute» Übereinstimmung, und 10 % für eine fast vollkommene. Selbstverständlich sind diese Grenzen völlig willkürlich und künstlich, aber in den ersten Stadien einer solchen Arbeit hat man das Bedürfnis, irgendwo ein Limit einzuführen. (Bei Knospen, deren λ größer als 3.5 ist, ist die Situation völlig anders, wie wir später sehen werden.)

Die Zahlen für den Sauerklee sind in Tabelle 1 zusammengestellt. Man erhält einen guten Eindruck davon, was die 6.4 %-Abweichung bedeutet, wenn man, ausgehend vom gemessenen Wert des Radius beim Niveau T (22.3 mm), die Radien der übrigen sechs Punkte berechnet und mit den gemessenen Werten in diesen Punkten vergleicht. Für den Sauerklee ergeben sich dabei die Werte von Tabelle 2. Daraus ersehen wir, wie eine mittlere Abweichung von λ um 6.4 % eine mittlere Abweichung des Radius um 1.9 % bewirkt, und zwar mit einer maximalen Abweichung von 3.5 % beim Punkt A.

Tabelle 1

Niveau	λ-Wert
A	1.75
B	1.75
C	2.02
D	2.03
E	2.02
F	1.82
Mittleres λ	1.90
Mittlere Abweichung	6.4 %

Tabelle 2

Niveau	Berechneter Radius in mm	Beobachteter Radius in mm	Abweichung in mm	%
A	20.0	19.3	0.7	3.5
B	22.8	22.4	0.4	1.8
C	23.3	23.5	0.2	0.9
D	19.9	19.8	0.1	0.5
E	16.3	16.0	0.3	1.8
F	10.8	11.1	0.3	2.8

Die maximale lineare Abweichung ist etwa 0.7 mm, wobei die 100-mm-Knospe, an der die Messungen gemacht wurden, bereits etwa 16mal vergrößert wurde! Wir müssen daran erinnern, daß diese Zahlen für das Mittel aus sieben Knospen gelten; einzelne Knospen wachsen kaum mit einer solch hohen Annäherung an ihr mathematisches Ideal.

Daraus sehen wir, mit Hilfe exakter Messungen, wie diese zarte kleine Knospe des Sauerklees mit einem hohen Grad an Verläßlichkeit exakt dem Verlauf einer Wegkurvenfläche folgt. Aber *ein* solcher Fall kann kaum als besonders signifikant angesehen werden; es könnte eine zufällige Übereinstimmung vorliegen. Es ist notwendig, viele weitere Pflanzenarten zu untersuchen und zu beobachten, ob sie dasselbe Verhalten zeigen.

Ich testete mit dieser Methode einige weitere Arten und erhielt Resultate, die mit denjenigen des Sauerklees vergleichbar waren, d. h. sie hatten alle eine mittlere Abweichung von weniger als 20 %, viele sogar weniger als 10 %.

Rhododendron

Nun, es ging nicht alles so glatt, wie man zunächst meinen könnte. Bald stieß ich auf den Rhododendron, bei dem es sich eher um Infloreszenzen als um einzelne Knospen handelt. Sein Erscheinungsbild ließ in mir aber kaum Zweifel aufkommen, daß man hier tatsächlich Wegkurven erwarten könnte. Die Messung ergab allerdings Resultate, die weit von dem abwichen, was ich eigentlich vermutet hatte. Die gefundenen λ-Werte für die Niveaus A bis F sind in Tabelle 3 dargestellt (Abb. 50a, s. S. 96).

Tabelle 3

Niveau	λ-Wert
A	1.3
B	1.2
C	2.1
D	3.8
E	6.0
F	7.0
Mittleres λ	3.6
Mittlere Abweichung	56 %

Dies war eine Enttäuschung. So sehr ich auch vermeinte, die Wegkurvenform in dieser Rhododendronknospe wahrzunehmen, so belehrte mich die Mathematik doch eines Besseren. Diese Erfahrung hatte auch ihre gute Seite: Es war nun klar, daß mit Hilfe der Mathematik sofort erkennbar ist, wann eine Kurve nur einer Wegkurve gleicht, in Wahrheit aber keine ist.

Im vorliegenden Fall konnte aber noch mehr getan werden. Mit einer Zange versuchte ich, sorgfältig die kleinen grünen Kelchblätter zu entfernen, eines nach dem anderen, bis ich zur eigentlichen Blüteninfloreszenz kam, die darin verborgen lag. Dies war im Januar, also viele Monate bevor die Blüte Licht zu sehen bekam; die kleinen Knospen waren aber bereits wunderschön gefärbt. Die Infloreszenz war ein wenig asymmetrisch, so daß ich mich dazu entschloß, jede Seite für sich zu messen. Das Resultat ist in Tabelle 4 (s. S. 96) festgehalten.

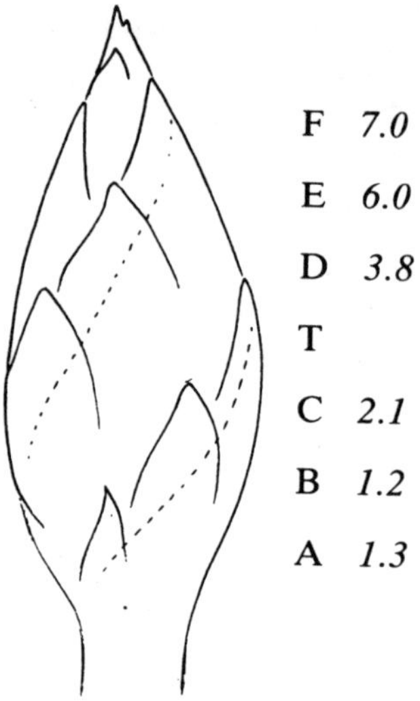

Abb. 50a Rhododendron (äußerer Teil, vergrößert). Die λ-Werte sind für jedes Niveau angegeben. Mittleres λ = + 3.6, mittlere Abweichung 56 %. Keine gute Wegkurve.

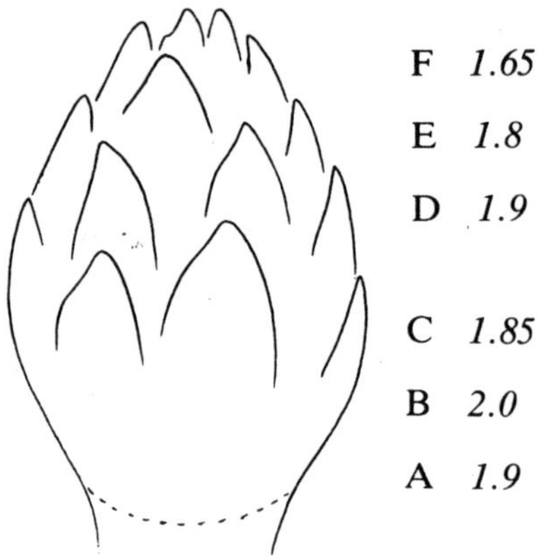

Abb. 50b Rhododendron (Infloreszenz im Innern, stark vergrößert). Die λ-Werte sind für jedes Niveau angegeben. Mittleres λ = + 1.8, mittlere Abweichung 6 %.

Tabelle 4

Niveau	Linke Seite λ-Wert	Rechte Seite λ-Wert
A	1.4	1.9
B	1.7	1.9
C	2.0	1.8
D	2.1	1.6
E	2.2	1.8
F	2.0	1.8
Mittel	1.9	1.8
Mittlere Abweichung	12 %	4 %

Betrachtet man die Asymmetrie als einen Wachstumsfehler (was man nicht leichtfertig tun darf, aber unter Berücksichtigung aller Beobachtungen im Fall des Rhododendron eine Berechtigung zu haben scheint) und nimmt das Mittel aus den beiden Seiten als die dem Ideal am nächsten kommende Form, dann erhält man einen λ-Wert von ungefähr 1.85 und eine mittlere Abweichung von 9%, ein Resultat, das sich durchaus mit dem Sauerklee vergleichen läßt. Die Wegkurvenform erscheint mit bemerkenswerter Genauigkeit am Umriß der gefärbten Infloreszenz in der Mitte der Knospe (Abb. 50b). Die sie umhüllende äußere, grüne Form zeigt nur ein deformiertes Zerrbild davon.

Rosenmalve

Dieses Resultat wurde später anhand der Rosenmalve bestätigt. Sie besitzt Knospen, die von dicken grünen Kelchblättern umhüllt sind und in dieser Gestalt eine mittlere Abweichung von gut über 20% ergeben. Es war unmöglich, die Kelchblätter ohne eine starke Beeinträchtigung des farbigen Teils der Knospe zu entfernen. Die Knospe ist aber dicht und fest gebaut, so daß es möglich war, sie mit einem scharfen Messer entzweizuschneiden, ohne etwas an ihrer Gestalt zu verändern. Der farbige Teil der Knospe erwies sich dabei als eine fast vollkommene Wegkurve mit einer mittleren Abweichung von nur 6%.

Aus diesen Ergebnissen schloß ich, daß die eigentlichen Wegkurven vor allem durch die Blütenblätter gebildet werden, d. h. durch den farbigen Teil der Knospe. Eine der großen Schwierigkeiten bei dieser Arbeit mit den Knospen war die sorgfältige Entfernung der äußeren Schicht der grünen Kelchblätter, ohne die Form der Blütenblätter zu beeinträchtigen. War es ohne eine Beschädigung des Inneren der Knospe nicht möglich, die Kelchblätter abzulösen, so mußte die Knospe mitsamt dieser Umhüllung vermessen werden. Wie ich fand, stellten die Knospen oftmals trotzdem eine gute Wegkurve dar, die aber auch in geringerem oder höherem Maße deformiert sein konnte.

Zufallstests

Obwohl die bisherigen Resultate überraschend genug sind, stellte sich doch die Frage, wie weit dieses Verhalten in der gesamten Pflanzenwelt anzutreffen ist. Nach zwei oder drei Jahren Arbeit in dieser Richtung empfand ich das Bedürfnis, eine Bestandsaufnahme der bisher erzielten Ergebnisse vorzunehmen. Ich hatte bis dahin die Knospen von fünfundfünfzig verschiedenen Pflanzenarten untersucht, wobei die λ-Abweichungen gemäß Tabelle 5 verteilt waren.

Tabelle 5

Mittlere Abweichung in %	Prozent der Knospen
0–10	54.5
10–20	36.5
über 20	9.0

Über die Hälfte davon waren von derselben Genauigkeit wie der Sauerklee, und weniger als ein Zehntel lag außerhalb der 20%-Grenze.

Es blieb der Zweifel, ob die Wegkurve nicht von so flexiblem Charakter ist, daß sie sich an jedes beliebige Oval anpassen läßt. Zufällige Ovale sind nicht leicht aufzufinden! Ich löste das Problem, indem ich fünfundzwanzig junge Leute bat, mir ein Oval zu zeichnen.

Bevor ich dies tat, hatte ich noch einem anderen Zweifel zu begegnen. Jedem Beobachter des Pflanzenreichs ist es klar, daß nicht *alle* Arten von Pflanzen eine Knospe von diesem allgemeinen Formtypus hervorbringen. Um nur ein Beispiel zu nennen: Die Leguminosen besitzen Knospen, bei denen offenbar noch andere Gesetzmäßigkeiten wirken. Wenn ich eine Knospe finde, die ganz offenbar keine Wegkurve ist, so lasse ich mich nicht darauf ein, sie zu fotografieren und zu messen, nur um mir selbst diese Tatsache zu bestätigen. Es schien mir bedeutsam genug, daß ich ohne Mühe in meiner unmittelbaren Umgebung um die fünfzig verschiedene Pflanzenarten fand, die sehr gute Wegkurvenform aufwiesen; es konnte mir aber nicht verborgen bleiben, daß meine Auswahl vielleicht, mehr oder weniger unbewußt, durch ein gewisses (wie ich hoffe geringes) Maß an Subjektivität beeinflußt war. Sollte mein Experiment mit den Zufallsovalen ein gültiges Resultat liefern, so mußte es so angelegt sein, daß dieses geringe Maß an Subjektivität in der Auswahl es nicht beeinträchtigen konnte. Ich ließ die Schüler deshalb axial-symmetrische Ovale zeichnen, deren Form am einen Ende eher spitz, am anderen eher stumpf sein sollte. Ich dachte, daß ich dadurch einfach eine Menge von Wegkurven erhalten würde.

Als Resultat kam gerade das Gegenteil heraus (Tabelle 6). Etwas später wiederholte ich das Experiment mit anderen Schülern und bat sie, eine Knospe zu zeichnen; das Resultat war ganz ähnlich.

Tabelle 6

Mittlere Abweichung in %	Prozent der Zufallsovale
0–10	0
10–20	16
über 20	84

Die Chancen, daß ein durch einen Zufallsprozeß hergestelltes Oval eine Wegkurve darstellt, sind also äußerst gering, auch wenn die Form oberflächlich einer Knospe ähnlich sieht. Dadurch werden die bisher mit Hilfe der Knospenformen ausgearbeiteten Resultate nur um so bedeutsamer.

Anpassung von λ

Sind wir einmal von der Überzeugung durchdrungen, daß Wegkurvenformen in der Knospenbildung mitwirken, so sind wir dazu aufgerufen, eine Verfeinerung der Berechnungsmethode einzuführen. Bei einigen

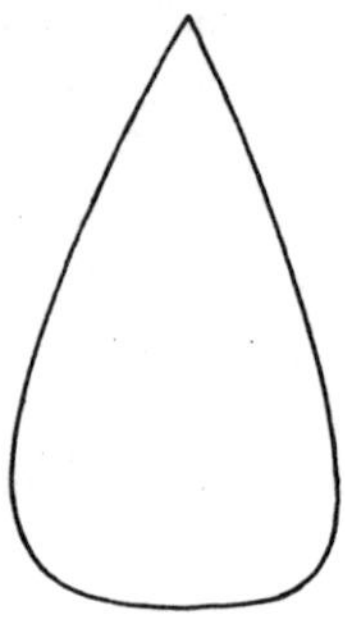

Abb. 51

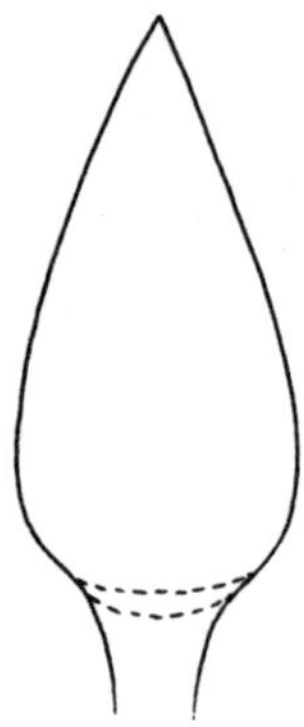

Abb. 52 Wo ist der untere Pol?

Pflanzenarten lassen sich die Knospen leicht vom Rest der Pflanze trennen und erscheinen dann auf Fotografien wie etwa in Abb. 51. In diesem Fall markiert man nur die Position des oberen und unteren Pols, X und Y, und fährt wie oben angegeben fort. Aber in vielen anderen Fällen erscheint die Fotografie eher wie in Abb. 52. Die Lage des oberen Pols X ist selten zweifelhaft; für den unteren Pol Y müssen wir nach eigenem Gutdünken zunächst den unteren Teil der Kurve so vervollständigen, wie er nach unserer Vermutung aussehen müßte (gestrichelte Linie). – Heute markiere ich auf den Fotos die obere und untere Grenze der möglichen Lagen des unteren Pols und teile den Zwischenraum in eine gewisse Anzahl gleicher Teile ein, je nachdem wie weit die beiden Grenzen auseinanderliegen. Dadurch erhalte ich auf den Fotos eine Anzahl möglicher Lagen für den unteren Pol, gewöhnlich fünf, vier oder drei. Die Knospen werden dann völlig neu vermessen und alle oben angeführten Rechnungen für diese verschiedenen Positionen durchgeführt. Dadurch erhält man eine Serie von λ-Werten, denen alle eine mittlere λ-Abweichung δ assoziiert ist. Daraus läßt sich ein (δ, λ)- Diagramm gewinnen, in dem δ als Funktion von λ aufgetragen wird. Abb. 53 zeigt ein typisches solches Diagramm.

Hätte ich mich auf meine Wahl der Lage des unteren Pols verlassen, so hätte ich als λ-Wert der Narzisse 2.19 mit einer mittleren Abweichung von 12% erhalten. Wie wir aber jetzt sehen, ist der wahrscheinlichste Wert gleich 2.12 mit einer mittleren Abweichung von 7%. Ich nenne einen solchen neuen λ-Wert ein *angepaßtes* λ. Die Anpassung bringt eine leichte Veränderung des λ-Wertes nach oben oder unten mit sich; aber wenn überhaupt eine Änderung stattfindet, so vermindert sich auf alle Fälle die mittlere Abweichung. Wird dieser Anpassungsprozeß mit der nötigen Vorsicht gehandhabt, so kann er zu Resultaten von erhöhtem Aussagewert führen. Es muß aber darauf geachtet werden, daß die Lage des unteren Pols innerhalb derjenigen Grenzen bleibt, die mit dem Auge als möglich und sinnvoll erachtet werden können.

Schauen wir zurück auf die Tabelle 1 der λ-Werte für den Sauerklee, so fällt auf, daß λ bei den Punkten C und D stärker vom Mittel abweicht als beim Punkt F, nahezu so viel wie bei den Punkten A und B. Und doch ist ihre mittlere prozentuale Radius-Abweichung (Tabelle 2, s. S. 94) sehr viel geringfügiger. Dies ist ein Ausdruck für die Tatsache, daß die λ-Werte bei C und D sehr viel sensibler und folglich für die Festlegung des λ-Wertes für die gesamte Knospe weniger verläßlich sind als die Werte an dem oberen und unteren Ende. Differieren diese Werte in der Mitte zu sehr von denjenigen an den beiden Enden, ist es besser, ein gewichtetes Mittel einzuführen; es erwies sich als günstig, λ bei A und F mit vier, bei B und E mit zwei zu multiplizieren, und bei C und D so zu belassen, wie es ist.

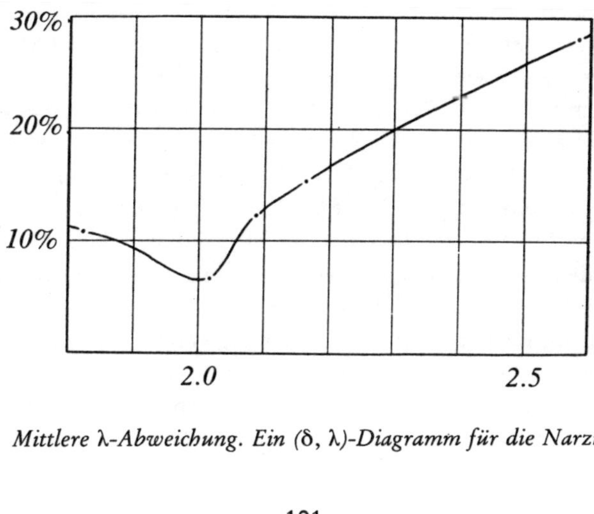

Abb. 53 Mittlere λ-Abweichung. Ein (δ, λ)-Diagramm für die Narzisse.

Dies führt uns zu einem weiteren wichtigen Punkt. Die Empfindlichkeit des λ-Wertes im allgemeinen, und besonders bei C und D, wächst sehr stark an, wenn λ zunimmt. Eine 5%-Abweichung für ein λ mit dem Wert 1.2 bedeutet etwa dieselbe Radiusabweichung wie eine λ-Abweichung von 10% oder 12%, wenn λ zwischen 2 und 3 liegt. Wird λ größer als 3.5, so werden die Werte bei C und D, und in etwas geringerem Maße bei B und E, so «wild», daß die oben angegebenen Methoden zur Analyse einer Knospe kaum mehr Gültigkeit haben. Schauen wir auf unsere Bestandsaufnahme zurück (Tabelle 5, s. S. 98), so finden wir, daß etwa 9 % der Knospen Abweichungen von mehr als 20 % aufwiesen. Es handelt sich in den meisten Fällen um Knospen mit hohen λ-Werten, und ein oder zwei der damals gefundenen Knospen waren überhaupt nicht durch obige Methoden analysierbar. Für solche Knospen wurde dann folgendes Verfahren entwickelt.

Wir nehmen eine Serie von λ-Werten, etwa 3.5, 4.0, 4.5, 5.0 usw., oder eine ähnliche, vielleicht bequemere Folge, und berechnen die mittlere Radius-Abweichung für diese Werte. Diese Abweichung wird als Funktion von λ in ein Diagramm eingetragen. Das Minimum der entstehenden Kurve ergibt uns den besten λ-Wert für die Knospe. Abb. 54 zeigt ein solches Diagramm für eine der Varietäten der Wilden Rose, die in den Hecken Schottlands wächst. Wie wir sehen, hat diese Knospe ein λ von 4.7 mit einer mittleren Radius-Abweichung von nur 3.8%, obwohl ihre mittlere λ-Abweichung, nach der gewöhnlichen Methode berechnet, 38% ist, mit einem λ-Wert von 6.92. In diesem Fall waren es die Werte bei D und E, die sich wild gebärdeten, derjenige bei C etwas weniger. Ignoriert man die Werte bei D und E, so wird das Mittel 4.96, und ignoriert man ebenfalls den Wert bei C, gleich 4.50. Dies ergibt eine gute Bestätigung für die Verläßlichkeit der Methode von Abb. 54.

Nach den recht umfangreichen bisherigen Erfahrungen mit diesen Formen läßt sich sagen, daß für recht hohe λ-Werte (etwa von 3 an aufwärts) eine mittlere Radius-Abweichung von 0–3% ungefähr äquivalent ist einer mittleren λ-Abweichung von 0–10% bei den Formen mit kleineren λ-Werten, während einer Radius-Abweichung von 3–6% in derselben Weise eine λ-Abweichung von 10–20 % entspricht.

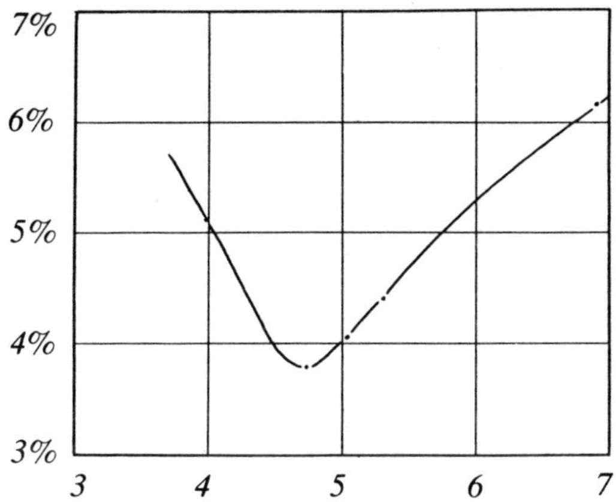

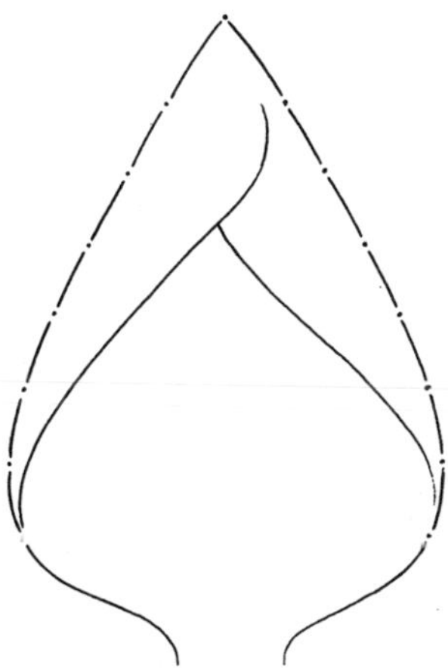

Beobachtete mittlere Radien	*Berechnete mittlere Radien für λ = 4.7*
10.3 mm	*10.4 mm*
16.2 mm	*17.8 mm*
23.0 mm	*24.2 mm*
29.4 mm	*29.4 mm*
34.3 mm	*33.6 mm*
36.5 mm	*36.4 mm*
34.9 mm	*36.6 mm*

Abb. 54 Diagramm zur Ermittlung des λ-Wertes der Wilden Rose. Mittlere Radius-Abweichung.

Nachdem ich soweit gekommen war, machte ich wieder eine Bestandsaufnahme der bisher erreichten Resultate. Dieses Mal betrachtete ich nur Blütenknospen und benutzte die Vorteile der Methode der Anpassung, wo es angezeigt schien. Ich fand, daß ich die Knospen von sechsundvierzig verschiedenen Pflanzenarten untersucht hatte, deren mittlere λ-Abweichungen ich in Tabelle 7 dargestellt habe.

Tabelle 7

Mittlere Abweichung in %	Prozent der Knospen
0–10	72
10–20	26
über 20	2

Unterdessen war ich sieben Monate in Neuseeland (North Island) und erlebte den wunderbar reichen Frühling dieses Landes. Während dieser Zeit untersuchte ich die Blütenknospen von vierundsechzig verschiedenen Pflanzenarten. Einige davon waren kultiviert, aber die meisten wuchsen wild im Urwald. Die Verteilung der mittleren Abweichungen ergab sich gemäß Tabelle 8.

Tabelle 8

Mittlere Abweichung in %	Prozent der Knospen
0–10	52
10–20	36
über 20	12

Kurz danach verbrachte ich sechs Monate in Neusüdwales (Australien). Dies war leider während der Herbstzeit, so daß mir nicht dieselbe Vielfalt wie in Neuseeland vorlag. Aber sogar zu dieser Zeit führte mir der australische Busch eine reichhaltige Ernte an Blumen vor Augen. Ich untersuchte vierunddreißig verschiedene Arten, deren mittlere Abweichungen in Tabelle 9 zusammengestellt sind.

Tabelle 9

Mittlere Abweichung in %	Prozent der Knospen
0–10	60
10–20	31
über 20	9

Diese Zahlen wirken nicht ganz so überzeugend wie diejenigen von Schottland, sie zeigen aber trotzdem eine bemerkenswerte Tendenz der meisten Knospen, mit einem erstaunlichen Grad an Verläßlichkeit den Gesetzen der Wegkurvenform zu folgen.

Nach meiner Rückkehr nach Schottland untersuchte ich während zweier Jahre die Knospen von weiteren sechsundvierzig Pflanzenarten. Manche davon hatte ich schon früher untersucht, aber eine große Anzahl war neu. Ihre mittleren Abweichungen verhielten sich wie in Tabelle 10.

Tabelle 10

Mittlere Abweichung in %	Prozent der Knospen
0–10	44
10–20	39
über 20	17

Ich war mir wohl im klaren darüber, daß es unter diesen Knospen stark abweichende Formgestalten gab; in einem späteren Kapitel werden wir einige der Besonderheiten solcher Knospen etwas näher betrachten. Offenbar gerieten mehr abweichende Formen als sonst in diese Untersuchungsreihe; vielleicht war ich auch in meiner Auswahl großzügiger. Nichtsdestoweniger blieb es eine Tatsache, daß mehr als 80% der Knospen gute Wegkurven darstellten.

An dieser Stelle ist es vielleicht nützlich, die Untersuchungen von Professor Clopper Almon von der Maryland University vorzustellen. Er untersuchte die Wegkurven vom Standpunkt der linearen Algebra und kam zu einer Reihe von Gleichungen, in denen ganz andere Parameter, als ich sie gewählt habe, im Zentrum der Betrachtung stehen. Sie sind aber in allen wesentlichen Aspekten zu meinen Parametern äquivalent. Seine ausgezeichnete Monographie *Path Curves and Plant Buds* [1979] kann jedem empfohlen werden, der das Reich der Wegkurven vom Standpunkt der linearen Algebra aus untersuchen möchte. Seinerzeit sandte ich Almon die Unterlagen meiner Messungen einer großen Serie von Knospen. Er untersuchte sie auf ihre Wegkurvenform mit Hilfe seiner Gleichungen und unterzog die Resultate einer großangelegten statistischen Analyse unter Verwendung größerer Computerkapazitäten, als sie mir zur Verfügung standen. Da er andere Parameter als ich benutzte, erhielt er keine mittleren Abweichungen von λ; in den publizierten Resultaten gab er dagegen die mittlere Abweichung vom tatsächlichen Radius für jede einzelne Pflanzenart. Es ist von Bedeutung, von diesen Resultaten Kenntnis zu nehmen, da sie sich auf andere, von den meinigen unabhängige Berechnungsmethoden stützen, und zudem, weil sie eine Vorstellung von der Güte der Übereinstimmung der mathematischen mit den wirklichen Formen geben, die leichter zu veranschaulichen ist als die λ-Abweichungen. Aus einer Menge von hundertfünfzig Knospen hatten nur vier eine mittlere Radius-Abweichung von mehr als 4 % (die alle aus der südlichen Hemisphäre stammen), und weitere dreizehn hatten Abweichungen zwischen 3 % und 4 %. Nicht weniger als hundertsechzehn (77 % der Gesamtmenge) hatten Abweichungen von weniger als 2 %. Diese Zahlen führen uns zu einer erhöhten Achtung vor der Genauigkeit und Vollkommenheit, mit welcher diese kleinen Knospen ihre ideale Form verwirklichen, und sie zeigen, wie empfindlich die λ-Abweichung tatsächlich ist. Meine eigenen Berechnungen für die mittlere Radius-Abweichung stimmen fast perfekt mit denjenigen von Almon überein.

Die Frage nach dem prozentualen Anteil von guten Wegkurven in einer Menge von Formen, die nicht speziell aus dem Bereich der nach Wegkurven gestalteten Gebilde kommen, ist so wichtig, daß wir ihr etwas mehr Aufmerksamkeit widmen wollen. Es gibt in der Pflanzenwelt zwei weitere Bereiche, die uns dauernd mit ovalen Formen, die mehr oder weniger den Wegkurven gleichen, konfrontieren: die Fruchtknoten und die Blätter. Behandelt man die Fruchtknoten, als ob sie Wegkurvenformen wären, so ergeben sich die mittleren Abweichungen gemäß Tabelle 11.

Tabelle 11

Mittlere Abweichung in %	Prozent der Fruchtknoten
0–10	15
10–20	25
über 20	60

Im weiteren analysierte ich Blätter von fünfunddreißig verschiedenen Pflanzenarten. Hier mußte wieder eine bestimmte Auswahl getroffen werden. Einige Blätter, etwa diejenigen des Efeus, der Stechpalme und des Ahorns, sind so gestaltet, daß sie den hier verwendeten Meßmethoden kaum zugänglich sind. Ich wählte die ersten fünfunddreißig Arten, die mir gerade in die Hand kamen, deren Blätter schön oval waren und von denen ich nach meiner Erfahrung erwarten konnte, daß sie Wegkurvenform haben würden. Ihre mittleren Abweichungen verhielten sich wie in Tabelle 12 angegeben. Von allen Blättern hatten 43 % eine mittlere Abweichung von über 50 %.

Tabelle 12

Mittlere Abweichung in %	Prozent der Blätter
0–10	9
10–20	14
über 20	77

Es ist mir klar, daß man kein Recht dazu hat, die Fruchtknoten oder Blätter als vom Zufall geformte Ovale zu betrachten. Sie unterliegen gewissen organisierenden Prinzipien, die dafür sorgen, daß sie in keiner Weise zufällig gestaltet sind. Führen wir uns aber die genannten Zahlen vor Augen, so ist ebenso klar, daß diese Prinzipien kaum aus dem Bereich der Wegkurvengesetzmäßigkeiten stammen. In dieser Annahme bestärkt mich weiter, daß die hier verwendeten Methoden so geartet sind, daß sie völlig klar legen, wann der Wegkurvenprozeß *nicht* am Werk ist.

Die aus den Blättern und Fruchtknoten gewonnenen Formen sind im allgemeinen denjenigen sehr ähnlich, die ich als «Zufallsovale» von meinen Schülern und Helfern erhielt. Meiner Überzeugung nach zeigen sie genau dasjenige Verhalten, das man erwartet, wenn die untersuchten Formen nicht wirklich mit den Wegkurvengesetzmäßigkeiten zusammenhängen. Der Vergleich solcher Formen mit denjenigen, die wir immer wieder und wieder bei den Knospen finden, ist sehr aufschlußreich.

In der Anfangszeit dieser Forschungen ging ich von der Voraussetzung aus, daß jeder Pflanzenart ihr eigener charakteristischer λ-Wert zukomme. Ich hoffte, diese Zahl könnte vielleicht helfen, einiges Licht auf die besonderen Qualitäten einer Art zu werfen. Im Fortgang der Forschung hat sich herausgestellt, daß sich die Sache anders verhält. Wir stellen fest, daß die Pflanzen im Laufe ihrer verschiedenen Entwicklungsstadien von Tag zu Tag verschiedene λ-Werte haben; zwei Pflanzen derselben Art können sogar verschiedene λ-Werte haben, auch wenn sie ungefähr an demselben Punkt der Entwicklung angelangt sind. Und es besteht die Vermutung, daß dieselbe Art, wenn sie in verschiedenen Umgebungen aufwächst, auch verschiedene λ-Werte produzieren wird. Die Verhältnisse werden hier sehr schwierig. Das einzig Gemeinsame bei fast allen Pflanzenarten ist die Tatsache, daß alle ihre Knospen gute Wegkurven sind. Der absolute Wert von λ, wie er in einem bestimmten Moment gefunden werden kann, ist nicht von Bedeutung. Es bleibt nichtsdestoweniger eine Tatsache, daß gewisse Pflanzenarten Knospen mit durchgehend niederen (oder hohen) λ-Werten haben. Eine entsprechende Liste ist vielleicht ganz instruktiv:

Knospen mit niederen λ-Werten:

Osterglocke	Gemeiner Schneeball
Sternhyazinthe	Ingwer
Weißdorn	Apfel
Schwarzwurz	Buschförmige Waldrebe
Weißdorn (Blüte)	(Neuseeland)
Brombeere	Poroporo (Neuseeland)
Pfirsich	Kresse
Kohl	Kirsche

Man beachte, daß viele dieser Pflanzen eßbare Früchte oder andere als Nahrung verwendbare Teile besitzen.

Knospen mit hohen λ-Werten:

Rose	Akelei
Lichtnelke	Immergrün
Fuchsie	Fremontia (Neuseeland)
Winde	Flachs
Knoblauch	Malve
Waldrebe (Schottland)	

Die meisten anderen vermessenen Knospen liegen mit ihren λ-Werten in der mittleren Region, d. h. λ liegt zwischen 1.5 und 3.

Das Verhalten der einzelnen Knospe

Alle bisher beschriebenen Arbeiten beruhen auf der Bestimmung von Durchschnittswerten aus einer bestimmten Menge von Knospen. – Die einzelne Knospe, die inmitten aller Einflüsse und Störungen der Umwelt aufwächst, scheint dadurch im Ganzen gesehen bemerkenswerterweise keine Nachteile zu erleiden. Wir diskutieren im folgenden einige typische Serien von je zehn Knospen verschiedener Pflanzenarten.

Zunächst sei die Blattknospe der Esche betrachtet. Diese sehr bemerkenswerte, kleine Knospe scheint aus zwei aufeinander senkrechten, ineinander verschlungenen Wegkurvenprofilen zu bestehen. Die Zahlen der Tabelle 13 (s. S. 110) geben den Durchschnittswert der beiden Profile jeder einzelnen Knospe. Die Knospen sind sehr fest und dicht und gegen Beschädigung relativ unempfindlich.

Sechs davon sind fast vollkommen, und keine der übrigen weicht von der idealen Form allzu weit ab.

Einen großen Kontrast dazu bietet die Butterblume. Deren Knospen sind so empfindlich, daß man beim Einsammeln sehr aufpassen muß. Die

Tabelle 13

λ-Wert	Mittlere Abweichung in %
1.95	4.5
2.41	4.6
2.04	4.4
1.83	14.8
2.47	4.3
1.92	5.0
2.70	16.4
1.99	3.5
1.81	16.5
2.55	18.3

leichteste Unvorsichtigkeit beim Pflücken oder Montieren für das Fotografieren kann die Blütenblätter zerstören und die Gestalt der Knospe stark beeinträchtigen.

Tabelle 14

λ-Wert	Mittlere Abweichung in %
1.41	15.7
2.13	10.1
1.22	6.7
1.18	16.0
1.34	5.5
1.18	6.7
1.14	17.0
1.90	36.4
1.14	9.7
1.09	14.7

Man beachte das verhältnismäßig weite Spektrum ihrer λ-Werte in Tabelle 14, aber auch die Tatsache, daß nicht weniger als die Hälfte der Knospen mittlere Abweichungen von etwa 10 % und darunter haben und nur eine Knospe, mit einer Abweichung von etwa 36 %, hat es nicht geschafft, unbeschädigt zu überleben. Die Variation von λ zwischen 1 und 2 bedeutet eine beträchtliche Formänderung von Knospe zu Knospe, und zwar insbesondere in der Zuspitzung der Form im oberen Teil der Knospe; außer in einem Fall wurde dies durchgehend präzis ausgeglichen: durch eine korrespondierende Änderung in der Form des stumpfen Teils am unteren Ende der Knospe. Und dies bei einer Knospe, die durch ihre Zartheit und Empfindlichkeit besonders ausgezeichnet ist. Ich denke, die Butterblume hat dafür ein Lob verdient!

Es könnten viele weitere Fälle angeführt werden. Es soll aber nur ein weiterer hier diskutiert werden, nämlich die kleinen Blütenknospen der Mondviole. Werden die Knospen früh gepflückt, wie das hier geschah, so sind die Blütenblätter fest in die Kelchblätter eingeschlossen. Man muß beim Wegnehmen der Kelchblätter sehr vorsichtig sein, um zu verhindern, daß die Blütenblätter sofort nach außen quellen und so die Gestalt der Knospe verändern. Oftmals sehen die Blütenblätter etwas zerknittert aus und machen das Profil der Knospe ziemlich ungleichmäßig und schwer meßbar. Trotzdem bleibt die Wegkurve mit großer Verläßlichkeit

Tabelle 15

λ-Wert	Mittlere Abweichung in %
1.43	16.7
1.43	16.8
1.68	12.6
1.86	9.0
1.35	24.8
1.58	15.7
1.83	27.4
1.58	11.8
1.89	7.9
1.76	10.5

erhalten; nur zwei Knospen liegen mit ihren mittleren Abweichungen über der 20%-Grenze. Die Zahlen der Tabelle 15 sind sehr typisch und zeigen, daß im großen und ganzen die einzelnen Knospen mit bemerkenswerter Konstanz und Genauigkeit heranwachsen.

Wir wollen diesen Abschnitt mit den Details einer Knospe schließen, die stark von der idealen Form abweicht. Es handelt sich um das Schneeglöckchen, über das später noch mehr zu berichten sein wird; seine Knospen sind dicht und kompakt gebaut. Man beachte, wie nahe die λ-Werte beieinander liegen (Tabelle 16); die Knospen liegen knapp innerhalb der Grenze desjenigen, was überhaupt noch gemessen werden kann, sogar mit Hilfe von starken Vergrößerungen. Ihre große mittlere Abweichung ist ebenso mehr oder weniger konstant, ist aber nicht auf eine Störung des Wachstums zurückzuführen, sondern stellt etwas dar, was zutiefst bedeutsam für das Leben und die Qualität dieser Pflanze ist. Es handelt sich hier um ein relativ harmloses Beispiel; in gewissen Entwicklungsmomenten erreicht das Schneeglöckchen mittlere Abweichungen von 30% und mehr. Wollen wir wissen, was eine solche Abweichung für die tatsächliche Form zu bedeuten hat, so müssen wir uns Abb. 60 zuwenden (s. S. 129); diese gibt uns eine Einsicht in die Genauigkeit der Form derjenigen Knospen, deren mittlere Abweichungen unter der 20%-Grenze bleiben.

Tabelle 16

λ-Wert	Mittlere Abweichung in %
2.18	19.5
2.08	18.3
2.01	19.2
2.26	19.7
2.02	20.6
2.10	28.7
2.04	20.3
1.86	21.7
1.95	13.1
2.05	22.4

Spiralen

Bisher haben wir uns nur mit der Form der Knospe und deren λ-Wert beschäftigt. Als nächstes werden wir nun die von den Rändern der Blütenblätter gebildeten schrauben- oder spiralförmigen Kurven genauer betrachten. Dies ist keine einfache Angelegenheit. Zunächst müssen wir bedenken, daß diese Wegkurven von logarithmischem Charakter sind, d. h. sie «spiralen» unendlich oft um ihre Pole herum, sich in sie hinein oder aus ihnen heraus windend. Weder die Ränder von Blütenblättern noch irgendeine andere Kurve der Natur kann sich in dieser Weise verhalten; Substanz kann die Unendlichkeit nicht erreichen. Aber im mittleren Teil der Knospe bilden die Blattränder in vielen Fällen echte Spiralenkurven, die dem Typ der Wegkurven, die eine solche Fläche überdecken, sehr ähnlich sind. Der diese Kurven beschreibende Parameter ist ε; ist ε Null, so werden die Wegkurven zu horizontalen «Breitenkreisen», und wenn ε gegen unendlich strebt, so tendieren sie zu «Meridiankurven».

Um diese Kurven zu messen, müssen wir den Multiplikator des von Y zu X nach oben gehenden Wachstumsmaßes bestimmen (2ε), während die Transformation einen Einheitsschritt vollführt. Im kontinuierlichen Fall, um den es sich hier handelt, ist die Einheit gleich einer Drehung um eine Bogenmaßeinheit (Radian) innerhalb des durch I und J auf der horizontalen unendlich fernen Geraden bestimmten kreisenden Maßes. Hat man es mit dem diskreten Fall zu tun, wie etwa den verschiedenen Knospen in einer Infloreszenz, kann man natürlich auch den Drehwinkel von einer Knospe zur nächsten finden, gemessen im horizontalen kreisenden Maß zwischen I und J. Dies gibt für θ normalerweise einen von der Einheit verschiedenen Wert, den ich mit θ' bezeichne. Man muß dann natürlich die entsprechenden Werte für ε und α berechnen, die ich ε' und α' nenne. Man beachte, daß sich ε und α in direkter Proportion zu θ ändern, da es sich bei beiden um Logarithmen handelt. (Natürlich verändert sich λ, als reine Zahl [Verhältnis], bei irgendeiner Variation von θ nicht.) Sogar in diesem Fall läßt sich immer noch von ε als einem Parameter sprechen, der die Steigung der Spirale, aufgefaßt als kontinuierliche Kurve, veranschaulicht. Zum Vergleich mit anderen Knospen ist es oftmals bequem, auf diese Weise vorzugehen.

Zur konkreten Berechnung von ε müssen zunächst zwei Punkte M und N auf der Spiralenkurve gewählt werden (Abb. 49, s. S. 91), von denen wir annehmen, daß die Blattkante zwischen ihnen eine gute Wegkurve beschreibt. Horizontale Geraden durch M und N schneiden die Zentralachse in M' und N'. Unser Multiplikator ist gleich dem Doppelverhältnis

$$\frac{YM'}{M'X} \cdot \frac{XN'}{N'Y}$$

Wir messen dies als 9.76, wobei ln 9.76 = 2.28.

Als nächstes messen wir NN', dividieren dies durch den Radius des entsprechenden Niveaus und finden arcsin (0.66/0.93) = 45°.

Dies bedeutet, daß der Punkt N um 45° von der Zentralachse weggedreht wurde. Entsprechend finden wir, daß der Punkt M um 18° auf die andere Seite der Zentralachse gedreht wurde. Zusammengenommen hat sich also der Blattrand um 63° gedreht, während er von N nach M fortgeschritten ist. Folglich muß der Logarithmus des Multiplikators, 2.28, mit 180/63 π multipliziert werden, um seinen Wert pro Drehung um einen Einheitsbogen zu finden.

$$\frac{180}{63\pi} \times 2.28 = 2.07.$$

Aber dies ist gleich 2ε, also ist ε = 1.04. (Die zweite Dezimalstelle ist hier in keiner Weise von Bedeutung.)

Der wahrscheinliche Fehler ist beträchtlich, er variiert in den verschiedenen Fällen etwa von ± 0.2 bis ± 0.5. Dies ist zum Teil auf die Tatsache zurückzuführen, daß es nicht möglich ist, den Durchschnitt von mehreren Blattrandkurven zu beobachten, wie wir dies bis zu einem gewissen Grade bei den Umrissen der Knospen getan haben; wir haben es hier mit Einzelfällen zu tun. Zudem sind diese Blütenblattränder in einer Vielzahl von Fällen äußerst empfindlich gegen die leiseste Berührung. Öfter kann der größte Teil der Blattrandkurven gar nicht in Betracht gezogen werden, weil zu vermuten ist, daß eine Berührung während der Montage für das Fotografieren die Richtungen dieser Ränder verändert hat. Man kann nie sicher sein, ob durch solch eine Ungeschicklichkeit nicht alle diese Blattränder mehr oder weniger beschädigt worden sind. Im weiteren wird auch die Lage von M und N, die wir nach eigenem Gutdünken

Die Wilde Rose; schöne regelmäßige Verflechtung.

Das Schöllkraut versucht, es ihr gleichzutun, ist aber viel zarter.

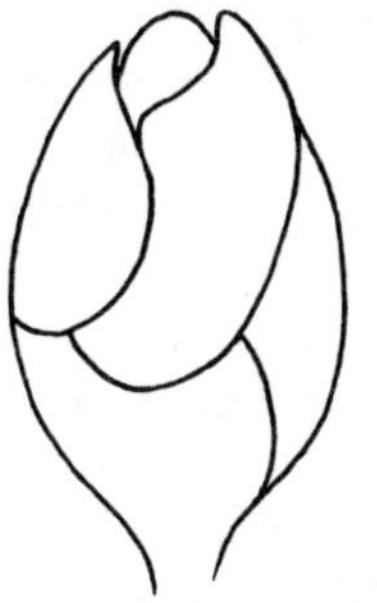

Wilde Erdbeeren – sehr klein, sehr delikat, sehr schön – und fast unmeßbar.

Bei der Winde wird ε größer.

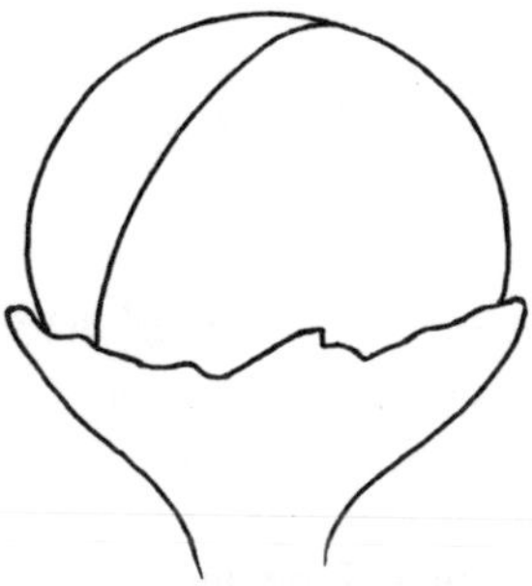

Auf der fast sphärischen Knospe der Rotdornblüte ist die Spiralung nicht leicht zu erkennen.

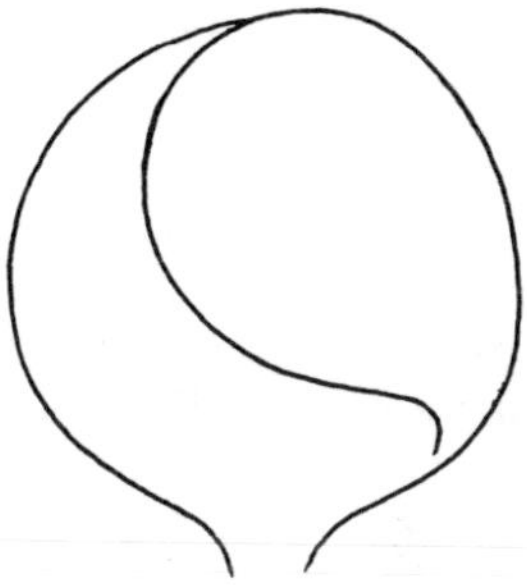

Bei der Rosenmalve ist die Spiralung beinahe unsichtbar; es läßt sich jeder ε-Wert erreichen, je nachdem, wo man M und N wählt; wir sprechen hier einfach von «sehr großem ε».

Abb. 55 Einige Beispiele für verschiedene Werte von ε.

bestimmen, das Resultat bis zu einem gewissen Grade beeinflussen. Legen wir M und N an verschiedene Stellen des Blattrandes, so können wir uns überzeugen, daß der Rand in den meisten Fällen im mittleren Teil der Knospe ungefähr dem Verlauf einer Wegkurve folgt.

Für ein kleines ε (sagen wir, von 0.1 bis 0.3) winden sich die Blütenblattränder in einem recht kleinen Winkel zur Horizontalen um die Knospe herum. Ihr Schrauben- oder Spiralcharakter ist dann gut sichtbar. Dies ist auch bei der Rose der Fall ($\varepsilon \approx 0.5$) und bleibt so für noch etwas größere ε-Werte. Wird allerdings ε sehr groß, so ist der Spiralencharakter nicht mehr sehr deutlich; die Knospen gleichen dann immer mehr denjenigen Fällen, bei denen man kaum eine Spiralung erwartet, wenn man sie nicht bereits in anderen Fällen in ähnlicher Weise gesehen hätte. Abb. 55 zeigt einige typische Beispiele für verschiedene ε-Werte.

Zusammenfassung

Es scheint nun durchaus berechtigt zu sagen, daß die Wegkurven und die damit zusammenhängenden Flächen, die aus grundlegenden und elementaren Gedankenformen der Mathematik hervorgehen, im Bereich der sich öffnenden Knospen deutlich erkennbar sind. Es muß mit einem bestimmten Zeitpunkt in der Entwicklung der Pflanze zusammenhängen, ob der λ-Wert ihrer Knospen groß oder klein wird. Die Erfahrung zeigt, daß sogar innerhalb derselben Art die Pflanzen sich einen beträchtlichen Spielraum für die Werte von λ vorbehalten, obgleich nur sehr selten eine große Entfernung von der allgemeinen Wegkurvenform selbst auftritt. Es scheint, daß der absolute Wert von λ in einem bestimmten Zeitpunkt viel weniger wichtig ist als die Art und Weise, wie dieser Wert sich im Lauf der Entwicklung verändert, sogar weniger wichtig als die Verteilung der Abweichungen entlang der Zentralachse der Knospe. Mehr über diese Beobachtungen wird weiter unten gesagt werden.

Weitere Betrachtungen

Bevor wir uns mit anderen Naturreichen beschäftigen, wird es gut sein zu fragen, ob das Auftreten dieser Wegkurvenformen im Pflanzenreich auf die Knospen beschränkt ist. Wie steht es mit der Pflanze in ihrer Ganzheit? Offenbar sind hier die Schwierigkeiten, die der Untersuchung entgegenstehen, weit größer als bei der Knospe, die ihren Raum so gut erkennbar und meßbar ausfüllt. Die ideale Form, nach der sich die Zweige und Blätter der Pflanze entwickeln, ist nicht so leicht zu durchschauen. Ein damit zusammenhängendes Problem ist folgendes: Wächst die gesamte Pflanze gemäß einer Wegkurven-Struktur, so wäre natürlich zu erwarten, daß die verschiedenen Zweige aus dem Hauptstamm in Intervallen eines Wachstumsmaßes entspringen.

Diesem Problem bin ich etwas nachgegangen, wovon hier noch kurz berichtet werden soll; dies mehr in der Hoffnung, andere Menschen zu eigenen Forschungen anzuregen, als um irgendwelche endgültigen Resultate vorzuzeigen. Wir beginnen mit zwei kleinen Formeln, die für diesen Zweck ganz nützlich sind.

Je zwei aufeinanderfolgende Punkte in einem Wachstumsmaß (d. h. aufeinanderfolgende Bilder eines gegebenen Punktes unter einer hyper bolischen Kollineation, die immer in eine geometrische Folge transformiert werden können – daher der Zusammenhang mit dem multiplikati-

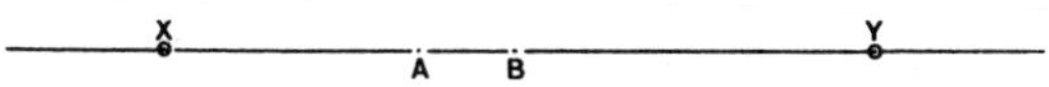

ven Wachstum) haben ein konstantes Doppelverhältnis mit den invarianten Punkten X und Y. Berechnen wir dieses Doppelverhältnis zu

$$\frac{XB}{BY} \cdot \frac{YA}{AX}$$

so ist diese Zahl gleich dem «Multiplikator» des Wachstumsmaßes, d. h. gleich dem konstanten Quotienten der geometrischen Folge, die dadurch entsteht, daß einer der invarianten Punkte ins Unendliche geschickt wird. Im folgenden werde ich diese Zahl m nennen. Zu ihrer Bestimmung müssen wir selbstverständlich wissen, wo die invarianten Punkte liegen.

Ist dies nicht der Fall, können wir auf eine andere Methode zurückgreifen. Je vier aufeinanderfolgende Punkte in einer Skala haben ein konstantes Doppelverhältnis R, und dieses ist, wie man leicht einsieht, gleich

$$R = \frac{(m+1)^2}{m}.$$

Aufgelöst nach m erhalten wir

$$m = \frac{R - 2 \pm \sqrt{R^2 - 4R}}{2}.$$

Dies ist eine interessante kleine Formel; sie ist so geartet, daß unabhängig vom Wert von R die beiden Lösungen zueinander reziprok sind. Die eine läßt uns in der Skala vorwärts und die andere rückwärts schreiten. Für $R < 4$ ergibt sich ein kreisendes Maß (eine elliptische Kollineation): für $R > 4$ ein Wachstumsmaß (hyperbolisch) und für $R = 4$, $m = 1$ ein Schrittmaß (parabolisch, in eine arithmetische Folge projizierbar). Ist m gefunden, so läßt sich die Lage der invarianten Punkte X und Y bestimmen.

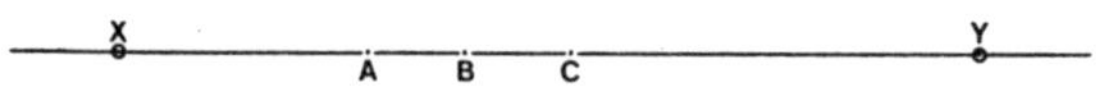

Sei $BX = x$ und $BY = y$, beide von B aus positiv nach außen gemessen; weiter sei $BA = a$, $BC = c$ (ebenfalls von B aus positiv nach außen gemessen), wobei A, B und C drei aufeinanderfolgende Punkte der Skala sind, dann ist

$$x = \frac{ac\,(l + m)}{mc - a}$$

und

$$y = \frac{ac\,(l + m)}{ma - c}$$

Während ich in Sydney war, machte mein Freund Erwin Berney zwei sehr schöne Fotografien von Farn-Wedeln einer Art, die dort allerorts anzutreffen ist. Wir haben zusammen die Verteilung der Blätter vermessen und diese Formel angewandt. Wir erwarteten natürlich Wachstumsmaß, erhielten aber beidesmal tatsächlich Schrittmaß. Beim größeren Farn-Wedel war R ungefähr gleich 4.02 mit einer mittleren Abweichung von 5 % und beim kleineren R ungefähr gleich 3.97, mit einer mittleren Abweichung von 8 %. Im ersten Fall kam der invariante Punkt ungefähr 7 bis 10 cm, im zweiten 18 bis 20 cm jenseits des Endes des Wedels zu liegen. Das Schrittmaß hatte sich beide Male deutlich manifestiert.

Dies wirft eine umfassendere, sehr wichtige Frage auf. Wie wir wissen, wächst ein großer Teil der Knospen gemäß den Gesetzen der Wegkurvenformen; aber wie steht es mit der Pflanze als Ganzer? Wir sehen die Zweige und Blätter der Pflanze vom Hauptstamm ausgehend nach außen wachsen; bei einem bestimmten Punkt hört dieses Nach-Außen-Wachsen auf. Endet es an der Grenze einer sonst unsichtbaren, der Pflanze innewohnenden Wegkurve?

Bei manchen Bäumen (insbesondere den Nadelbäumen) hat man das Gefühl, man sehe die Wegkurve direkt mit Augen. Bei anderen Bäumen und Büschen läßt sie sich nicht so leicht ausmachen und bei den Blütenpflanzen überhaupt nicht. Wenn man nun aber das nach außen gehende Wachstum der Spitze jedes Seitensprosses einer solchen Pflanze messen und diese Länge in einem Diagramm gegen die erreichte Höhe über dem Boden eintragen würde, erschiene dann nicht eine Wegkurvenform auf dem Papier, wenn man dies für sehr viele Seitensprosse von vielen ähnlichen Pflanzen derselben Art durchführen würde? Offenbar ist eine solche Untersuchung mit vielen Schwierigkeiten verknüpft, und eine sehr genaue Form könnte wohl kaum erwartet werden. Ich versuchte es einmal oder zweimal, mit wenig überzeugenden Resultaten; ich investierte aber nicht so viel Zeit, wie es für eine sorgfältige Untersuchung nötig gewesen wäre.

Die damit verwandte Frage, ob die Seitenzweige einer Pflanze den Hauptstamm in den Punkten eines Wachstums- (oder Schritt-)maßes verlassen, ist leichter zu lösen, obwohl es auch hier noch viele Schwierigkeiten gibt. Zunächst ist die obige Formel sehr empfindlich für kleine Fehler oder Irregularitäten in den Positionen der Punkte A, B , C und D. Wächst die Pflanze nicht sehr gesetzmäßig und genau, so ergibt sich ein so «wildes» Verhalten, daß jede Tendenz in Richtung eines Wachstumsmaßes unsichtbar wird. Betrachtet man dagegen die Stengel vieler verschiedener Pflanzen, so kann man den Eindruck gewinnen, daß die Wachstumsmaß-Tendenz wohl da ist, daß von der Pflanze aber in etwas spielerischer und freier Weise mit ihr umgegangen wird. In solchen Fällen kann man die wahrscheinlichsten Positionen für die invarianten Punkte selbst wählen, indem man einfach die Pflanze genauer ansieht; danach läßt sich die direkte Methode zur Messung von m, die am Anfang dieses Abschnittes beschrieben wurde, verwenden. Solche Messungen sind dann weit weniger empfindlich gegen Wachstumsunregelmäßigkeiten und ergeben gewöhnlich ein viel einheitlicheres Bild.

Ich habe dies mit elf Stengeln der Brennessel, die im Herbst bei voller Größe gepflückt wurden, versucht. Es kamen recht gute Wachstumsmaße heraus, mit m = 1.46 (Mittelwert über alle Stengel) und mittleren Abweichungen, die von 5 % bis 13 % reichten. Bei neun Stengeln von grünen Erbsen war das Resultat noch besser: m = 1.46 mit einer durchschnittlichen mittleren Abweichung von nur 4.5 %. In beiden Fällen war eine leichte, aber deutliche Tendenz des Multiplikators zu beobachten, gegen die Basis des Stengels hin größer zu werden. Ich fixierte die invarianten Punkte so, wie wenn sie in der Spitze des Stengels und an dem Punkt, wo der Stengel in die Wurzel übergeht, liegen würden. Legte ich den unteren invarianten Punkt um 5 bis 8 cm tiefer, d. h. etwa in die Mitte der Wurzel, so wurde das Wachstumsmaß nahezu perfekt, und die mittlere Abweichung im Fall der grünen Erbse verminderte sich auf nur 2.4 %.

Ich vermute, daß die Tendenz des Multiplikators, gerade gegen das untere Ende des Stengels hin zu groß zu werden, sich als sehr weit verbreitet herausstellen wird. Ich weiß es aber nicht sicher. Ich habe

Abb. 56

ebenfalls die Abstände der Seitensprosse bei der Taubnessel und bei den Karotten-Blättern vermessen. In beiden Fällen war das Wachstumsmaß innerhalb der Grenzen des wahrscheinlichen Meßfehlers nahezu vollkommen. Bei der Taubnessel war m = 2.49 und die mittlere Abweichung 2%, bei der Karotte m = 1.7 und die mittlere Abweichung reichte von 4 bis 8%. In beiden Fällen gab es in der Nähe der Wurzel keinerlei Seitentriebe.

Offenbar muß auf diesem Gebiet noch viel mehr Arbeit geleistet werden. Während ich die Taubnessel behandelte, habe ich auch die Lage der Spitzen der Seitentriebe vermessen: wie weit sie nach außen reichten und wie hoch sie über dem Boden lagen. Abb. 56 zeigt das Resultat.

Die Streuung ist natürlich zu groß, um ein überzeugendes Resultat zu geben. Ich versuchte so gut ich konnte, eine stetige Kurve hindurchzulegen. Es ist eine gute Wegkurve herausgekommen, mit $\lambda = 0.38$ und einer mittleren Abweichung von 10%. Ich nehme sie eben für das, was sie wert ist.

6
Wegkurven in anderen Naturreichen

Sind wir einmal darauf aufmerksam geworden, so erblicken wir an vielerlei Orten unserer Umgebung die Möglichkeit einer Formung durch Wegkurvengesetzmäßigkeiten. Der naheliegenden Versuchung, nun überall Wegkurven sehen zu wollen, muß widerstanden werden. Glücklicherweise ist hier die Mathematik selbst ein strenger Richter. Wie wir gesehen haben, sind die Chancen dafür, daß ein beliebiges Oval eine gute Wegkurve ist, sehr gering. Sind wir übereifrig, so wird uns die Mathematik schon zurechtweisen. Stoßen wir aber bei solchen Ovalen wieder und wieder auf akkurate Wegkurven, so haben wir zumindest eine gute vorläufige Sicherheit, daß der Wegkurven-Prozeß daran beteiligt ist.

In unseren rein mathematischen Untersuchungen sprachen wir hin und wieder von solchen Formen als «Eiformen». Es lag also nahe, die Eier von Vögeln einmal genauer zu analysieren. Ich begann am Anfang dieser Arbeit mit Eiern von Haushühnern. Im Laufe einiger Jahre habe ich viele davon gemessen und gefunden, daß sie durchgehend fast vollkommene Wegkurvenformen darstellen. Die λ-Werte waren klein, normalerweise zwischen 1.05 und 1.20 mit einer oft vernachlässigbaren kleinen mittleren Abweichung. Später untersuchte ich die Eier zweier verschiedener Arten von Meeresvögeln, bei denen die ovale Form öfters stärker hervortrat (Tabelle 17 und 18).

Tabelle 17

Kleine schwarzköpfige Möwe

Ei-No.	λ-Wert	Mittlere Abweichung in %
1	1.34	5.5
2	1.28	5.5

Tabelle 18

Tordalk (Alca torda)

Ei-No.	λ-Wert	Mittlere Abweichung in %
1	1.64	10.0
2	1.87	7.0
3	1.59	8.0

Die Tatsache, daß die mittleren Abweichungen nie über 10 % steigen, und gewöhnlich um einiges darunter liegen, zeigt, daß diese fünf Eier mit einer solchen Präzision Wegkurvenformen darstellen, daß kaum in gewöhnlicher Weise Abweichungen festzustellen sind. Selbstverständlich muß auf diesem Gebiet noch viel mehr geforscht werden, aber ich hatte schon damals den Eindruck, daß dies sicher ein sehr lohnendes Arbeitsfeld sei. Dieser erste Eindruck wurde später in bedeutender Weise durch weitere Forschungen bestärkt, die zeigten, daß die Wegkurvenformen eine deutliche Beziehung zur Embryonalentwicklung aufweisen, ein Gebiet, das im vorliegenden Buch nicht im einzelnen geschildert werden kann (vgl. dazu Edwards [1982]).

Ein weiteres auf der Hand liegendes Anwendungsgebiet der Wegkurvenformen könnten die Meeresmuscheln darstellen. Ich habe in dieser Richtung keine konkreten Untersuchungen angestellt, vermute aber stark, daß die einschaligen Muscheln sich eines Tages als fast vollkommene Wegkurvenformen herausstellen werden. Die zweischaligen Muscheln bieten größere Schwierigkeiten. Aber vielleicht kommt man ihnen bei, indem man gewisse Spezialfälle betrachtet, wo zwei, drei oder gar vier Punkte des invarianten Tetraeders zusammenfallen.

Mit dem Seeigel habe ich einige Untersuchungen durchgeführt. Die Schalen dieser kleinen anmutigen Wesen haben einen exakt kreisförmigen horizontalen Querschnitt, und im Vertikalprofil haben sie eine starke Ähnlichkeit zu Wegkurvenformen (vgl. Tabelle 19, s. S. 124). Die Konstanz der λ-Werte bei Exemplaren, die in der Größe um mehr als einen Faktor 2 variierten, ist bemerkenswert, ebenso die Verläßlichkeit mit der sie sich der mathematischen Form unterordnen: sie ist nur um weniges geringer als bei den Eiern. Die Verteilung der Abweichungen war erstaunlich konstant, wobei λ jedesmal in der Nähe der Basis ein wenig zu groß war. Dies erfordert eine nähere Betrachtung. Abb. 57 zeigt das Profil von Exemplar Nr. 5.

Tabelle 19

Exemplar-No.	λ-Wert	Mittlere Abweichung in %
1	1.44	11
2	1.48	10
3	1.43	12
4	1.37	9
5	1.56	11

Die Verteilung der Abweichungen ließ die Vermutung aufkommen, daß der «wahre» Pol der Form ein klein wenig unterhalb des Zentrums der Basis liegen sollte. Die Anwendung des im Kapitel 5 beschriebenen Prozesses der Anpassung von λ bestätigte dies. Wird der untere Pol 5 mm unterhalb der beobachteten Basis angesetzt, so wird der λ-Wert gleich 1.38 und die mittlere Abweichung 3.7 %.

Die Lücke im unteren Teil des in Abb. 57 dargestellten Profils repräsentiert eine schmale kreisförmige Aussparung in der Basis der Schale; hier liegt die Mundöffnung des Tierchens. Durch die Öffnung streckt es

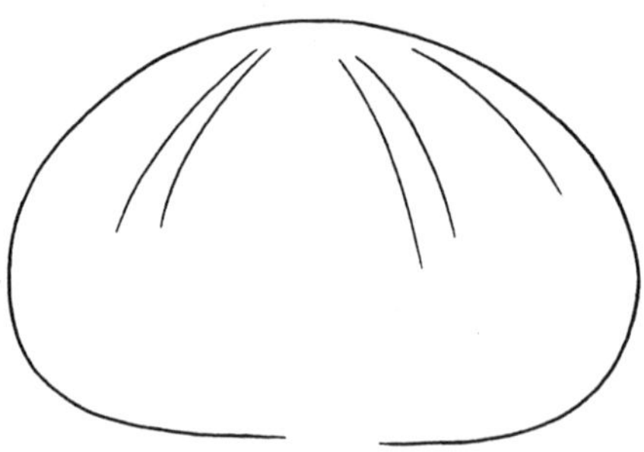

Abb. 57 Das vertikale Profil eines Seeigels ist eine fast vollkommene Wegkurve.

seine Zähne heraus und bewegt sich so auf dem Meeresgrund vorwärts, indem es buchstäblich auf seinen Zähnen geht. Einige Jahre nach den hier beschriebenen Beobachtungen fand ich am Meeresstrand ein Bruchstück einer Seeigel-Schale, bei welcher die Zähne noch an ihrem ursprünglichen Platz waren (Abb. 58). Sie bildeten einen aus der Mundöffnung hervortretenden kleinen fünfgliedrigen Kegel.

Abb. 58 Die Zähne des Seeigels ragen aus der Öffnung im Boden der Schale.

Ich versuchte so genau wie möglich zu messen, wie weit der Kegel über die Basis der Schale hinausragte. Es waren etwa 5,6 bis 6,1 mm, eine Zahl, die sehr nahe an derjenigen liegt, zu welcher mich der Anpassungsprozeß geführt hatte.

Ich vermute, daß diese Wegkurvenformen noch weit umfassender in der uns umgebenden Welt am Werk sind, als wir dies zunächst realisieren; weitere Untersuchungen werden dies mit großer Wahrscheinlichkeit bestätigen. Stephen Eberhart wies etwa auf zwei Fälle hin, wo Gebilde von mikroskopischen Dimensionen diese Form mit erstaunlicher Genauigkeit aufweisen: Euglena [1977a] und ein Pflanzenchromosom [1977b].

Barry Christian schrieb einen sehr interessanten Artikel über megalithische Steinkreise der westlichen und nördlichen Teile von England [1979c]. Viele von diesen sind nicht kreisförmig, sondern eiförmig und folgen der Wegkurvenform mit bemerkenswerter Genauigkeit. In allen diesen, vermutlich aber auch noch in vielen anderen Bereichen bleibt selbstverständlich sehr vieles, was noch intensiver erforscht werden müßte.

Ich möchte den Leser außerdem auf einen ausgezeichneten Artikel von Stephen Eberhart über griechische Vasen als Wegkurvenformen [1979] aufmerksam machen. Aber da dies Gebrauchsgeräte des Menschen und keine lebendigen Wesen der Natur sind, gehören weitere Einzelheiten vielleicht nicht hierher.

7
Die Pflanzenknospe: ihre Eigenart und ihre Entwicklung

In den ersten Jahren der Beschäftigung mit den Pflanzenknospen dachte ich, daß jeder Art ihr typischer λ-Parameter zukommt und daß dieser Wert für diese Art irgendwie charakteristisch sei. In der Folge hat sich diese Vermutung nicht bestätigt. Es zeigt sich, daß verschiedenen Pflanzenexemplare derselben Art Knospen mit beträchtlich verschiedenen λ-Werten hervorbringen können, je nach der Umgebung, in der die Pflanze wächst, und dem Entwicklungsstadium der Knospen zur Zeit des Pflükkens und der Vermessung. Vermutlich haben aber noch eine ganze Anzahl weiterer Faktoren einen Einfluß auf den λ-Wert; wie mir scheint, geht die Natur so vor wie ein Musiker, der Variationen auf ein gegebenes Thema spielt. Das Grundthema ist der ganze Bereich der Wegkurvenformen. Jede Pflanze wählt sich gemäß ihrer Art, ihren Wachstumsbedingungen und ihrem Entwicklungsstadium einen besonderen λ-Wert aus, der für sie im gegebenen Moment der «richtige» ist.

Eine qualitative Betrachtung des λ-Wertes

Es ist nun an der Zeit, daß wir diese Sache unter einem mehr qualitativen Gesichtspunkt betrachten. Während der vielen Jahre der Beschäftigung und des Umgangs mit diesen Formen hatte ich immer stärker die Empfindung, daß ein hohes λ mit einem gewissen Spannungszustand der Knospe zusammenhängt. Hohes λ bedeutet einen großen Unterschied zwischen dem Multiplikator der logarithmischen Spirale in der oberen und der unteren invarianten Ebene der Transformation; ein λ, das nahe der Einheit ist, bedeutet dagegen, daß die Spiralen sich in diesen Ebenen in

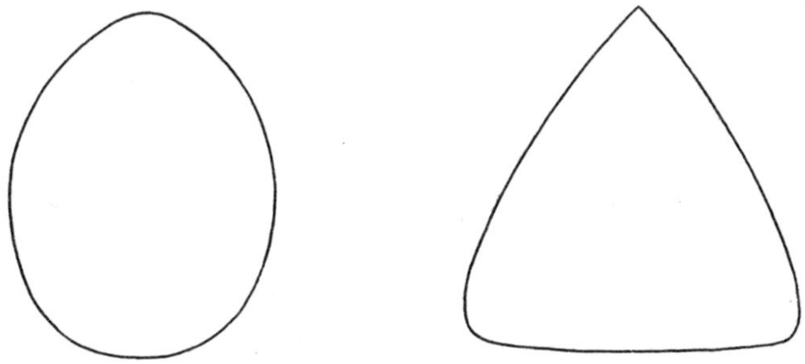

$\lambda = 1.2$ $\lambda = 6.0$

Abb. 59 Die Form auf der linken Seite ist entspannt und gelöst, der Qualität nach ausatmend. Rechts ist sie straffer und man wird eher an das Einatmen erinnert.

natürlicher und zwangloser Weise miteinander bewegen. Ich möchte in keiner Weise einer nahen Verwandtschaft mit dem elektrischen Feld das Wort reden; aber man denkt unwillkürlich an den hohen Spannungszustand, der durch eine hohe Potentialdifferenz in den Enden eines Drahtes induziert wird. Beschäftigt man sich intensiver mit den Gestaltungen, die durch ein hohes oder niedriges λ hervorgerufen werden, so glaube ich, daß diese Empfindung intensiviert werden kann.

Ein niedriges λ ergibt sanfte, runde und gefällige Formen, die sich, wie man erspüren kann, leicht den Einflüssen der Umgebung öffnen können. Ein hohes λ ergibt eine eher eckige, stärker gestraffte und viel mehr in sich abgeschlossene Gestalt. Die linke Form der Abb. 59 ist in gewisser Weise gelöst und ausatmend im Charakter, die rechte eher angespannt und einatmend. Man wird dabei erinnert an Rudolf Steiners Ausführungen über Einatmung und Ausatmung, Wohlbehagen und Schmerz, Freud und Leid, Lachen und Weinen[7]. Die Beachtung dieser Gefühle könnte in diesem Zusammenhang als Schwärmerei aufgefaßt werden, aber solche Phantasien enthalten auch Wahrheit; sie wurden zudem durch Tatsachen bestätigt, die später ans Licht gekommen sind.

Variationen des Themas

Im Zusammenhang mit der Betrachtung von Formvariationen auf ein Thema ist es wichtig, sich zu fragen, ob gewisse Pflanzen nicht nur ihren eigenen speziellen numerischen Wert für λ wählen, sondern auch in bestimmter Weise mit dem Wegkurventhema selbst variierend umgehen. Es ist nicht schwer zu bemerken, wo so etwas eintritt; denn schaut man sich die für die Niveau A bis F berechneten λ-Werte an, und findet man die Abweichungen vom Mittel in zufälliger Weise verteilt, zunächst positiv dann negativ usw., so handelt es sich mit großer Wahrscheinlichkeit um eine Knospe, die gemäß der echten Wegkurvenform gewachsen ist, abgesehen von einigen unwesentlichen Störungen. Zeigen dagegen die Abweichungen irgendein systematisches Verhalten, so wissen wir, daß diese spezielle Knospe, wenn vielleicht auch nur wenig, so doch deutlich von der Wegkurvenform abweicht. Bei den meisten bisher untersuchten Knospen (ungefähr 85%) sind die systematischen Abweichungen so geringfügig, daß sie vernachlässigt werden können; der Rest zeigt zwar kleine, aber doch deutliche systematische Abweichungen, die für unseren Zusammenhang von besonderer Bedeutung sind.

Beim Durchgehen meiner Notizbücher aus den vielen Jahren der Untersuchung und Messung von gut über hundert Arten wurde mir bald klar, daß sich, in vorläufiger Weise, diese vom Durchschnitt abweichenden Knospen in zwei recht verschiedene Gruppen einteilen lassen. Die erste Gruppe möchte ich gerne nach einem ihrer prominenten Vertreter, dem Schneeglöckchen, benennen. (Es gibt natürlich andere Vertreter dieser Gruppe, die genausogut für die Benennung hätten herbeigezogen werden können, aber das Schneeglöckchen ist vielleicht besonders charakteristisch. In Schottland wächst es wild in Wäldern und Hecken; ich habe es wahrscheinlich in dieser und jener Weise mehr untersucht als irgendeine andere Pflanze.)

Das Besondere bei dieser Gruppe ist, daß alle Knospen ein fast perfektes Verhalten von λ in den unteren Niveaus, von A bis D, zeigen, dann aber ein scharfes Abfallen von λ in der Nähe der Spitze, d. h. bei den Niveaus E und F, aufweisen. Und fast alle Mitglieder dieser Gruppen haben einen recht niedrigen λ-Wert, unterhalb 2.2. Schaut man sich eine solche Knospe näher an, so erscheint sie im ersten Augenblick als per-

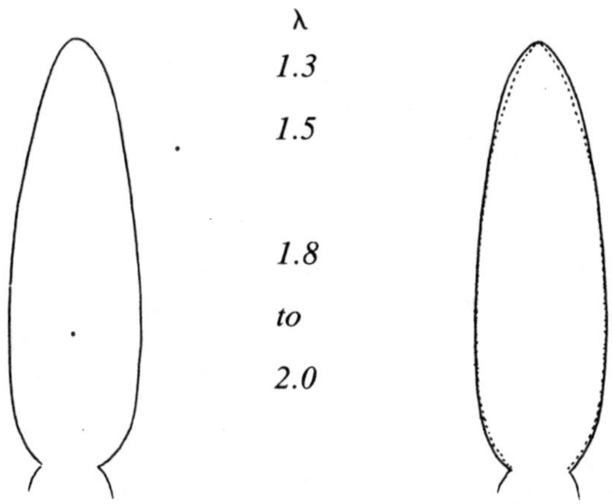

Abb. 60 Ein Vergleich der Knospe eines Schneeglöckchens mit der idealen mathematischen Form (gestrichelte Kurve) offenbart eine Qualität dieser Knospe, die man auf andere Weise vielleicht nicht entdeckt hätte.

fekte Wegkurvenform. Aber sobald man sie mit dem mathematischen Modell vergleicht, sieht man sofort, daß sie um ein weniges zu breit und in der Nähe der Spitze zu weit ist (Abb. 60).

Andere charakteristische Mitglieder dieser Gruppe sind die Schlüsselblume, Osterglocke und Sternhyazinthe (wilde Hyazinthe). In etwas gemäßigter Form tritt das genannte Verhalten beim Winterjasmin und den kleinen gelben Blüten des Kohls auf. Auch bei der Narzisse finden wir eine Abnahme von λ in der Nähe der Spitze; sie unterscheidet sich aber von den übrigen Mitgliedern der Gruppe auch durch einen höheren λ-Wert.

Führen wir uns das Charakteristische dieser Pflanzengruppe vor Augen, so sehen wir, daß mit Ausnahme des Kohls alle eines gemeinsam haben: es sind Pflanzen, die im frühen Frühling blühen. Sie blühen zu einer Zeit, wo sich die ganze Natur nach dem Winter erstmals wieder daran macht, sich neu zu manifestieren; man hat fast den Eindruck, als ob diese Knospen, getragen vom Impuls des Frühlings, nur danach drängten, sich möglichst rasch dem Licht und der Luft zu öffnen. Ich fasse diese Formen so auf, wie wenn sie die Gesten der Formen mit niedrigem λ um ein gewisses Stadium weitergebracht hätten; es ist die Geste einer besonderen Art der Öffnung, der Entspannung und Ausatmung der rein vegetativen Lebenskräfte.

Die andere Gruppe zeigt die entgegengesetzte Tendenz: λ wird im oberen Teil der Knospe zu groß. Es gibt keinerlei Zweifel oder Schwierigkeit, wie diese Gruppe zu benennen wäre. Ein Mitglied davon ist so besonders charakteristisch, daß es keinen Rivalen gibt: die Wilde Rose.

Die Rose verdiente eigentlich einige Abschnitte für sich allein. Ich kenne keine andere Knospe, die so besondere und eigentümliche Charakteristika in einem derartig hohen Grade entwickelt. Die λ-Werte variieren von Pflanze zu Pflanze sehr stark, sind aber alle recht hoch, von 3 an aufwärts, manche bis ∞. Um diese Dinge gut zu verstehen, muß man beachten, daß die Methode der Bewertung der Formen mit Hilfe ihrer λ-Abweichungen wohl sehr wichtig ist, da sie uns direkt einen Einblick in den tatsächlichen Transformationsprozeß verschafft, der diese Form erzeugt; auf der anderen Seite ist es notwendig, sich klarzumachen, daß diese Methode, wenn sie zur Analyse der Exaktheit der Übereinstimmung der vorliegenden Knospe mit dem mathematischen Modell dient, ihre spezifischen und bestimmten Einseitigkeiten hat, die man im Bewußtsein halten muß.

λ-Abweichung

Um ein vollständiges Bild zu erhalten, müssen wir für jedes Niveau auch die Radius-Abweichung berechnen. Dies ergibt uns ein Bild von der physischen Form im selben Sinne, wie uns die λ-Abweichung ein Bild für den verantwortlichen Transformationsprozeß verschafft. Die λ-Abweichung ist ein sehr empfindliches Maß. Im allgemeinen können wir sagen, daß eine 10%ige Abweichung in λ äquivalent ist einer nur 3%igen Abweichung im Radius. Aber dies hängt auch von der Größe von λ ab. Wenn λ nahe bei Eins ist, so ist die gegebene Form nur dann wirklich gut, wenn die Abweichung nicht größer als 10 bis 12% ist. Liegt λ in der Nähe von 2 bis 2.5, so wird die λ-Abweichung sehr viel empfindlicher, und mittlere Abweichungen von 20% sind noch durchaus akzeptabel. Bei sehr hohen λ-Werten wird die Empfindlichkeit so groß, daß diese Methode nur mit der allergrößten Vorsicht angewendet werden darf. (In der Anfangszeit dieser Untersuchungen nahm ich eine 20%ige Abweichung als allgemeine Grenze für eine «gut» geformte Knospe; ich mußte einfach irgendwo eine Grenze ziehen. Aber es war mir immer klar, daß diese Ideen beträchtlich verfeinert und im weiteren Verlauf der Forschung weiter ausgebaut werden mußten.)

Im weiteren fällt auf, daß die Empfindlichkeit von λ von einem Teil der Knospe zum anderen beträchtlich variiert. Tatsächlich variiert sie gemäß der Steigung derjenigen Kurven, die durch eine (im Anhang beschriebene) nomographische Methode konstruiert werden können. Dies bedeutet, daß die Empfindlichkeit der λ-Abweichungen nicht nur für höhere λ-Werte größer wird, sondern auch bei den Niveaus C und D sehr viel stärker ist als bei den Niveaus A und F. Daraus folgt, daß man bei hohen λ-Werten sehr hohe λ-Abweichungen, vor allem im mittleren Teil der Knospen, erhalten kann, ohne daß die tatsächliche Radius-Abweichung alarmierend groß wäre.

Und dies ist sehr oft gerade bei der Rose der Fall.

Die ersten Blumenknospen, die ich gemessen habe, kamen von zwei Rosenarten. Es handelte sich dabei um Pflanzen, deren Knospen durchaus gemäßigte Formen hatten. Dies ermutigte mich dazu, die Studien weiter zu verfolgen. Später, als ich auf viele extreme Formen stieß, wurde mir die Rose zu einer fortwährenden Quelle von Schwierigkeiten. Aber bis dahin hatte ich genügend andere Pflanzenarten studiert, um zu bemerken, daß die Rose in gewisser Weise ein Spezialfall ist. Wäre ich gleich zu Beginn an die extremeren Exemplare der Rose geraten, hätte ich bald den Schluß ziehen müssen, daß Knospen kaum etwas mit Wegkurvenformen zu tun haben, hätte also meine Untersuchungen sicher nicht fortgesetzt.

Die Zahlenwerte der in Kapitel 5 beschriebenen Rosenknospe sind in Tabelle 20 (s. S. 132) zusammengestellt. Hier handelt es sich um eine recht gemäßigt geformte, typische Rosenknospe. Mit der Gewichtung 4, 2, 1, 1, 2, 4 (vgl. Anhang) ergibt sich ein mittleres λ von nahezu 6 und eine mittlere Abweichung (ebenfalls gewichtet) von 36 %. Bei einer gewöhnlichen Knospe würde dies bedeuten, daß sie keine gute Wegkurve ist; aber wegen der Größe von λ sowie der vorliegenden speziellen Anordnung der λ-Werte bezüglich der verschiedenen Niveaus hat diese besondere Knospe eine mittlere Radius-Abweichung von weniger als 4 %, wie in Kapitel 5 gezeigt wurde. Man beachte, daß der obere Teil der Knospe (D bis F) ein mittleres λ von 7.4 und der untere Teil (A bis C) ein mittleres λ von nur 4.6 hat. Die Tatsache, daß die höchsten λ-Werte nicht genau bei der Spitze, sondern gerade etwas darunter auftreten, ist typisch für diese Art Knospenform.

Tabelle 20

Niveau	λ-Wert
A	4.02
B	4.75
C	6.29
D	11.50
E	10.60
F	4.72

Wir wollen nun eine extremer geformte Rosenknospe ansehen (Tabelle 21). Es handelt sich um eine gewöhnliche, rosa gefärbte Wilde Rose, die sehr häufig in unseren (schottischen) Hecken anzutreffen ist. (Die ersten beiden von mir gemessenen Rosenknospen hatten weiße Blütenblätter. Ich habe den Eindruck, daß die extremen Formen öfters zusammen mit

Tabelle 21

Niveau	λ-Wert
A	5.28
B	18.30
C	∞
D	∞
E	∞
F	7.65

intensiveren Farben auftreten; ich verfüge zur Zeit aber noch nicht über genügend Material, um dies mit einiger Sicherheit behaupten zu können.) Wo immer in Tabelle 21 das Symbol ∞ auftritt, heißt das, daß der λ-Wert gegen unendlich strebt oder darüber hinaus geht und negativ wird. Wir wollen für den Moment einfach sagen, daß λ in diesem Falle «sehr groß» ist. Man beachte, daß diese Zahlen, obwohl sie zunächst sehr verschieden von denjenigen der Tabelle 20 ausschauen, tatsächlich in ähnlicher Weise angeordnet sind. Es handelt sich um eine typische Form.

Man kann für eine solche Gestalt selbstverständlich kein mittleres λ oder eine mittlere λ-Abweichung angeben; man kann sich aber bemühen, eine geeignete und passende Form zu suchen. Wir könnten z. B. eine Form für $\lambda = 15$ entwerfen. Ein Vergleich mit unserer Knospe zeigt uns, daß sie in diesem Fall eine mittlere Radius-Abweichung von 9 % hat, was eine bereits gut erkennbare Abweichung von der berechneten Form bedeutet, die aber lange nicht so «wild» ist, wie man aus den Zahlen der Tabelle 21 zu schließen geneigt ist. Abb. 61 zeigt das Resultat des Vergleichs.

Auf der linken Seite ist der Umriß der Knospe selbst abgebildet, und auf der rechten der Vergleich der Knospe mit der für $\lambda = 15$ berechneten Wegkurvenform (gestrichelte Linie). Die gemäßigtere Form der oben erwähnten Rosenknospe hat einen Umriß, der etwa in der Mitte zwischen den beiden übereinandergelegten Formen auf der rechten Seite der Abb. 61 liegt. Daraus sieht man, daß die gemäßigte Gestalt nicht so sehr verschieden ist von der ziemlich extremen Form, von der wir eben sprachen.

Um weiterzukommen, müssen wir den Mut haben, diese Formen von einem mehr qualitativen Gesichtspunkt aus zu charakterisieren. Zunächst wird man zugeben müssen, daß die extremeren Formen, trotz ihrer gut wahrnehmbaren Abweichungen, von erkennbarer Wegkurvenqualität sind. Die Pflanze hat sich offenbar die Freiheit einer recht großen Form-Variation genommen, wobei es sich aber immer noch um eine Variation

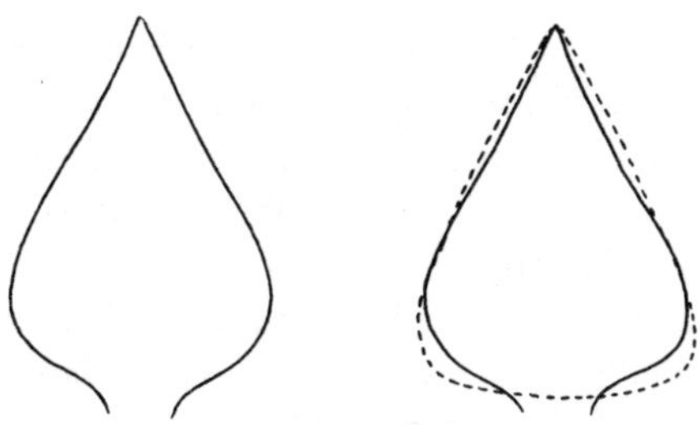

Abb. 61 Die Rose offenbart eine dem Schneeglöckchen entgegengesetzte Geste; man beachte, wie eingeengt und schmal sie im mittleren und oberen Teil ist.

des ursprünglichen Themas handelt. Nun schauen wir die mittleren und oberen Teile der Knospe genauer an: dort ist die Knospe ganz in sich abgeschlossen und dicht verpackt. Vergleichen wir sie mit der Form des Schneeglöckchens. Diese beiden Formen offenbaren sicherlich zwei gegensätzliche Gesten in der Sprache der Formen. Ist das Schneeglöckchen der Qualität nach ausatmend, sich dem Licht und der Welt öffnend, so ist die Rose einatmend, fest verschlossen und ein wenig in sich gekehrt. Das Schneeglöckchen ist wie ein eifriges Kind, die Rose ist rein und keusch. Das eine ist arglos und unschuldig, die andere von edler Schlichtheit.

Ich komme zurück auf Rudolf Steiners Ausführungen zum Prozeß des Einatmens und Ausatmens[7]; ich bin sicher, daß er nicht nur das Hereinnehmen und Herauslassen von Luft in die Lungen meint. Ein Organismus kann den geistigen Anteil seiner Wesenheit ein- und ausatmen, er kann sich *in*karnieren und *ex*karnieren. Steiner zeigt, wie in den höheren Naturreichen mit der Einatmung eine Erhöhung des Bewußtseins verbunden sein kann, eine Steigerung, die in ihrer letzten Form Schmerz bedeuten kann. Eine Einatmung dieser Art findet bei Pflanzen nicht statt, aber ich glaube, daß dies in einer schattenhaften, niederen Erscheinungsform doch der Fall ist. Hätten die Pflanzen wie wir eine Art von Bewußtsein, so wäre es für mein Gefühl von allen Pflanzen wohl am ehesten die Rose, die Schmerz empfinden könnte.

Schon seit vielen Zeitaltern brachte man die Rose in eine besondere Verbindung zum Menschen und seinem Bewußtsein. Auf ihre dornige Erscheinungsform geradeso wie auf ihre Schönheit und ihren Wohlgeruch hat sich die Literatur und Dichtung immer wieder bezogen, sogar so weit, daß im Mittelalter die Rose auch Symbol und Bild für das geläuterte Blut wurde.

Solche Überlegungen liegen jenseits unserer Berechnungen, und ich möchte sie in keiner Weise als dogmatische Auffassungen hinstellen; aber ich glaube, daß unsere Parameter uns zu ihnen hinführen können.

Die Rose spielt in recht freier Weise ihre Variationen zum Thema, so frei, daß manchmal im Umriß ihrer Form auf beiden Seiten je zwei Wendestellen auftreten (d. h. die Form auf beiden Seiten je eine konkave Stelle hat). Die eine dieser Wendestellen liegt gewöhnlich knapp über der Mitte (Niveau T) und die andere in der Nähe der Spitze. Ein solches Verhalten ist unter Knospen ganz außergewöhnlich. Es ist kaum möglich, unter meiner ganzen Sammlung von Messungen eine andere Pflanze zu finden, die sich analog verhält. Es gibt aber eine kleine Gruppe von Pflanzen, die sich ähnlich wie die Rose verhalten, jedoch in etwas abgeschwächter Form; die meisten von ihnen weichen nie so weit von der Grundform ab, daß sie konkave Stellen in ihrem Umriß aufweisen, zeigen aber deutlich eine systematische Zunahme von λ in der oberen Hälfte der Knospe. Sie haben zudem hohe λ-Werte von etwa 2.5 an aufwärts. Es ist bemerkenswert, welche Pflanzen zu dieser kleinen Gruppe gehören; auf den ersten Blick scheint es sich um einen recht merkwürdigen «Verein» von Pflanzen zu handeln.

Als erstes ist der Bärlauch zu nennen. Seine Knospen haben λ-Werte, die gewöhnlich zwischen 4 und 5 liegen und viele Qualitäten mit der Knospenform der Rose teilen. Botanisch gesehen ist diese Pflanze von der Rose sehr verschieden – was kann sie mit ihr gemeinsam haben? Zunächst sind wir frappiert vom starken und scharfen Geruch und Geschmack des Bärlauchs. Es ist dies eine Pflanze, die in gewisser Weise unser Bewußtsein weckt! Ihre Säfte dienen als harntreibendes Mittel, das auf die Niere wirkt und den Urinfluß stimuliert, ein Prozeß, der unter allen im Unterleib wirkenden Vorgängen am intimsten mit unserem Bewußtsein verknüpft ist (wie etwa im Fall von Furcht und Angst zu beobachten ist). Ich wurde außerdem darauf hingewiesen, daß der Bärlauch und die Rose sozusagen befreundete Pflanzen sind: sie unterstützen sich gegenseitig, wenn man sie nebeneinander pflanzt.

Außerdem fand ich in meinen Notizbüchern zwei verschiedene Arten von Mohn. Die entsprechenden Zahlen müssen allerdings mit Vorbehalt betrachtet werden. Es gibt viele verschiedene Arten von Mohn; diejenigen, die ich vermessen habe, sind wild gewachsen und von einer Hecke gepflückt worden. Die Knospen waren mit dicken grünen Kelchblättern überzogen, die, ohne die Form der Knospe zu beeinträchtigen, sehr schwer zu entfernen waren. Ich versuchte mein Bestes und fand, daß sie eindeutig zur Rosen-Gruppe gehören. Ich denke, es genügt, ohne weiteren Kommentar an den traditionellen Zusammenhang des Mohns mit Drogen und deren starken Einfluß auf das Bewußtsein zu erinnern.

Im weiteren Sinne gehört zu dieser Liste der Storchschnabel. Dies war mir zunächst ein rechtes Rätsel, bis mich ein Freund darauf hinwies, daß der Storchschnabel einen intensiven Geruch hat, der überdies demjenigen der Rose so ähnlich ist, daß gewisse Parfüm-Hersteller, sobald die Rosenblätter knapp werden, sie durch Storchschnabelblätter substituieren.

Die Rosen-Gruppe ist nicht groß. Ich habe nicht viele weitere Beispiele aufzuzählen. In bereits sehr abgeschwächter Form verhalten sich in etwa wie die Rose auch die Butterblume, die im schottischen Hochland wachsenden Schwertlilien (Wilde Iris) und der Typ von Wasserlilien, die wild in unseren Seen wachsen. (Es wäre interessant zu wissen, ob die Wasserlilien im allgemeinen diese Charakteristika aufweisen; könnte hier eine Beziehung mit der Lotosblume vorliegen?)

Wie öffnet sich eine Knospe?

Wir müssen als nächstes untersuchen, welche Formänderungen eine Knospe durchmacht, wenn sie sich anschickt, sich zu öffnen. Aus dem Vorangehenden dürfte klargeworden sein, daß die allgemeine Geste des Öffnens mit einer Abnahme von λ verbunden sein wird. Um festzustellen, ob dies der Wahrheit entspricht, machte ich eine Serie von Zeichnungen (Abb. 62). In diesen sechs Zeichnungen wurde ε konstant auf dem Wert 0.75 gehalten, während λ ausgehend von + 2.0 schrittweise auf − 0.5 reduziert wurde. Wie wir sehen, durchläuft die zunächst knospenhafte Form eine Gestalt mit elliptischem Querschnitt ($\lambda = 1$), dann eine kegelartige Form ($\lambda = 0$), bis sie sich zu einer Wirbelform öffnet, sobald λ negative Werte annimmt. Dabei tauchte die Frage auf: Wie genau hält sich eine wirkliche Knospe während der Öffnung an diese Form-Metamorphose? Wie es manchmal so geht, wurde diese Hauptfrage durch andere Betrachtungen zunächst in den Hintergrund gedrängt, nachdem die Untersuchungen einmal begonnen hatten.

Man wird natürlich erwarten, daß das Öffnungsverhalten der Knospe vom Knospentyp abhängt. Es wird auch sicherlich viele Knospen geben, die während ihrer Entwicklung nicht durch ein kegelförmiges Stadium hindurchgehen. Es ist allerdings überraschend, wie viele Knospen es gibt, die ein Stadium durchmachen, in welchem sie sich einer Kegelgestalt annähern. Während der Öffnung einer Knospe sind ihre Teile so lose miteinander verbunden, daß man kaum etwas anderes als nur sehr approximative Resultate erwarten darf.

Ich wollte nun eine spezielle Knospe während ihrer Entwicklung vor

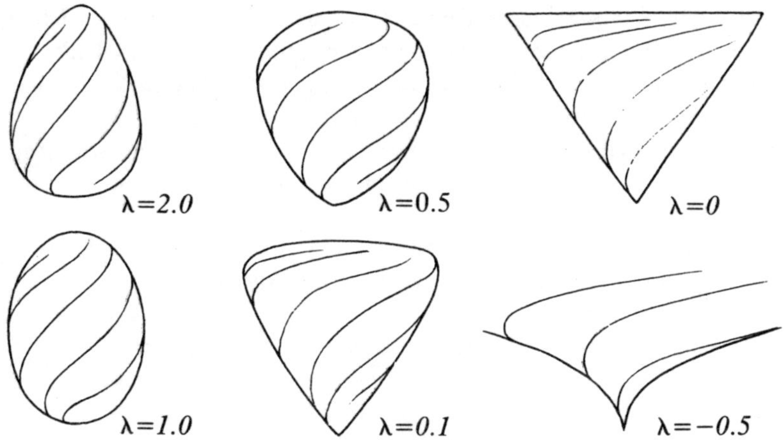

Abb. 62 Der einfache Prozeß der Verkleinerung von λ bedeutet für die Knospe, daß sie eine «Öffnungs»-Geste durchläuft.

der Öffnungsphase täglich fotografieren. Dies stellte mich vor einige Schwierigkeiten. Diejenigen Teile der Knospe, die mich interessierten, waren die farbigen Blütenblätter, die meisten Knospen wuchsen aber umgeben von und eingeschlossen in ihren grünen Kelchblättern auf. Nun war es mitten in der Winterzeit, wo der Winterjasmin in Blüte stand. Diese Knospen schauen von einem gewissen Zeitpunkt ihrer Entwicklung an etwa zur Hälfte aus ihren Kelchblättern heraus und erschienen mir deshalb als ein geeignetes Untersuchungsobjekt, mit dem ich gut beginnen konnte. Das Fotografieren war eine schwierige Sache; es kostete mich einige Mühe, die Kamera in die genau richtige Position zu bringen, aus der die Knospe an der lebendigen Pflanze im richtigen Blickwinkel fotografiert werden konnte; zudem war das Licht in dieser Jahreszeit so dämmrig, daß ich schließlich nur ein paar wenige schwache Fotos als Untersuchungsgrundlage erhielt. Trotz allem hielt ich durch, Tag für Tag, und wartete auf das Abfallen von λ, das den Beginn des Öffnungsprozesses markierte, und das, wie ich dachte, notwendig kommen mußte.

Während fast einer Woche blieben die λ-Werte nahezu konstant, und dann erhielt ich zu meiner Überraschung eine Fotografie, die eine leichte Zunahme von λ registrierte. Es war so wenig – und unerwartet –, und die

Fotografie war so schlecht, daß ich kaum daran glauben konnte, daß dies irgendeine signifikante Bedeutung haben könnte. Trotzdem schien sich am nächsten Tag diese Zunahme zu bestätigen, und danach begann der λ-Wert sehr rasch abzufallen; der Öffnungsprozeß hatte begonnen.

Ich hatte den deutlichen Eindruck, daß diese kleine Knospe (eifrig – darf man das sagen?) auf den großen Moment gewartet hat, in dem sie sich dem Licht und der Welt öffnen sollte, und dann, kurz vor der tatsächlichen Öffnung, einen Augenblick zögerte, sich zurück- und in sich zusammenzog, bevor sie sich dem lösenden und befreienden Öffnungsprozeß überließ. Es war, wie wenn sie durch einen kleinen Moment der Krise hindurchging, d. h. einen kleinen kritischen Rhythmus durchlief. Aber der ganze Vorgang war so unscheinbar, daß ich nicht sicher sein konnte, ob er tatsächlich stattgefunden hatte. Beobachtungen an zwei weiteren Knospen waren nicht erfolgreicher, die ganze Sache war zu subtil; sie waren allerdings mit dem vermuteten Vorgang konsistent, konnten aber keinen Anhaltspunkt für dessen Realität liefern.

In diesem unbefriedigenden Stadium verließ ich das Problem, und meine Aufmerksamkeit wurde von einigen anderen Phänomenen angezogen, die vielleicht später einmal dargestellt werden können. Sechs Monate später, im Lauf dieser anderen Untersuchungen, kam ich zu einem Busch Wilder Rosen; er war übersät mit Knospen in allen Entwicklungsstadien, von der kleinsten bis zur nahezu vollständig geöffneten Knospe. Als ich genauer hinsah, schien es mir, als ob diese Knospen in recht offensichtlicher und aufregender Weise genau das taten, auf was mich vor sechs

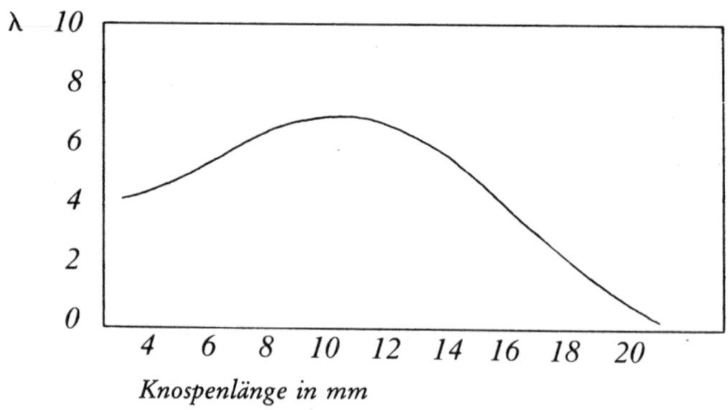

Abb. 63 Dieses Diagramm zeigt den ungefähren Verlauf der Variation von λ im Laufe der Entwicklung der Rosenknospe.

Monaten die kleine Knospe des Winterjasmins so subtil hingewiesen hatte.

Es war nicht möglich, das Verhalten einer einzelnen Knospe zu verfolgen, da jede solche Knospe während ihrer Entwicklung fest in ihre Kelchblätter eingeschnürt ist. Ich entschloß mich daher, die Länge der Knospe als eine Art Maß für die durchlaufenen Entwicklungsstadien zu nehmen. Ich pflückte etwa zwei Dutzend Knospen, von den kleinsten, die von ihren Kelchblättern gerade noch entkleidet werden konnten, bis hin zu den fast offenen. Die in einem Diagramm (Abb. 63) aufgetragenen λ-Werte zeigten kurz vor dem endgültigen Abfall, der den Beginn der tatsächlichen Öffnung markierte, eine deutliche Zunahme.

Ich teilte die Knospen gemäß ihrer Länge in gewisse Klassen ein und nahm das Mittel aus jeder Klasse. Die Knospenlänge wurde längs der x-Achse aufgetragen und steht für «Entwicklungsstadium», wobei es sich hier natürlich um eine Art ungefährer Zeitachse handelt.

Innerhalb weniger Monate fand ich, daß die Butterblume, das Johanniskraut und die Blüten des Kohls alle etwa dieselben Diagramme ergaben, wenn auch nicht mit so markanter Charakteristik wie bei der Wilden Rose. Im nächsten Winter nahm ich mir wieder den Winterjasmin vor und konnte mich mit Hilfe einer verbesserten fotografischen Technik davon überzeugen, daß meine Vermutung aus der vorangehenden Saison tatsächlich richtig war: der Winterjasmin verhielt sich in sehr subtiler und feiner Art in etwa derselben Weise wie die Wilde Rose. Diese Messungen bestätigten noch etwas anderes, was ich im vorigen Jahr vermutet hatte. Während des Krisen-Moments haben die beiden Hälften der Knospe, die obere und untere, die Tendenz, sich unabhängig voneinander zu verhalten. Ich sah mir daraufhin noch einmal die Fotografien der Rose, des Johanniskrauts, der Butterblume und der Kohl-Blüte an; eine neue Vermessung zeigte bei allen diesen Knospen, außer bei der Butterblume, dieselbe Besonderheit. Stellt die Knospe während der Frühzeit ihrer Entwicklung eine gute Wegkurve dar, so bedeutet das genannte Verhalten natürlich, daß sie im allgemeinen während ihres Krisen-Rhythmus eine weniger gute Form annimmt, was tatsächlich in vielen Fällen beobachtet werden konnte. Beim Beginn der Öffnung kehrte die Knospe meist zu einer besseren Übereinstimmung mit der Wegkurvenform zurück.

Seither habe ich vierzehn verschiedene Arten unter diesem Gesichtspunkt studiert, wobei sich der Krisen-Rhythmus jedesmal deutlich zeigte. Es scheint ein Gesetz des Wachstums der Pflanzen zu sein, daß die Knospen kurz vor dem Öffnungsmoment durch eine kleine Krise gehen, in der sie sich verschließen, sich noch einmal zurückziehen und – gleichsam vor dem Prozeß der großen und befreienden Ausatmung – noch einmal einatmen, also eine Art Spannungszustand erleben. Jede Pflanze tut dies allerdings auf individuelle Weise. Hier zeigt sich wieder die Mannigfaltigkeit der lebendigen Welt. Ich habe viel Mühe darauf verwendet, den allgemeinen Charakter dieses Verhaltens – sofern es einen solchen überhaupt gibt – herauszuarbeiten. Mit der Zeit ergab sich mir tatsächlich ein deutliches Verhaltensmuster, obwohl die verschiedenen Arten durchaus dieses Muster gemäß ihrer eigensten Natur variieren.

Als erstes läßt sich feststellen, daß die Knospe in ihren frühen Entwicklungsstadien eine gute Wegkurve darstellt, um dann unter der Anspannung der Krise eine weniger gute zu werden, bis sie schließlich kurz vor oder während der tatsächlichen Öffnung wieder zu einer guten Wegkurve wird. Bei acht von vierzehn Fällen schien dies ohne Einschränkung richtig zu sein, etwas fragwürdig und nur andeutungsweise war es bei zwei weiteren Fällen.

Zweitens gilt im allgemeinen, daß die Krise die Spitze der Knospe als erstes erreicht, die Basis wenig später; die Krise geht also von der Spitze aus nach unten. Dies traf wieder in acht von vierzehn Fällen zu; bei zwei Fällen schienen die Spitze und die Basis zugleich erfaßt worden zu sein, und nur in einem Fall wurde die Basis deutlich zuerst von der Krise ergriffen. In zwei weiteren Fällen wurde nur die obere, und im letzten nur die untere Hälfte erfaßt.

Es scheint sich noch eine weitere Regel abzuzeichnen, obwohl zu ihrer Bestätigung noch viele Untersuchungen gemacht werden müssen. Während der Krise scheint die Knospe ihren Typ besonders hervorzuheben. Gehört sie etwa dem Typ des Schneeglöckchens an, d. h. hat sie die Tendenz, in ihrer oberen Hälfte ein kleineres λ zu haben, dann steigert sich diese Tendenz im Moment der Krise – und dies sogar dann, wenn diese Tendenz so gering ist, daß man sich gar nicht sicher ist, ob diese Knospe wirklich zur Gruppe des Schneeglöckchens gehört oder nicht. Neigt die Knospe eher zum Rosen-Typ, so akzentuiert sie ebenfalls ihren Typ im Moment der Krise.

Es scheint eine allgemeine Regel zu sein, daß die Knospe während des Moments der Krise einen Spannungszustand erleidet, der sie ein wenig von der wahren Wegkurvenform wegzieht, daß sie aber kurz danach zu ihr zurückkehrt. Dieser Spannungszustand scheint sich im allgemeinen von der Spitze zur Basis zu bewegen.

Es folgen nun einige typische Diagramme, die die gefundenen Gesetze bei bestimmten Pflanzen veranschaulichen. Das Verhalten von λ für den oberen Teil der Knospe ist durch eine gestrichelte und für den unteren Teil durch eine ausgezogene Kurve darstellt. Eine perfekte Wegkurve würde verlangen, daß die beiden Kurven exakt zusammenfallen; ihre Getrenntheit ist ein Maß für die Abweichung dieser Knospenform vom mathematischen Modell. Die horizontale Achse, die ungefähr den Zeitablauf repräsentiert, ist eingeteilt in gewisse Einheiten der Knospen-Länge. In wenigen Fällen ist sie gemäß den tatsächlichen Entwicklungsstadien eingeteilt. Zum Beispiel vergrößert das Schneeglöckchen fast während der ganzen Entwicklungszeit seine Länge nur sehr wenig; dabei geht es aber durch deutliche Entwicklungsstadien, indem es nacheinander aus verschiedenen Hüllen hervorbricht, seinen Kopf hängen läßt usw.

Die Mondviole (Abb. 64, s. S. 142) beginnt sehr sanft, so wie ein Typus der Schneeglöckchen-Gruppe. Die obere Hälfte der Knospe (gestrichelte Kurve) hat ein kleineres λ als die untere Hälfte (ausgezogene Kurve). Man beachte, daß während der Krise dieses Verhalten sich akzentuiert, aber später «geheilt» wird.

Die Knospen der Wilden Rosen (Abb. 65, s. S. 142) beginnen ihr Leben als fast vollkommene Wegkurvenformen, aber die Krise bringt sie unverzüglich und deutlich zur typischen «Geste der Rose» (man beachte die Skala der vertikalen Achse). In der eigentlichen Öffnungsphase wird sie wieder zu einer sehr guten Wegkurvenform.

Die Schlüsselblume (Abb. 66, s. S. 143) zeigt eine typische Krise; nur enthält man keinen klaren Hinweis darauf, ob die obere oder untere Hälfte der Knospe zuerst von der Krise erfaßt wird. Die Entwicklungsstadien sind:

A Die Knospe ist noch ganz tief in den Kelchblättern versunken.
B Die Knospe ist immer noch recht tief in den Kelchblättern.
C Die Spitze erreicht fast das obere Ende der Kelchblätter.
D Die Spitze ist genau am oberen Ende der Kelchblätter.
E Die Spitze ragt ein wenig über die Kelchblätter hinaus.
F Die Knospe beginnt sich zu öffnen.
G Die Knospe ist halb offen.
H Die Knospe ist fast ganz offen.

Im Vergleich zur Rose ist auch der Bärlauch (Abb. 67, s. S. 143) sehr

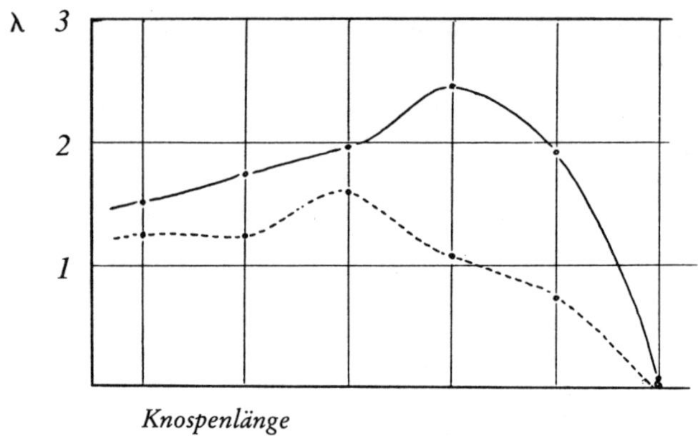

Abb. 64 Mondviole.

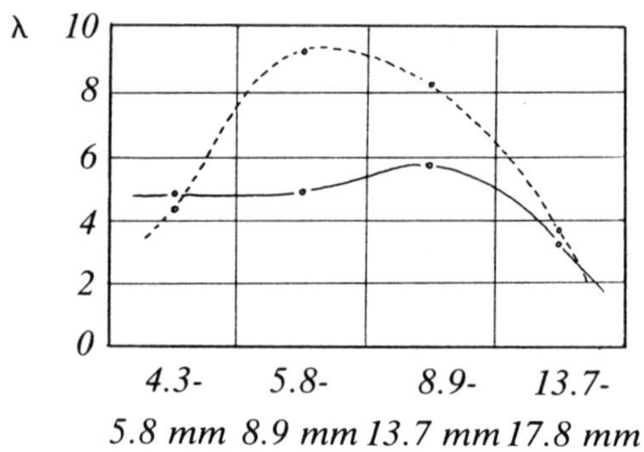

Abb. 65 Wilde Rose.

interessant. Ich begann sehr bald im Frühjahr mit dieser Pflanze zu arbeiten, als man nur erst die kleinsten Knospen finden konnte. Dann wurde die Arbeit unterbrochen; als ich sie wieder aufgreifen konnte, waren die Pflanzen schon so weit gediehen, daß keine kleinen Knospen mehr an ihnen zu finden waren, deshalb die Unterbrechung im Diagramm. Mittlerweile wurden die Formen weit weniger extrem, aber die allgemeine Aufwärtstendenz für λ blieb erhalten. Nachdem die Knospen etwa eine Länge von 10 mm erreicht hatten, war kein Längenwachstum mehr festzustellen, aber doch wohlunterscheidbare Entwicklungsstadien.

Die Forsythie (Abb. 68, s. S. 144) zeigt eine typische Krise. Die

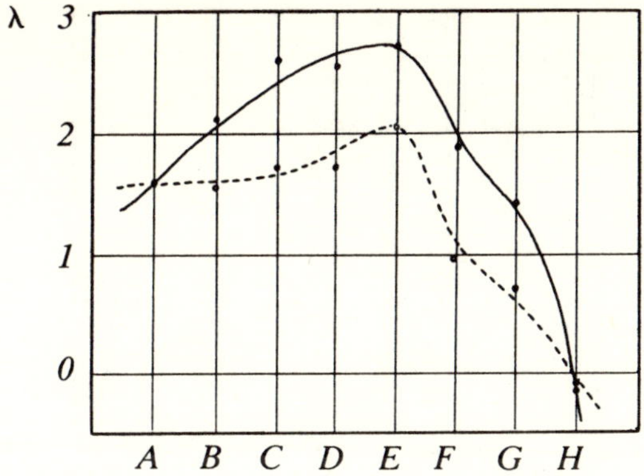

Abb. 66 Schlüsselblume. Ein typischer Verlauf der Krise, der allerdings nicht klar erkennen läßt, ob zuerst die obere oder die untere Hälfte der Knospe davon betroffen ist. Jedenfalls ergaben die in späteren Jahren gesammelten Schlüsselblumen Diagramme mit ähnlichen Merkmalen.

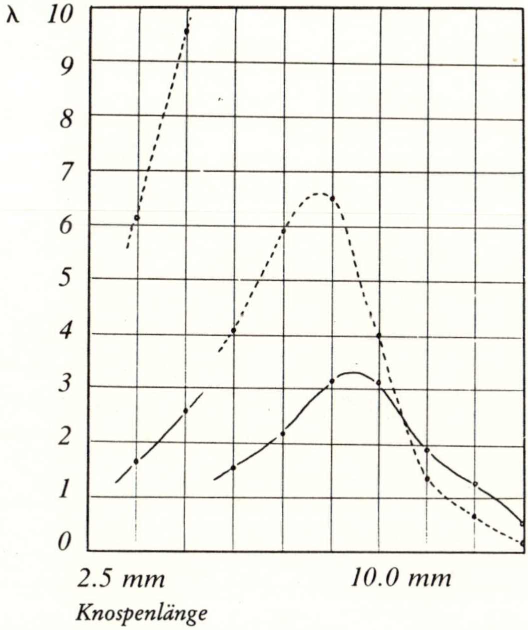

Abb. 67 Bärlauch.

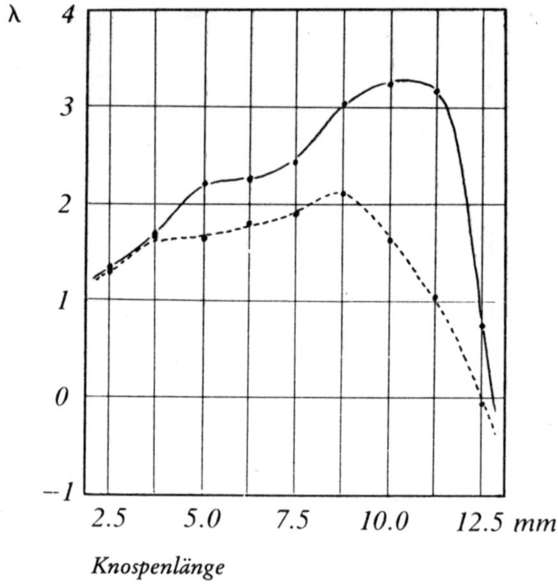

Abb. 68 Forsythie.

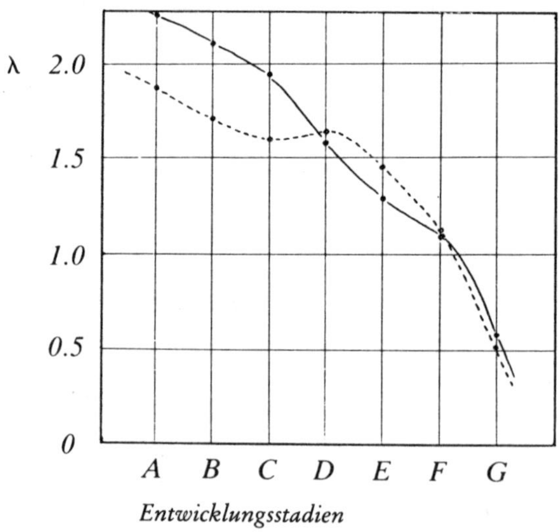

Abb. 69 Schneeglöckchen.

Knospe beginnt ihre Entwicklung zunächst als fast perfekte Wegkurve und bleibt während der folgenden Zeit in guter Übereinstimmung mit dieser, allerdings mit einer leichten Tendenz in Richtung des Schneeglöckchen-Typus. Dies zeigt sich besonders ausgeprägt im Moment der Krise. λ ist für ein normales Mitglied der Schneeglöckchen-Gruppe recht hoch.

Als Repräsentant einer Gruppe hat das Schneeglöckchen (Abb. 69) vielleicht das Recht, etwas exzentrisch zu sein. Der untere Teil der Knospe wird von der Krise gar nicht berührt. Der ununterbrochene Abfall der Kurve ist ein Hinweis auf das stetige Drängen dieser kleinen Pflanze, der Öffnung und dem Licht entgegen. Nur die Spitze erleidet eine Zunahme von λ, und dies so kaum merklich und fein, daß es fast der Messung entgeht. Tatsächlich war ich erst nach der Untersuchung von zwei weiteren Serien von Knospen, die ähnliches Verhalten zeigten, bereit, eine solche kleine Krise überhaupt zu akzeptieren. Die gewählten Entwicklungsstadien waren die folgenden:

A Die Knospe liegt tief in ihrer äußeren Hülle eingeschlossen.
B Die Knospe steht weit oben in der äußeren Hülle.
C Die Knospe steht aufrecht und klar außerhalb der äußeren Hülle, aber noch innerhalb der inneren Hülle.
D Die Knospe bricht gerade aus der inneren Hülle.
E Die Knospe läßt den Kopf hängen.
F Die Knospe öffnet sich.
G Die Öffnung ist weit fortgeschritten.

Die Stadien A bis D nehmen mehrere Wochen in Anspruch, die Stadien E bis G gehen in ein paar Stunden vorüber; so darf man also sagen, daß die «Schneeglöckchen-Geste» (d. h. die gestrichelte Kurve befindet sich unterhalb der ausgezogenen Kurve) während fast der ganzen Zeit eindeutig dominiert.

8
Das Herz

Die im vorangehenden Kapitel beschriebenen Untersuchungen erlaubten es mir zum ersten Mal, ein Zeit-Element in die Überlegungen einzuführen, und es erschien mir bedeutsam, daß dies unmittelbar zur Betrachtung eines Rhythmus von Ein- und Ausatmung führte. Ich denke, daß man dem Wesen der Zeit vielleicht tatsächlich nur über den Bereich solcher Rhythmen und rhythmischer Prozesse näherkommen kann. Dies führte meine Gedanken zurück zu einigen Arbeiten, die ich vor vielen Jahren über die Form des Herzens gemacht hatte.

Wann immer ich Gelegenheit hatte, einen anatomischen Atlas zu konsultieren, hatte ich beobachtet, daß mir Formen von der Qualität der Wegkurven immer wieder ins Auge zu springen schienen. Dies war zum Teil schon bei Bildern von Knochenformen der Fall, insbesondere aber beim Studium von Muskelformen und dem Verlauf der Muskelfasern. Es war zermürbend: immer wieder ahnte ich diese Möglichkeit, sobald ich aber daran ging, den konkreten Punkt zu suchen, an dem die reale Forschung beginnen konnte – wo etwa liegt das invariante Tetraeder? –, entzogen sich mir die entscheidenden Elemente. Es gab nur eine Ausnahme: das Herz. Das Herz ist sicher ein sehr vollkommener, ja archetypischer Muskel des ganzen Körpers. Nach einer gewissen Zeit begann ich immer deutlicher zu empfinden, daß alle anderen Muskeln eigentlich nur Varianten des Herzmuskels sind, die gemäß den Notwendigkeiten ihrer mannigfaltigen Aufgaben umgewandelt und gestaltet sind. Schon eine oberflächliche Betrachtung schien zu zeigen, daß das Herz eine so vollkommene Wegkurve bildet, wie das einem Muskel überhaupt nur möglich ist.

So entschloß ich mich, das Herz nun einmal genauer zu untersuchen. Natürlich gab es Anfangsschwierigkeiten. Ich war nicht nur an der äußeren Form dieses Organs interessiert, sondern auch an der detaillierten Konfiguration der Muskelfasern, aus denen es aufgebaut ist. Die

Anatomiebücher stimmten nur darin überein, daß es sich hier um eine sehr komplexe Sache handelt; sie gaben mir jedoch kaum eine klare Vorstellung und waren sich keineswegs immer über die Details einig. Im weiteren stellte sich das Problem, an gute Herz-Exemplare heranzukommen, die man untersuchen und fotografieren konnte. Herzen von Menschen waren für mich natürlich nicht erreichbar.

Die Arbeiten von Pettigrew

An diesem Punkt waren für mich die Arbeiten des schottischen Anatomen James Bell Pettigrew (1834–1908) sehr hilfreich. Pettigrew arbeitete in der zweiten Hälfte des neunzehnten Jahrhunderts und schrieb gegen Ende seines Lebens sein großes Werk *Design in Nature*[8], drei große Bände, voll von Zeichnungen und Beobachtungen aus einem reichen, ganz der Forschung gewidmeten Leben, belebt durch viele Lichtblicke in wahrem Goetheschem Geist. Pettigrew hatte sich ganz besonders intensiv mit dem Herzen beschäftigt, und seine Beobachtungen sind für uns von ganz besonderem Interesse. Bei der Beschreibung dieses vierkammrigen Organs bemerkt Pettigrew, daß die Vorhöfe oder Vorkammern nicht viel mehr bedeuten als eine ins Herzinnere vorstoßende Erweiterung des Gefäßsystems, wie wenn die Blutgefäße an diesem Punkt sich nach innen gewendet und umgestülpt hätten. Für das Studium des Wesens des Herzens, jedenfalls von einem bestimmten Gesichtspunkt aus, empfiehlt er, die Vorhöfe zu entfernen und nur mit den Herzkammern allein zu arbeiten. Im weiteren weist er darauf hin, daß man, wenn man nur ein wenig entlang der kaum sichtbaren Furche, die die Scheidewand der Kammern markiert, aufschneidet, die rechte Kammer wegnehmen kann und nur noch die linke Kammer in der Hand behält. Jetzt sieht man auch sofort, daß die rechte Kammer nicht mehr ist als ein klägliches Bündel von spiralförmig angeordneten Muskelfasern, bei dessen Anblick es einem schwerfällt sich vorzustellen, daß dies einst eine Herzkammer war. Es stellt sich heraus, daß man in der linken Herzkammer etwas vor sich hat, was 95 % der ursprünglichen Herzsubstanz beinhaltet und was

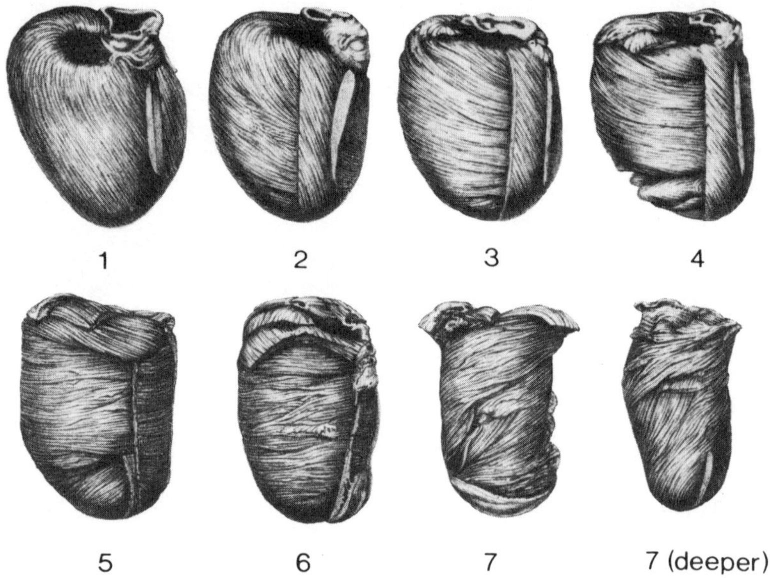

Abb. 70a Die siebenfache Struktur der linken Herzkammer gemäß Pettigrews anatomischen Untersuchungen und Fotografien.

Pettigrew das «Herz im Herz» nennt; dieses will er nun, wie er sagt, im Detail beschreiben.

In diesem Abschnitt versuche ich eine kurze Zusammenfassung einiger Beobachtungen zu geben, die Pettigrew an der linken Herzkammer gemacht hatte. Diese Kammer hat ungefähr die Form eines nach oben geöffneten asymmetrischen Kegels; die Außenwand besteht aus Fasern, die sich in steilen linkshändigen Spiralen von der Basis zur Spitze winden. (Man muß beachten, daß, nach der Lage im menschlichen Körper, die Spitze des Herzens nach unten weist, und die hier genannte Basis den oberen Teil des Herzens bildet). Pettigrew führt dann aus, daß die Wand dieser Kammer aus sieben verschiedenen Schichten besteht; was wir sehen, wenn wir die Kammer in der Hand halten, ist nur die erste, äußerste Schicht. Dahinter liegt eine weitere Schicht, die zweite, deren Fasern sich ebenfalls spiralförmig und linkshändig nach unten winden, aber mit einer etwas sanfteren Neigung. Die dritte Schicht ist ähnlich gestaltet, aber mit noch mehr gegen die Horizontale geneigten Spiralen.

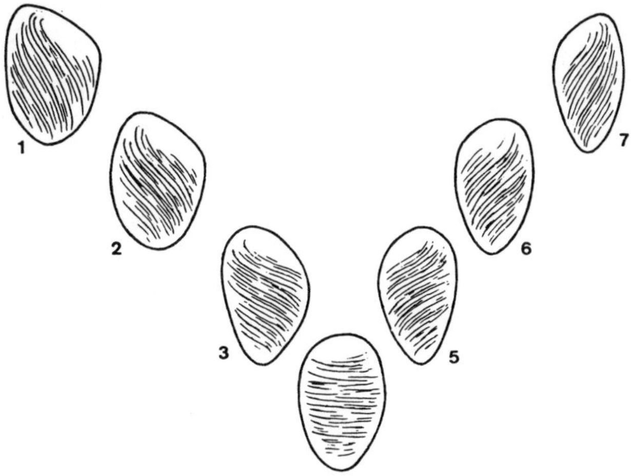

Abb. 70b Vereinfachung von Pettigrews Zeichnung zur Veranschaulichung des zugrundeliegenden Prinzips.

Die vierte Schicht ist ein Sonderfall, ihre Fasern zeigen überhaupt keine Spiralung; sie verlaufen in horizontalen Kurven um die Kammer herum. Die fünfte Schicht ist wieder ähnlich gebaut wie die dritte, wobei ihre Muskelfasern mit derselben Neigung oder Steilheit spiralen, mit dem einzigen Unterschied, daß die Spirale jetzt rechtshändig ist und sich «aufwärts», entgegen der «abwärts» gehenden Spiralung der dritten Schicht windet. Entsprechend ist die sechste Schicht eine Art rechtshändige Spiegelung der zweiten, und die siebente ist eine Spiegelung der ersten.

Abb. 70a ist die Reproduktion einer Zeichnung von Pettigrew, die ich in Abb. 70b vereinfacht dargestellt habe, um die hier wirksame, der ganzen Sache zugrunde liegende allgemeine «Idee» zu illustrieren. Meine Abbildung erhebt nicht den Anspruch, die exakten Formen und Dimensionen genau wiederzugeben.

Wir müssen uns nun noch ein wenig genauer überlegen, welche Konsequenzen diese bemerkenswerte Beschreibung von Pettigrew hat. Zeichne ich eine Spiralkurve auf ein Transparent-Papier, so kann ich sie etwa in der Weise aufmalen, daß sie sich bei einer Drehung im Uhrzeigersinn nach außen windet (d. h. vom Zentrum aus gesehen bewegt sie sich von links nach rechts außen); eine solche Spirale kann man rechtshändig nennen. Kehre ich aber das Papier um und schaue sie von der anderen Seite an, so geht diese «rechtshändige» Spirale sofort in eine «linkshändige» über. Es ist tatsächlich nicht möglich, in eindeutiger Weise eine ebene Spirale als rechtshändig oder linkshändig zu kennzeichnen; dies hängt von der Richtung ab, von welcher aus man sie ansieht. Sobald die Spirale aber eine Raumkurve ist, d. h. wenn sie die Ebene verläßt und sich in die drei Dimensionen des Raumes hineinwindet, wird die Sache anders.

Zweifelt der Leser daran, so mag er ein Stück Draht nehmen und es zu einer lockeren Spule (d. h. zu einer räumlichen Spirale oder Helix) aufwickeln; beginnt man nun am einen Ende der Spule und bewegt sich zum andern, so beschreibt man eine Drehung, die entweder im Uhrzeigersinn oder im Gegenuhrzeigersinn verläuft. Im ersten Fall nennen wir die durch den Draht repräsentierte Kurve eine rechtsgewundene Spirale und im zweiten eine linksgewundene. Geht man nun ans andere Ende der Spule und beginnt von dort aus die Bewegung im umgekehrten Sinne, so wird man unausweichlich feststellen, daß die entsprechende Spirale immer noch denselben Windungssinn aufweist. Sie ist als solche entweder rechtsgewunden oder linksgewunden und wird dies auch bleiben, von welcher Richtung auch immer man sie ansieht oder in welchem Sinne man sie durchläuft. Die letzte Feststellung ist nicht absolut richtig; schaut man sich die räumliche Spirale in einem Spiegel an, so hat sie ihren Windungssinn geändert! Die mathematische Transformation der Spiegelung an einer Ebene ist unter anderem dadurch charakterisiert, daß sie einen linken in einen rechten Windungssinn und umgekehrt überführt. Und tatsächlich sagt Pettigrew, daß diese zentrale und einzigartige vierte Schicht der Herzkammerwand als eine Art Spiegel wirkt – soweit es sich um die Spiralung der Muskelfasern handelt – und die äußeren Teile in die inneren Teile des Herzens spiegelt und umgekehrt. Es ist interessant, wie Pettigrew den mehr oder weniger horizontalen Verlauf der Muskelfasern der vierten Schicht genauer charakterisiert; er sagt: Die vierte Schicht besteht aus Schleifen von schiefliegenden, in Form einer Acht verlaufenden Muskelfasern.

Diese bemerkenswerte Einsicht über die siebenfache Gliederung der linken Herzkammer gewann Pettigrew im Jahre 1858. Ich habe sie sonst in keinem anderen Buch dargestellt gefunden. Mit Herzen von Schafen (die Pettigrew besonders empfiehlt, da sie dem menschlichen Herzen in Größe und Form sehr nahe kommen) versuchte ich diese Erkenntnis durch eigene Experimente zu bestätigen oder zu widerlegen. Aber meine Sezierkünste waren bisher nicht genügend. Pettigrew scheint viele Spezialtechniken entwickelt zu haben; er setzte zum Beispiel sein Objekt in Wachs, oder sezierte unter einem heißen Dampfstrahl; vielleicht benutzte er eine von diesen Techniken, um seine sieben Schichten voneinander zu separieren. Ich weiß es nicht. Aus meiner eigenen Erfahrung kann ich nur sagen, daß die allgemeine Änderung der Neigung der Muskelfasern, wenn man tiefer und tiefer in die Wand der Herzkammer eindringt, sich recht deutlich so zu erkennen gibt, wie es Pettigrew beschreibt.

Sei dies, wie es wolle, es war ohnehin die äußerste, erste Schicht, die mich an erster Stelle interessierte. Ich entschloß mich für das Schafsherz und analysierte im Lauf der Arbeit etwa sieben bis acht solcher Herzen sowie einige Schweineherzen. Diese Arbeit ist weit schwieriger als diejenige mit den Knospen, vor allem wegen der vorhandenen Asymmetrie. Man ist gezwungen, mit einer ganzen Anzahl von Annahmen zu beginnen, insbesondere was die Größe und die Gestalt des invarianten Tetraeders anbetrifft. Zudem muß man ständig auf der Hut sein, um die sich bei fortschreitender Arbeit offenbarenden Hinweise zu beachten, die zu wichtigen Modifikationen oder Umgestaltungen der Annahmen führen können.

Zuerst war ich gar nicht bereit, die beiden Herzkammern voneinander zu trennen. Ich wollte mit dem ganzen Herzen arbeiten! Und ich versuchte es. Nach vielen Arbeitsstunden war ich davon überzeugt, daß es keinen Weg gab, die beiden Herzkammern in ihrer Einheit durch irgendein Wegkurvensystem, das ich kannte oder entwerfen konnte, zu repräsentieren. Erst nach vielen fehlgeschlagenen Experimenten wurde ich dazu gezwungen, den Rat von Pettigrew anzunehmen und die beiden Kammern voneinander zu sondern.

Das Schafsherz

Sobald ich ausschließlich mit der linken Herzkammer zu arbeiten begann, änderte sich die Sachlage schlagartig. Zunächst mußte ich mich für die wahrscheinlichste Lage und Anordnung des invarianten Tetraeders entscheiden. Dazu muß man sich klar machen, wie das Herz in den Menschen eingebettet ist. Es liegt gegen die linke Seite hin in der Brusthöhle, schaut gegen die linke Vorderseite, und seine Spitze weist nach unten. Sein oberster Teil, die sogenannte Basis, ist wie eine Art schiefe Ebene gestaltet, die sich nach rechts hinten hinunterneigt, d. h. in etwa in Richtung des Rückgrates. Es schien mir, daß die obere Ebene dieses Tetraeders durch die Neigung dieser Basis charakterisiert werden könne, während die untere Ebene die Spitze mehr oder weniger horizontal berühren müsse. Diese beiden Ebenen treffen sich irgendwo, vielleicht in der Nähe der Wirbelsäule oder jenseits von ihr, in einer invarianten Geraden, die von links hinten nach rechts vorne verläuft. Diese Gerade repräsentiert für das Herz dasselbe wie die horizontale unendlich ferne Gerade für die Knospe. Die Richtung, aus der ich die linke Herzkammer fotografieren mußte, war also von hinten links. Ich befestigte sie in einer solchen Position und fotografierte; das entsprechende Profil ist in Abb. 71 dargestellt.

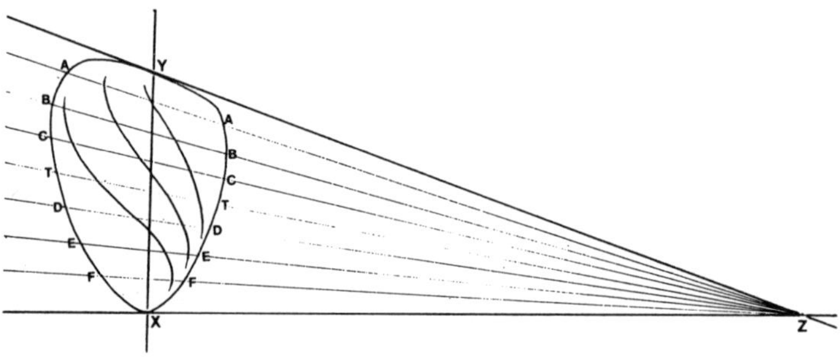

Abb. 71 Die linke Herzkammer, von links hinten gesehen, in ihrer Beziehung zum hypothetischen invarianten Tetraeder.

Die Gerade YZ repräsentiert die obere invariante Ebene des Tetraeders, die zur schiefen Basis des Herzens tangential ist; man hat sie sich etwa im rechten Winkel zur Zeichenebene vorzustellen. Die Gestalt dieses Profils der Herzkammer gab mir einige Sicherheit in der Fixierung der Geraden YZ. Die andere invariante Ebene, die durch die Gerade XZ repräsentiert wird, hat man sich ebenfalls im rechten Winkel zur Zeichenebene vorzustellen. Aber die Lage dieser Gerade XZ kann nicht so ohne weiteres festgestellt werden, einfach indem man nur das Profil näher ansieht. Es gibt einen rechten breiten Spielraum von möglichen Lagen, die alle tangential zum Profil sind und in der allgemeinen Umgebung der Spitze liegen. Nach vielerlei Versuchen gelangte ich zum Ergebnis, daß ihre wahrscheinlichste Lage dann vorliegt, wenn der Winkel YXZ ein rechter ist. Im folgenden habe ich also immer darauf geachtet, das Tetraeder so zu wählen, daß dieser Winkel exakt 90° wird. Dies nicht deshalb, weil ich glaube, daß in den exakt 90° irgend etwas Besonderes vorliegt – plus oder minus fünf, oder vielleicht sogar zehn Grad wären wahrscheinlich eben so gut – sondern weil sich im Lauf der Arbeit mehrere Gelegenheiten ergaben, wo ein Vergleich verschiedener Herzen untereinander notwendig wurde, oder der Vergleich der Form eines Herzens in einem bestimmten Zeit-Moment mit der Form in einem späteren Moment. Man braucht dazu eine eindeutige Regel wie diese, um den Vergleich so aussagekräftig wie möglich zu machen.

Wir haben uns nun zu fragen, in wie weit dieses Profil eine gute Wegkurvenform ist, und falls dies nicht der Fall ist, wo genau die Abweichungen liegen. Die allgemeine Methode ist dieselbe wie bei den Knospen, nur daß wir hier anstatt Verhältnissen längs den zwei Geraden YZ und XZ Doppelverhältnisse betrachten müssen. Die Details dieser Methode werden im Anhang dargestellt, das Resultat gibt Tabelle 22.

Tabelle 22

Niveau	λ-Wert	
	linke Seite	rechte Seite
A	1.74	3.33
B	1.74	4.23
C	1.91	4.39
D	1.83	2.49
E	1.84	2.10
F	1.58	1.45
Gewichtetes Mittel	1.73	2.76
Mittlere Abweichung	5 %	35 %

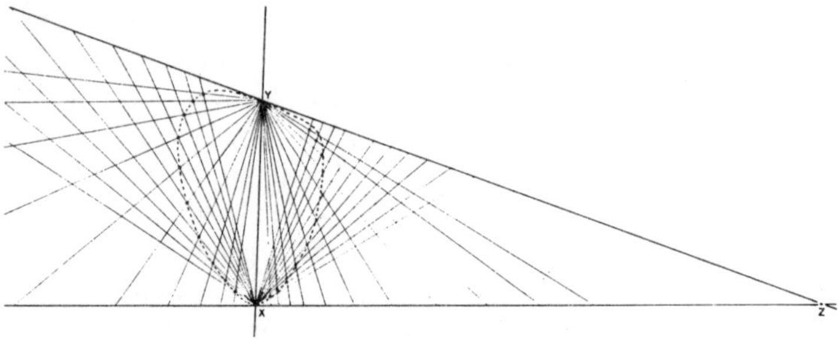

Abb. 72 Diese Figur zeigt, wie eng die linke Herzkammer der idealen Wegkurvenform folgt. Die schwarzen Punkte an den Schnittpunkten der Geraden zeigen die berechnete Form; die punktierte Kurve zeigt den aus der Fotografie übernommenen Umriß.

Wie wir sehen, ist die linke Seite des Profils eine perfekte Wegkurve; eine mittlere Abweichung von 5 % bedeutet, daß jede vorhandene Abweichung kleiner ist als der wahrscheinliche Meßfehler der feinsten Meßmethode, die man anwenden kann. Für fast alle untersuchten Herzen erhielt ich ähnliche Resultate. Auf der rechten Seite dagegen finden sich unübersehbare Abweichungen. Schauen wir uns die Zahlen genauer an, so bemerken wir sofort, daß diese fast nur auf die Niveaus A, B und C beschränkt sind. Nun liegen diese aber sehr nahe bei der Region, wo die segelförmige Mitralklappe den Übergang von der linken Herzkammer zum Vorhof bildet. Dies ist ein Ort, wo die Entwicklung des eigentlichen Herzmuskels noch durch ganz andere Kräfte beeinflußt wird, wo man also durchaus Abweichungen vom allgemeinen Formgesetz erwarten muß. Läßt man genau diese drei Punkte weg, so findet man als Resultat für die linke Herzkammer als Ganzes ein mittleres $\lambda = 1.75$ und eine mittlere Abweichung von 10 %.

Dieses Resultat läßt sich, was die Genauigkeit anbelangt, mit den besten Werten für die Blütenknospen vergleichen. Zusammenfassend dürfen wir also sagen, daß, abgesehen von dem Gebiet um die Mitralklappe herum, das Profil der linken Herzkammer eine bemerkenswert gute Wegkurve ist (Abb. 72). Im allgemeinen waren alle von mir untersuchten Herzen von Schafen und Schweinen etwa in dieser Art gestaltet.

Ich übertrug noch zusätzlich den Verlauf dreier Muskelfasern von der Fotografie auf die Zeichnung, um sie auf ihre Wegkurveneigenschaften zu prüfen. Es ist weit schwieriger, hier zu präzisen Resultaten zu gelangen; eine analoge Untersuchung wie bei den Blatträndern der Blütenknospen ergab, daß es sich, jedenfalls im mittleren Bereich, um recht gute Wegkurven handelt, und daß sie alle einen ε-Wert von fast genau Eins haben.

Hier ergab sich eine weitere Möglichkeit zu prüfen, ob die linke Herzkammer tatsächlich eine gute Wegkurvenform ist. Haben wir einmal gefunden, daß sie von der linken Hinterseite aus gesehen als solche erscheint, und haben wir die Parameter dieser Ansicht festgestellt, so kann man sich mit Hilfe einiger Rechnungen eine Zeichnung herstellen, die zur Darstellung bringt, wie die Herzkammer von links vorne her gesehen aussehen müßte; und dies läßt sich dann mit einer Fotografie der linken Vorderseite vergleichen. Um dies zu tun, muß eine weitere Annahme gemacht werden. Wir haben bisher angenommen, daß die XY-Achse rechtwinklig zur Geraden XZ, die die untere invariante Ebene repräsentiert, verläuft, wenn sie von links hinten angesehen wird; wird sie auch im rechten Winkel zu dieser Ebene sein, wenn wir sie von links vorne ansehen? Dies scheint durchaus eine vernünftige Annahme zu sein, und da ich keinerlei Hinweise für die Vermutung habe, daß es anders sein müßte, nahm ich hier ebenfalls einen rechten Winkel an. Unter diesen Voraussetzungen entstand Abb. 73.

Abb. 73 Dies zeigt den ersten Versuch zur Berechnung der Wegkurvenform der linken Herzkammer, von links vorne gesehen. Die Zeichnung auf der linken Seite zeigt, wie die Herzkammer aussehen müßte, wenn man von den Parametern, die aus der Ansicht von links hinten gewonnen wurden, ausgeht und annimmt, daß dieses Organ eine gute Wegkurvenform darstellt. Auf der rechten Seite findet sich eine Skizze der Strukturen, wie sie sich aus der entsprechenden Fotografie ergeben.

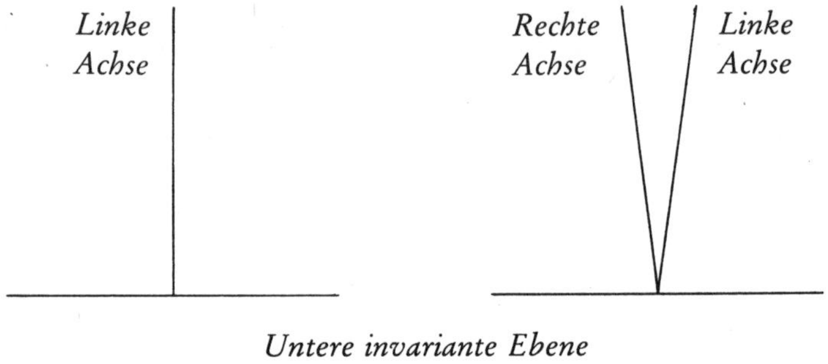

Abb. 74 Bei der Betrachtung der gegenseitigen Beziehungen der beiden Herzkammern wurde ich veranlaßt, eine verschiedene Neigung der beiden Achsen anzunehmen.

Die linke Seite zeigt die Form, wie sie aussehen müßte, wenn meine Messungen und Annahmen korrekt gewesen wären; die rechte Seite ist eine Skizze nach der wirklichen Fotografie. Ich war nicht ganz befriedigt von der Übereinstimmung der beiden Abbildungen, sah aber im Moment keine Möglichkeit, diese in irgendeiner Weise zu verbessern. Ich ließ die Sache zunächst einmal ruhen.

Als nächstes ging ich daran, die gegenseitige Beziehung beider Herzkammern genauer zu betrachten. Indem ich das ganze Organ in meiner Hand hielt, schien es mir, als ob die wahrscheinlichste und sinnvollste Lösung dieses Problems darin bestünde, die beiden Herzkammern durch zwei verschiedene, aber einander durchdringende Wegkurvensysteme zu

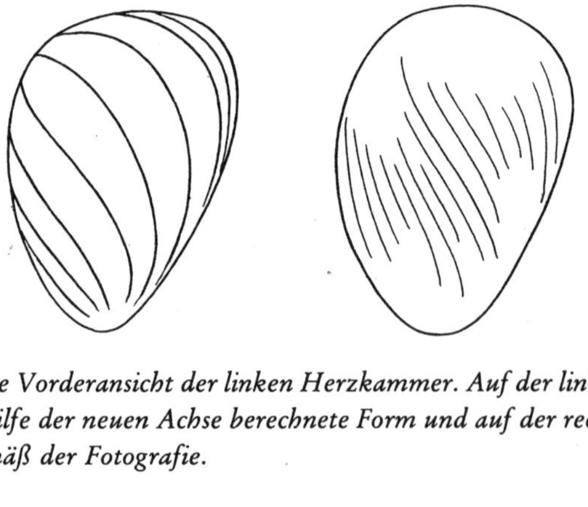

Abb. 75 Linke Vorderansicht der linken Herzkammer. Auf der linken Seite sieht man die mit Hilfe der neuen Achse berechnete Form und auf der rechten Seite die Zeichnung gemäß der Fotografie.

repräsentieren. Dazu muß man die Achse der linken Herzkammer, von links vorne gesehen, nicht wie in der linken Zeichnung von Abb. 74, d. h. so wie ich sie bisher darstellte, annehmen, sondern gemäß der rechten Seite der Abb. 74, wo auch die Lage der Achse der rechten Herzkammer angedeutet ist.

Da ich nun den Winkel der Achse der linken Herzkammer verändert hatte, mußte ich die vorangehende Zeichnung (Abb. 73) neu berechnen. Als Resultat ergab sich die Zeichnung auf der linken Seite von Abb. 75. Ich stelle neben sie noch einmal die Zeichnung nach der Fotografie, um den direkten Vergleich zu erleichtern. Man bemerkt sofort, daß die meisten der vorher vorhandenen Unterschiede verschwunden sind. Die beiden Zeichnungen stimmen sehr gut überein.

In unserem Zusammenhang ist es nicht leicht, mit der rechten Herzkammer zu Rande zu kommen, da ein großer Teil ihrer idealen Form dadurch verdeckt wird, daß sie in die linke Herzkammer eindringt. Es gelang mir trotzdem, aus dem sichtbaren Teil einige angenäherte Zahlen zu gewinnen. So zeigte sich das Profil der rechten Herzkammer als recht gute Wegkurvenform mit einer mittleren Abweichung von 14 %; für das abgebildete Herz war der mittlere λ-Wert größer als für die linke Herzkammer, 2.9 anstatt 1.75. Dies gilt nur für das hier abgebildete Herz; bei

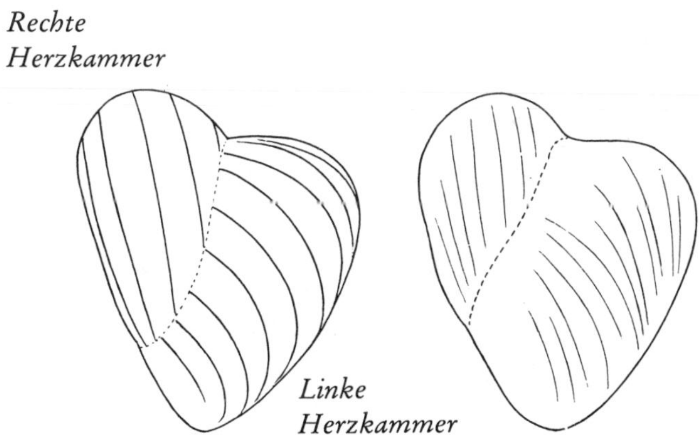

Abb. 76 Die einander durchdringenden Wegkurvenformen, gesehen von der linken Vorderseite; die berechnete Form ist auf der linken, die Zeichnung nach der Fotografie auf der rechten Seite.

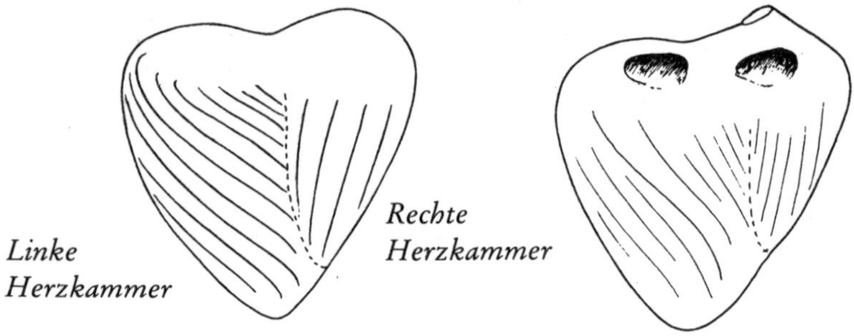

Abb. 77 Diese Figur ist analog zu Abb. 76, nun aber von der rechten Hinterseite aus gesehen.

anderen Herzen waren die Parameter der rechten Kammer teils größer, teils kleiner als die der linken. Der ε-Wert, der den Winkel angibt, mit dem die Muskelfasern sich um die rechte Herzkammer herumwinden, war nicht leicht zu messen, ist aber offenbar sehr groß, da die Fasern fast longitudinal verlaufen.

Zusammen mit allen diesen Parametern und den gemäß unseren Voraussetzungen angenommenen Achsen konnte ich nun ebene Bilder dieser einander durchdringenden Wegkurvenformen entwerfen und sie mit Fotografien der Herzen vergleichen. Abb. 76 (s. S. 157) zeigt die linke Vorderansicht.

Die linke Abbildung zeigt die einander durchdringenden Wegkurvenformen, und die rechte Seite gibt die nach der Fotografie hergestellte Zeichnung der tatsächlichen Herzkammern wieder.

Als nächstes zeigen wir die Ansicht desselben Herzens von rechts hinten (Abb. 77).

Hätte ich mehr Zeit auf die verfeinerte Abstimmung der Parameter und der Achsen verwendet, so hätte ich sicher eine noch bessere Übereinstimmung als die vorliegende erzielen können. Aber ich hatte neben anderen Verpflichtungen ein volles Schulpensum zu erledigen und zudem harrten andere Aspekte dieser Forschungsarbeit darauf, in Angriff genommen zu werden; so dachte ich, daß dies vielleicht nicht die fruchtbarste Art wäre, meine Zeit zu verwenden. Das bisher Erreichte genügte, um mich davon zu überzeugen, daß die beiden Herzkammern sehr genau durch die beiden einander durchdringenden Wegkurvenformen repräsentiert werden können und daß das Herz wirklich eine Art Ausdruck derjenigen

Kräfte ist, die sich in dem linearen Prozeß zeigen, der zu solch einer Transformation wie der Kollineation führt.

Dies war soweit ganz gut – aber ich war doch nicht ganz zufrieden damit, vor allem aus zwei Gründen. Erstens konnte ich bisher nur mit Herzen von Tieren arbeiten und hätte doch so gerne menschliche Herzen genauer studiert und vermessen. Zweitens, und dies ist einschneidender, war das Ding, mit dem ich arbeitete, tot. Das Herz aber ist ein lebendiges Organ, vielleicht lebendiger als alle anderen. Es bewegt sich andauernd, verändert sich kontinuierlich, ist nie in Ruhe. Aber das Ding, das ich fotografierte und vermaß, war leblos und ruhig: nur tote Asche eines lebendigen Prozesses.

Das menschliche Herz

Die von mir untersuchten Herzen waren in ihrer Gestalt beträchtlich voneinander verschieden. War dies auf irgendeinen inneren Unterschied im Tier selbst oder auf die Umstände des Todes zurückzuführen? Was geschieht im Moment des Todes, «friert» das Herz in der Phase des Herzschlages ein, in welcher der Tod eintritt? Oder fällt es zurück in eine Art Entspannungszustand? Ich hatte keine Anhaltspunkte für die Beantwortung dieser Fragen. Und die Knospen warteten dringendst auf weitere Untersuchungen. So ließ ich diesen Aspekt der Arbeit für mehrere Jahre ruhen.

Als ich aber vor einiger Zeit den kleinen Krisen-Rhythmus der Knospen entdeckte, den sie kurz vor ihrer Öffnung durchmachen, empfand ich den unwiderstehlichen Drang, nun genau in Erfahrung zu bringen, wie das Herz schlägt, so daß ich zu weiteren Schritten getrieben wurde. Ich schrieb ans Königliche Krankenhaus in Edinburgh und fragte, ob sie dank der modernen Röntgentechnik irgendeine Einrichtung hätten, die mir bei meinem Problem weiterhelfen könne. Daraufhin wurde ich in das Studium des Angiogramms, d. h. eines Röntgenfilms des schlagenden Herzens, eingeführt. Ohne auf technische Einzelheiten einzugehen, kann die Methode wie folgt beschrieben werden: Zunächst wird eine Arterie geöffnet und ein langer Gummi-Katheter eingeführt. Dieser Katheter wird durch das arterielle System geschoben, bis sein vorderes Ende durch die Aortaklappe in die linke Herzkammer hineinragt. Dort angekommen, wird eine für Röntgenstrahlen undurchsichtige Flüssigkeit durch den Katheter in die Herzkammer eingespritzt; für etwa drei bis vier Herzschläge kann dann die Kammer mit Hilfe von Röntgenstrahlen gefilmt werden. Der entwickelte Film wird in einen Projektor eingespannt, wo der ganze Prozeß auf einen Schirm abgebildet werden kann. Durch Drücken eines Knopfes kann der Ablauf in jedem gewünschten Augenblick gestoppt werden, so daß man ohne Mühe Zeichnungen herstellen kann. Die in Edinburgh zur Verfügung stehende Maschine macht 50 Aufnahmen in der Sekunde, so daß man das Schlagen des Herzens in Intervallen von 0.02 Sekunden verfolgen kann.

Ich hatte so oft versucht mir vorzustellen, wie das schlagende Herz wohl aussehen müßte. Es erfüllte mich mit freudiger Erwartung, daß ich nun tatsächlich dieses Geschehen beobachten durfte, wenn auch nur in Form von verschwommenen Umrissen auf dem Röntgenschirm. Was ist dies doch für ein wundervolles Organ, so beweglich und sich fortwährend verwandelnd; manchmal schienen es kleine Wellen von Kontraktionen vom einen zum anderen Ende zu durchpulsen – immer rhythmisch, nie ermüdend. Für einige Minuten betrachtete ich den Bewegungsablauf in normaler Geschwindigkeit; dann verlangsamte ich sie und studierte den Vorgang mehr im Detail, und schließlich begann ich die einzelnen Bilder abzuzeichnen.

Ich war ganz aufgeregt, denn hier hatte ich es vor mir, das menschliche Herz. Nun konnte ich sicher den Unterschied zwischen dem Menschen und dem Tier auffinden! Ich merkte aber sogleich, daß dies nicht möglich ist. Meine Zeichnungen nach den Schafsherzen betrafen nur deren Außenseite, die erste Schicht von Pettigrew; nun hatte ich es aber mit der Innenseite, der siebenten Schicht, zu tun. Diese beiden sind aber nicht ohne weiteres vergleichbar.

Als erstes mußte ich natürlich herausfinden, ob mir das Angiogramm überhaupt Wegkurvenformen präsentiert. Abb. 78 zeigt eine Zeichnung der linken Kammer nach einer Fotografie, die kurz nach dem Maximum der Diastole aufgenommen wurde, d. h. in dem Moment, wo der Herzmuskel gerade wieder sich zu kontrahieren beginnt, aber immer noch vergleichsweise ausgedehnt und entspannt ist und angefüllt mit Blut.

Zunächst ist klar, daß diese Form, so wie sie vor uns liegt, sicher keine

Wegkurve ist. Aber wir sollten noch kein endgültiges Urteil fällen, bevor wir nicht ein wenig «Geographie» getrieben haben. Die Linie von B nach C markiert den Ort der Aortenklappe; hier befindet sich der oberste Teil der Kammer und vom medizinischen Gesichtspunkt aus ihre Begrenzung, alles weitere darüber ist Arterie. Der kleine quadratische Raum ABCD wird der Aortenvorhof genannt; hier sammelt sich das Blut, bevor es in die Aorta einströmt. Die auffallende Ausbuchtung DEF erschien auf allen Fotografien der Herzen, die ich studierte, mehr oder weniger deutlich ausgeprägt. Sie markiert den Ort der Mitralklappe, eine Region, wo die spezifische Muskelaktivität der Herzkammerwand sehr deutlich mit dieser Segelklappe in Konflikt kommt. Es ist dieselbe Region, bei der auch die größten Abweichungen im Profil der Außenseite des Schafsherzens aufgetreten waren (vgl. Abb. 72, Niveau A, B und C auf der rechten Seite).

Wir müssen nun deutlich im Bewußtsein halten, daß das Herz an erster Stelle «Muskel» ist. Ich glaube, daß es der Archetypus aller Muskeln des Körpers ist. Sein Wesen ist ununterbrochene Aktivität und rhythmische Verwandlung. Seine wunderbare rhythmische Aktivität und die besondere Struktur seiner Muskelfasern finden ihre vermutlich reinste Ausprägung im pulsierenden Leben und der Gestalt der linken Herzkammer. Nun ist aber diese Kammer mindestens an zwei Stellen nicht von primär

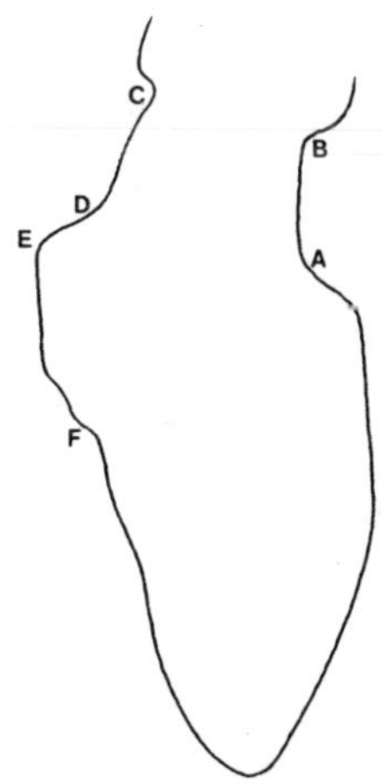

Abb. 78 Ein typisches Röntgenbild der linken Herzkammer, kurz nach dem Höhepunkt der Diastole (größte Entspannung).

muskulöser Natur: beim Aortenvorhof und in der unmittelbaren Umgebung der Mitralklappe. Während der kontinuierlich fließenden Bewegung der Kammer bleibt dieser Teil des Profils, von A nach B und von C nach F, im wesentlichen ruhig. Er nimmt nicht teil an der Bewegung des Herzens. Entscheidend ist nun, daß gerade, wenn wir diesen Teil des Profils ignorieren, der Rest in recht guter Übereinstimmung mit den Wegkurvengesetzen steht.

Um die linke Seite des Profils zu vermessen, muß man eine stetige Fortsetzung des Profils über das Niveau T hinaus skizzieren, was die Messungen an dieser linken oberen Ecke eher fragwürdig macht; der ganze Rest des Umrisses kann dann ohne weiteres direkt vermessen werden.

Das Resultat (Tabelle 23) ist durchaus vergleichbar mit vielen Blütenknospen. Was diese 18%-Abweichung in Wirklichkeit bedeutet,

Tabelle 23

Niveau	λ-Wert	
	linke Seite	rechte Seite
A	3.07	2.11
B	2.55	1.54
C	2.22	1.61
D	3.11	3.75
E	2.43	2.31
F	1.75	2.35
Gewichtetes Mittel		2.34
Mittlere Abweichung		18 %

kann aus Abb. 79 abgelesen werden, wo die gestrichelte Kurve die berechnete Wegkurvenform darstellt. Die einzigen wirklich sichtbaren Abweichungen sind beim Niveau F auf der linken Seite und beim Niveau B auf der rechten Seite. Keine von diesen Abweichungen ist größer als die kleinen Wellen der Ausdehnung und Zusammenziehung, die fortwährend über die Oberfläche dieses äußerst beweglichen Organs zu laufen

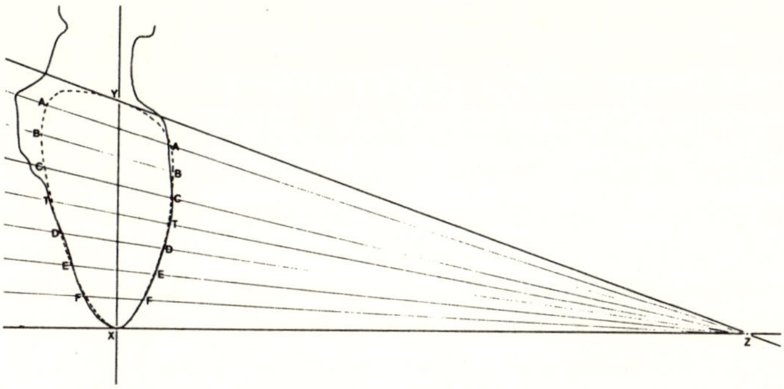

Abb. 79 Die linke Herzkammer des Menschen, eingebettet in das hypothetische invariante Tetraeder, das durch das Dreieck XYZ angedeutet wird. Die punktierte Kurve zeigt die berechnete Form mit λ = 2.34, während die durchgezogene Kurve eine Übertragung von der Fotografie ist. Die für die Niveaus A, B und C auf der linken Seite berechneten λ-Werte können natürlich nur sehr angenähert stimmen.

scheinen. Diese Fotografie repräsentiert ein sehr typisches Resultat für das vorliegende Stadium des Herzschlag-Zyklus. Etwas früher, beim Maximum der Diastole, wenn das Organ total entspannt ist, ist die mittlere Abweichung oft noch geringer; später, wenn die Systole immer näher rückt, wird sie wesentlich größer.

Wir wollen uns nun der Gestalt und Lage des invarianten Tetraeders zuwenden. Im Dreieck XYZ haben wir einen Schnitt dieses Tetraeders vor uns, wobei die Gerade YZ nach eigenem Gutdünken gewählt werden mußte. Im folgenden habe ich sie durchgehend entlang dem unteren Ende des Aortenvorhofs gelegt; ich denke, daß dies die wahrscheinlichste und am ehesten korrekte Lage ist. Die Gerade XZ wurde gemäß der Regel des rechten Winkels (YXZ = 90°) gewählt. Weitere Erfahrungen werden uns vielleicht veranlassen, die Details dieses Vorgehens zur Bestimmung des invarianten Tetraeders einmal abzuändern. Für das Studium der Ereignisse während des Herzschlags ist es aber äußerst wichtig, dieses Vorgehen bei allen Stadien des Herzschlag-Zyklus konsequent im selben Sinne durchzuführen.

Man muß nun beachten, daß es in diesem Tetraeder zwei invariante Geraden gibt, die Achse XY und eine etwa senkrecht auf der Zeichenebene stehende Gerade durch Z. Nach einer allgemeinen Regel, die ich bei allen Herzen, die in dieser Art studiert wurden, wirksam fand, variiert die Gestalt dieses Tetraeders beträchtlich während des Herzschlags. Beim Maximum der Diastole ist Z weit weg und nicht mehr auf dem Zeichenblatt von Abb. 79, manchmal sogar fast im Unendlichen; rückt die Systole näher, so gleitet Z aus der Ferne wieder herein. In Abb. 79 ist Z schon wieder auf dem Papier angelangt; wenige Bruchteile einer Sekunde später wird Z eine Lage annehmen, die nur noch halb, dann ein Drittel dieser Distanz von X entfernt ist. Sobald das Maximum der Systole vorbei ist und das Organ sich wieder entspannt, tritt Z wieder in die Weiten des Raumes zurück. Wir müssen also die Kontraktion des Herzens in Verbindung damit sehen, daß die invariante Gerade aus den Tiefen des Raumes bis in die Nähe des Organs hereinschwingt und anschließend zurück in die Weiten des Raumes hinausschwingt. Dies ergibt uns unmittelbar den Eindruck von der Systole als einer Einatmung und der Diastole als einer Ausatmung.

Bei näherem Zusehen fällt sofort die Ähnlichkeit dieses Bildes mit demjenigen des Schafsherzens, das wir bereits früher gesehen haben (Abb. 77), auf. Dies wird noch interessanter, ja aufregend, wenn man erkennt, daß diese beiden Bilder aus diametral verschiedenen Richtungen gewonnen wurden. Das Schafsherz fotografierte ich von links hinten; zur Herstellung der Angiogramme arbeiten die Ärzte von vorne rechts. Die Tatsache, daß diese beiden Bilder so ähnlich aussehen, bedeutet, daß das Tetraeder, zu dem man durch das Studium der Pettigrewschen innersten oder siebten Schicht hingeführt wird, fast ein exaktes Spiegelbild desjenigen ist, das man zum Studium der äußersten oder ersten Schicht konstruiert hat. Zusammen mit Pettigrews Versicherung, daß diese beiden Schichten, was die Spiralung ihrer Muskelfasern betrifft, Spiegelbilder voneinander sind, wird dies zu einer hochbedeutsamen Tatsache.

Der Herzschlag

Macht man sich an das Studium des genauen Verlaufs des Herzschlags, so stößt man auf sehr interessante und erstaunliche Dinge. Zunächst wurde ich durch meine Erfahrungen im Zusammenhang mit diesen Röntgenaufnahmen wieder einmal überwältigt von der außerordentlichen Vielfalt der

Natur. Nicht nur variiert die eigentliche Gestalt des Herzens beträchtlich von Mensch zu Mensch, sondern auch die Feinheiten des realen Vorgangs des Herzschlags sind außerordentlich verschieden. Diese individuellen Unterschiede mögen für ein tiefer dringendes Verständnis von hoher Bedeutung sein, aber für diese mehr vorläufigen Untersuchungen mußte ich mich darauf konzentrieren, die allgemeinen Gesetzmäßigkeiten herauszuschälen, die allen oder zumindest den meisten Herzen gemeinsam sind. Eines läßt sich mit großer Sicherheit von allen Herzen sagen: Während in der Diastole λ recht klein ist, gewöhnlich zwischen 1.8 und 2.8, vergrößert sich der Wert, sobald es gegen die Systole zugeht, recht dramatisch, wird schließlich im Maximum der Systole sehr groß und erreicht manchmal unendlich oder geht sogar darüber hinaus (d. h. wird negativ). λ geht dann wieder zurück auf einen tieferen Wert, sobald die Diastole näherkommt. Ich glaube, daß man hier eine weitere Bestätigung für die früher ausgesprochene Vermutung hat, daß hohe λ-Werte eine Verbindung zum Prozeß des Einatmens, d. h. zu einem gewissen Spannungszustand aufweisen.

Die Sache ist aber noch etwas differenzierter. In fast allen Fällen fand ich, daß diese Zunahme von λ den spitzen Teil des Organs (Niveaus D, E und F) viel stärker erfaßt als die Basis. Im Lauf der Studien wurde es mir zu meiner Überraschung immer deutlicher, daß die Verteilung der λ-Werte auf die verschiedenen Niveaus, sobald sich das Maximum der Systole nähert, eine besonders charakteristische Form annimmt. Bei allen meinen Studien der Gestalten der lebendigen Natur habe ich diese Verteilungscharakteristik nur an *einem* weiteren Ort gefunden: bei der Knospe der Wilden Rose.

Die tatsächlichen, absoluten λ-Werte der Knospen verschiedener Rosenbüsche variieren beträchtlich von einem Busch zum anderen, aber ihre allgemeine Verteilung über die Niveaus ist sehr charakteristisch und ziemlich durchgehend dieselbe. Wir wollen uns in Tabelle 24 (s. S. 166) die Werte für einen durchschnittlichen Typ einer Rosenknospe noch einmal vor Augen führen (vgl. Kapitel 7).

Man beachte, daß λ bei F etwas höher ist als bei A, das Maximum bei D und E erreicht, aber bereits schon bei C recht hoch ist.

Nun wollen wir diese Zahlen mit den Werten für ein gewisses Stadium aus dem Herzschlagzyklus vergleichen (Tabelle 25); es handelt sich um eine Aufnahme, die 0.14 Sekunden vor dem Maximum der Systole gemacht wurde. Wieder ist der Wert bei F höher als bei A, das Maximum

Tabelle 24

Niveau	λ-Wert
A	4.02
B	4.75
C	6.29
D	11.50
E	10.60
F	4.72

Tabelle 25

Niveau	λ-Wert
A	4.78
B	5.74
C	4.28
D	8.34
E	6.41
F	7.84

liegt bei D, obwohl die Zunahme in der Region D und E erst eigentlich beginnt.

Die Tabellen 26 und 27 zeigen die λ-Werte für dasselbe Herz 0.04 bzw. 0.1 Sekunden später.

Tabelle 26

Niveau	λ-Wert
A	7.53
B	7.04
C	4.39
D	∞
E	17.30
F	6.59

Tabelle 27

Niveau	λ-Wert
A	6.08
B	8.99
C	∞
D	∞
E	∞
F	13.20

Dies vergleichen wir nun mit den früher gegebenen Werten für eine Rose, die eine ziemlich extreme Gestalt aufweist (Tabelle 28).

Tabelle 28

Niveau	λ-Wert
A	5.28
B	18.30
C	∞
D	∞
E	∞
F	7.65

Wo wir es mit einem so beweglichen Formfeld zu tun haben, sind natürlich recht beträchtliche Variationen der tatsächlichen Werte kein Wunder, aber die allgemeine Tendenz und Ähnlichkeit dieser beiden Verteilungen ist doch recht deutlich.

Wir müssen uns nun fragen, was diese Werte für die tatsächlich sichtbare Form aussagen. Die Abbildungen 81 bis 83 zeigen die drei Momente des Herzzyklus, die wir eben besprochen haben. Die gestrichelten Kurven stellen die berechnete Form dar. Es ist natürlich nicht möglich, ein mittleres λ für den zweiten und dritten Fall zu berechnen; ich wählte $\lambda = 12$ für den zweiten und $\lambda = 20$ für den dritten. Bei so hohem λ erzeugt eine recht große Änderung des Wertes nur eine recht geringe Differenz zur sichtbaren Gestalt, so daß diese gestrichelten Kurven einen recht guten Eindruck davon geben, wie weit eine gute Übereinstimmung überhaupt erreichbar ist.

Zum Vergleich zeigen wir zunächst dasselbe Herz im Moment des Maximums der Diastole (Abb. 80). Dieses Herz hat größere mittlere Abweichungen, als sie gewöhnlich in dieser Phase des Zyklus' auftreten. Es zeigt schon hier eine leichte Tendenz zur Rosen-Geste, d. h. ein höheres λ an der Spitze als an der Basis. Kann man sagen, daß es sich hier um ein besonders «inniges» Herz handelt? Es wäre interessant, etwas über die Menschen zu wissen, deren Herzen ich studiert habe.

Aus diesen Bildern läßt sich mehr herauslesen als die bloße physische Kontraktion der Form, d. h. ihre volumenmäßige Verminderung; es tritt eine Änderung in der *Qualität* der Form auf. Die im Stadium der Diastole sichtbar gerundeten Seiten und die sanfte Kurve am schmaleren Ende machen in der Systole geraden Seiten und einer scharfen Spitze, fast wie bei einem Kegel, Platz. Das Herz hat jetzt beinahe die Gestalt eines

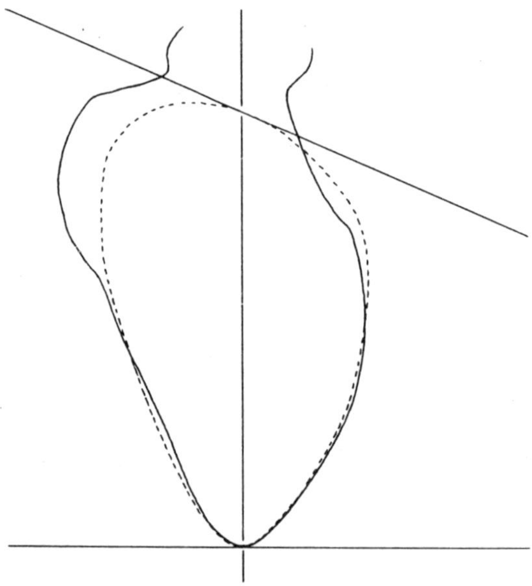

Abb. 80 Die linke Herzkammer im Moment der vollen Diastole. Die Form ist sanft gerundet, allerdings in diesem Fall weniger als es sonst der Fall ist, da das hier vorliegende Herz einen höheren λ-Wert als üblich aufweist.

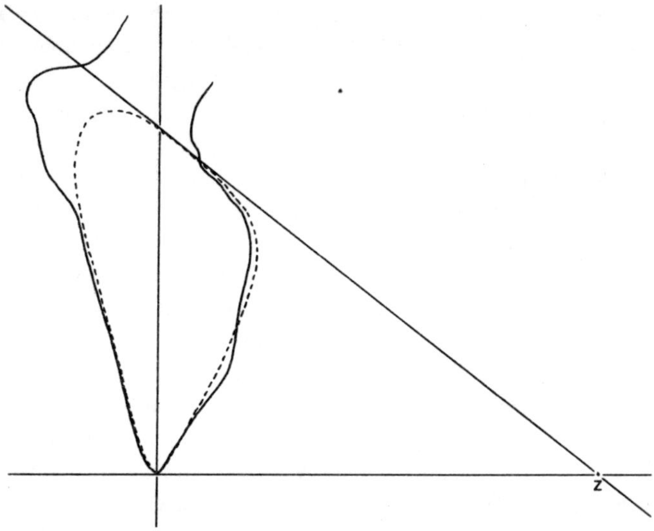

Abb. 81 Dieselbe Herzkammer 0.14 Sekunden vor der vollen Systole. Der Umriß der Form enthält immer mehr geradenähnliche Teile; der Punkt Z ist bereits aus weiter Ferne in die Abbildung hinein gerückt.

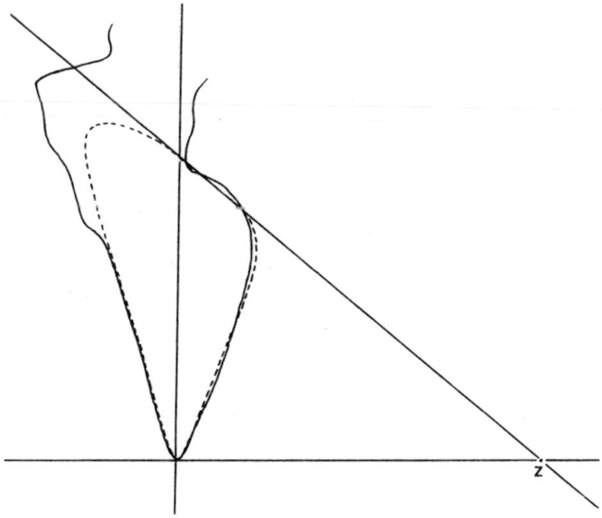

Abb. 82 Dasselbe 0.10 Sekunden vor der vollen Systole.

Dornes angenommen. Und sprechen wir nun von «Schmerz» in dem Sinne, wie ich dies in einem früheren Kapitel im Zusammenhang mit der Rose ausgeführt habe (also nicht von dem Schmerz, der durch eine Verletzung hervorgerufen wird, sondern von einer Empfindung, die entsteht, wenn eine lebendige Wesenheit sich mit der Materie verbindet, sich mit den Fesseln der Substanz umgibt), dann dürfen wir sagen, daß das Herz in diesem Moment, für den Bruchteil einer Sekunde, in eine Art Verzückung vor Schmerz gerät.

Wir wollen nun einen Schritt weiter gehen und uns fragen, was diese Herzkammer für eine Entwicklung durchmacht, in dem sie sich von den runden Formen der Diastole zu den spitzeren und eckigeren Formen der Systole transformiert. Dazu wollen wir ein Diagramm unserer λ-Werte herstellen; entlang der x-Achse tragen wir die Zeit auf, wobei die Einheit gleich 0.02 Sekunden gewählt wird, d. h. gleich dem Intervall zwischen den einzelnen Röntgenaufnahmen. Auf der y-Achse tragen wir die λ-Werte ab; das mittlere λ für den spitzeren Teil des Organs (Niveaus D, E und F) wird durch eine gestrichelte, und das mittlere λ für die Basis durch eine durchgezogene Kurve repräsentiert. Abb. 84 zeigt das Resultat für das Herz, das wir gerade eben näher angeschaut haben.

Als Nullpunkt auf der Zeitachse markieren wir, soweit wir das bestim-

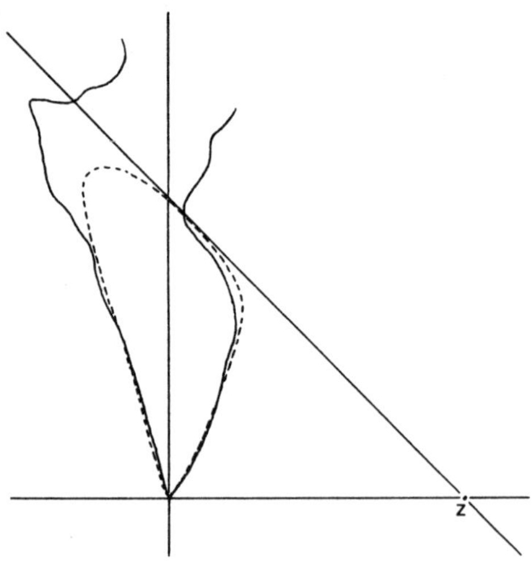

Abb. 83 0.04 Sekunden vor der vollen Systole. Punkt Z hat seine innerste Position erreicht und das Organ hat fast die Form eines Dornes angenommen.

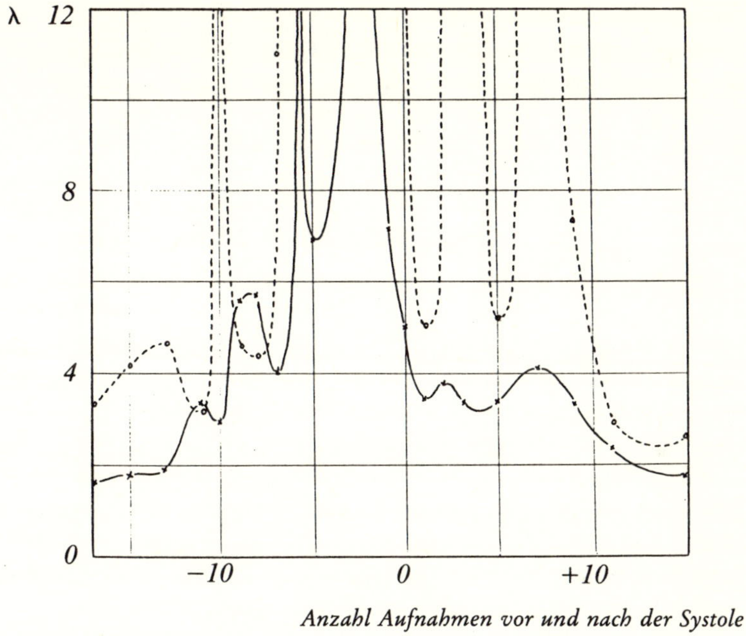

Abb. 84 Die horizontale Achse gibt die Anzahl der Aufnahmen vor und nach der Systole an. – Eines meiner ersten Diagramme, das die Variation von λ während eines vollen Herzschlages zeigt. Die gestrichelte Kurve zeigt den λ-Wert für den spitzen Teil des Herzens (untere Hälfte) und die durchgezogene Kurve diejenige für den stumpfen (obere Hälfte).

men können, den Moment des Maximums der Systole. + 5 bedeutet fünf Einheiten (0.1 Sekunden) nach der Systole, d. h. den Zeitpunkt der fünften Aufnahme nach der Systole; – 5 bedeutet fünf Einheiten vor der Systole.

Was sagt nun dieses höchst interessante Diagramm aus? Zunächst bemerken wir, daß fast während der ganzen Zeit die gestrichelte Kurve (spitzes Ende) oberhalb der durchgezogenen verläuft, d. h. es liegt im wesentlichen dieselbe Geste wie bei der Rose vor; dies ist besonders stark ausgeprägt zwischen – 10 und + 10, wo die Herzkammer stärker kontrahiert wird. Im allgemeinen wiederholt die durchgezogene Kurve (Basis) die Bewegung der gestrichelten, aber in viel abgeschwächterer Form (in diesem Diagramm wird diese Tendenz zwischen – 12 und – 7 unterbrochen, aber dies ist eine Ausnahme; bei anderen Diagrammen tritt dies nicht auf). Dies bedeutet schließlich, daß bei Zunahme von λ die Form des Organs sich deutlich der extremen Rosen-Geste angleicht.

Pulsierungen während des Herzschlags

Wie man sofort bemerkt, wird diese extreme Rosenform während eines Herzschlags nicht kontinuierlich oder nur einmal, sondern mehrmals, in einer Serie von Unstetigkeiten und Sprüngen erreicht. Die gestrichelte Kurve geht bei -10 sehr hoch hinauf und anschließend nicht weniger als dreimal ins Unendliche. Und sogar die durchgezogene Kurve folgt ihr zweimal dorthin, und zwar während des Moments der extremsten Spannung. Tatsächlich macht das ganze Diagramm einen zyklischen Eindruck, wie wenn das Herz während eines einzelnen Herzschlags pulsieren würde. Als ich die Umrisse der Röntgenbilder für dieses und eine Anzahl weiterer Diagramme herstellte, erwartete ich in keiner Weise ein solches Phänomen und fand es deshalb nicht notwendig, von jeder Aufnahme eine Kopie herzustellen. Ich beschränkte mich auf jede zweite, oder im Fall der Diastole auf jede dritte oder gar vierte Aufnahme. Auf der Grundlage so weniger Beobachtungen sowie dem nicht leicht zu bestimmenden Ausmaß des wahrscheinlichen Fehlers ist man nicht berechtigt, einfach die Punkte des Diagramms zu einer kontinuierlichen Kurve zu verbinden, um dann der Welt anzuzeigen, daß man eine zyklische Pulsation entdeckt habe! Inwieweit basieren diese Pulsierungen nicht sogar auf Zufallsfehlern, die sich gegenseitig hochschaukeln? Was passiert mit der Herzkammer während der nicht registrierten Zeitintervalle?

Was ich brauchte, war natürlich eine Serie von Umrissen, die *jede* Aufnahme umfaßt. Nun hatte ich tatsächlich mehrere solche zur Hand, die ich allerdings für einen ganz anderen Zweck angefertigt hatte und die nur den Teil des Herzschlags umfaßten, der ein wenig vor und nach der Diastole liegt, d. h. also die Zeit, wo die Herzkammer vergleichsweise entspannt und groß ist. In diesem Zeitabschnitt zeigt sich der Umriß der Herzkammer auf dem Röntgenfilm besonders deutlich, und es lassen sich

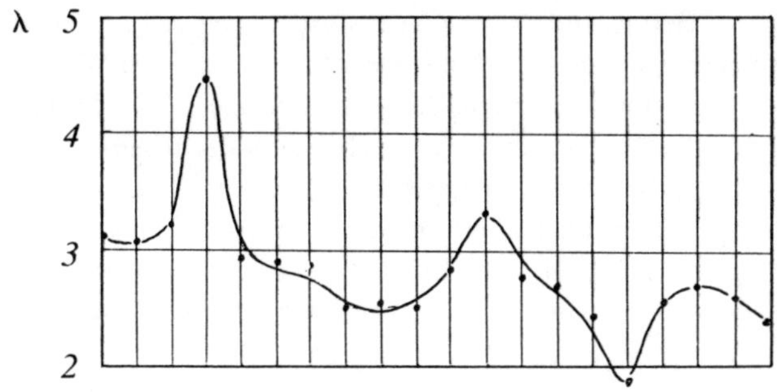

Abb. 85

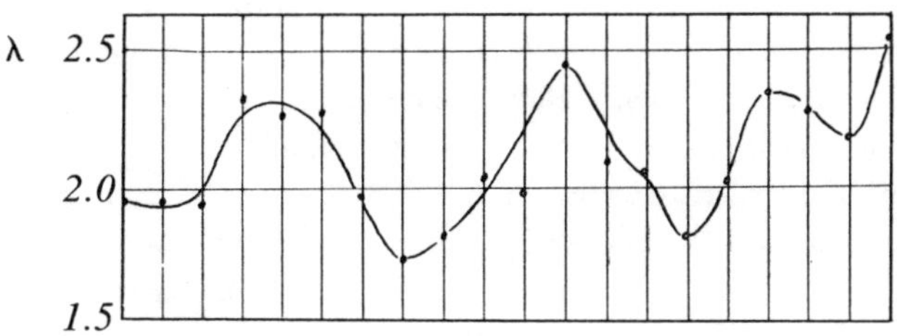

Abb. 86

hier die genauesten Umrisse aufzeichnen. Geht das Organ gegen die Systole zu, so werden die Aufnahmen diffuser und immer schwerer identifizierbar, so daß es zeitweise unmöglich ist, eine verläßliche Figur herzustellen.

Ich machte mich nun daran, für diese Zeichnungen die entsprechenden Diagramme herzustellen. Es stellte sich heraus, daß ich sieben solcher Serien hatte; dabei ergab sich, daß eine davon scheinbar überhaupt keine solche rasche Pulsation offenbarte, zwei davon schienen eine zu haben, die allerdings mit großen Unsicherheiten belastet war, und die restlichen vier schienen mir diese Pulsation mit einem befriedigenden Ausmaß an Sicherheit aufzuweisen. Ich zeige hier zwei solche Diagramme, so daß der Leser selbst sehen kann, wie sie ausschauen. Abb. 85 zeigt, wie λ in das Tal der Diastole hinabtaucht, und Abb. 86 zeigt, wie sich λ gerade daranmacht, wieder daraus emporzusteigen. Man sieht, wie fast jedes Maximum der Kurve durch mindestens zwei Beobachtungen gestützt wird, gewöhnlich sogar durch mehr.

Eine genauere Betrachtung aller dieser Diagramme zeigte mir, daß es dreizehn Stellen gab, bei denen ich zu einer Art Messung der Wellenlänge dieser kleinen Pulsationen gelangen konnte, d. h. zur Feststellung desjenigen Zeitintervalls, das zwischen zwei nebeneinanderliegenden Maxima oder Minima liegt. Die Wellenlänge variierte von 3 bis 8 Zeiteinheiten (d. h. zwischen 0.06 und 0.16 Sekunden), aber ihr Mittelwert war fast durchgehend gleich 5.8, d. h. nahe bei 6. Nun macht das Herz gewöhnlicherweise etwa 72 Schläge pro Minute, d. h. ein durchschnittliches Herz braucht für einen Schlag 42 Zeiteinheiten (0.84 Sekunden). Wenn also diese kleinen Pulsationen wirklich vorhanden sind und wenn ich tatsächlich im wesentlichen durchschnittliche Herzen gemessen habe, und wenn diese Pulsationen während der Systole mit derselben Frequenz weitergehen, wie ich sie während des um die Diastole herum liegenden Ausschnitts des Rhythmus beobachtet habe, dann können wir für jeden Herzschlag etwa sieben kleine Pulsationen erwarten. Trotz der vielen «wenn» ist dies doch ein höchst interessantes Resultat!

Zu diesem Zeitpunkt wurde ich mit Dr. George Aitken bekannt, einem erfahrenen Radiologen, der sich für meine Arbeit zu interessieren schien. Er bot mir an, eine komplette Serie von Umrissen, die alle Aufnahmen während eines Herzschlags umfaßt, aufzuzeichnen. Dieses Angebot nahm ich natürlich sehr gerne an. Die Interpretation dieser eher undeutlichen Röntgenbilder ist keineswegs eine leichte Sache, besonders nicht für einen Laien wie mich. Ich war nicht immer sicher, in welche Richtung ich meinen Bleistift führen sollte. Es war eine große Erleichterung, hierfür die Hand eines Experten an der Arbeit zu sehen. Sobald die Zeichnungen fertig waren, wurden sie analysiert und ein Diagramm (Abb. 87) erstellt.

Als erstes fällt sofort die deutliche Übereinstimmung mit denjenigen Diagrammen auf, die ich aufgrund meiner eigenen Nachzeichnungen angefertigt hatte. Die λ-Werte der spitzeren Hälfte des Herzorgans (gestrichelte Linie) schnellen mehrmals stark in die Höhe, zweimal sogar weit über das Blatt hinaus. Die Kurve der Basishälfte ahmt diesen Rhythmus in wesentlich bescheidenerer Weise nach. Der große Freiraum zwischen den Kurven von -5 bis $+5$ ist ein Hinweis darauf, wie das Herzorgan um den Zeitpunkt des Maximums der Systole herum die extreme Form der Wilden Rose annimmt. Überdies zeigt aber dieses Diagramm die siebenfache Pulsierung des Herzschlags, auf die ich schon früher geführt worden bin, so deutlich, wie ich es nie erwartet hätte.

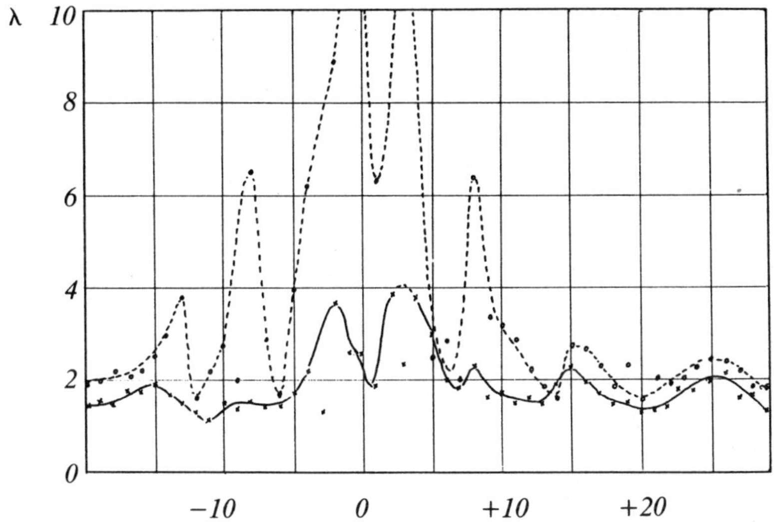

Abb. 87 Diagramm eines vollen Herzschlags unter Verwendung aller verfügbaren Bilder. Das vorliegende Herz schlug um einiges langsamer als normal, so daß auf einen einzelnen Herzschlag etwa 50 Aufnahmen kommen, anstatt durchschnittlich etwa 42. Die Übereinstimmung der Beobachtungen untereinander ist bemerkenswert. In einer Situation, wo ein leichtes Ausrutschen des Stiftes das Resultat tiefgehend beeinträchtigen kann, haben wir in fünfzig Fällen nur vier Werte, zwei bei der spitzen Hälfte (bei − 11 und + 18) und zwei bei der stumpfen Hälfte (bei − 3 und + 3), die nicht in der Nähe der gezeichneten Kurven liegen.

Dürfen wir nun sagen, daß wir im Schlag jedes Herzens immer denselben siebenfältigen Rhythmus vorfinden können? Ich glaube kaum, daß wir in der Lage sind, eine solche Folgerung ziehen zu dürfen. Die Rhythmen des Herzens sind zu subtil und zu individuell verschieden. Eines habe ich während meiner Studien sicher gelernt, nämlich, daß jedes Herz auf seine ganz eigene Art und Weise schlägt. Die Sache wird noch zusätzlich durch die Aufnahmebedingungen kompliziert. Alle Krankenhäuser, die mir in dieser Angelegenheit Hilfe leisteten, versicherten mir durchgehend, daß sie mir nur Aufnahmen von gesunden Herzen zeigen. Trotzdem bin ich von der Tatsache überzeugt, daß viele der Angiogramme, mit denen ich gearbeitet habe, von Patienten stammen, d. h. von Menschen, die aufgrund einschlägiger Symptome zum Herzspezialisten geschickt wurden. Gibt uns die Tatsache, daß bei diesen Menschen in der Folge keine Herzkrankheit diagnostiziert wurde, eine Garantie, daß ihr Herz zum Zeitpunkt der Untersuchung in normaler und gesunder Weise schlug? Und dies bei einem so sensiblen Organ wie dem Herz? Manche Herzen schlugen bis zu 160mal in der Minute, mehr als doppelt so schnell wie im Normalzustand. Solch hohe Frequenzen kommen nur unter dreierlei Umständen vor: bei starker physischer Anstrengung (nicht sehr wahrscheinlich beim Verfahren der Röntgenbildaufnahmen), bei Krankheit oder bei extremer physischer oder emotionaler Belastung. Diese Aufnahmen werden normalerweise nicht unter Vollnarkose, aber doch bei ziemlicher Herabdämpfung des Bewußtseins mit Hilfe von Schmerz- und Beruhigungsmitteln vorgenommen. Die Belastbarkeit des Menschen bei solchen Eingriffen, auch wenn er äußerlich relativ gelassen bleibt, variiert doch beträchtlich vom einen zum anderen. Ist ein unter Beklommenheit und Angst schlagendes Herz wirklich im selben Zustand wie ein normales? Diese ganze Sache ist mit so vielen Schwierigkeiten belastet, daß es überraschend wäre, wenn ich nicht auf einige Herzen gestoßen wäre, die diesen feinen Rhythmus nicht so deutlich zeigten.

Abgesehen davon fand ich aber diesen kleinen siebenfältigen Rhythmus, oder Spuren davon, in so vielen Fällen, daß ich immer mehr davon überzeugt bin, daß er eine innere Eigenschaft des normalen Herzschlags ist, und daß dieses wunderbare Organ, von dessen siebenfacher Gliederung uns Pettigrew berichtet, ebenso einen siebenfach pulsierenden Herzschlag besitzt.

Man beachte, daß diese kleinen Pulsierungen des Herzschlags sich nicht in Veränderungen der Größe oder der Ausdehnung manifestieren, sondern eher in Variationen der Form. Das Organ wird mehr oder weniger rund, oder, mit anderen Worten, sein Profil wird an den Seiten etwas weniger oder ausgeprägter gerade.

An dieser Stelle ist es vielleicht angebracht, darüber zu spekulieren, wie der unsichtbare Teil dieses rätselhaften Organs möglicherweise gestaltet ist. Wir wollen für den Moment annehmen, daß die Pettigrewsche siebenfache Gliederung der Herzwand mit der Wirklichkeit übereinstimmt. Aus unseren Messungen haben wir einige Anhaltspunkte für die Lage und Gestalt des invarianten Tetraeders der ersten und siebten Schicht. In Abb. 88 versuchte ich darzustellen, wie ich mir denke, daß das ganze Organ, von links hinten gesehen, aussehen müßte.

Durch jeden der mit 1, 2, 3, 4, 5, 6 und 7 bezeichneten Punkte hat man

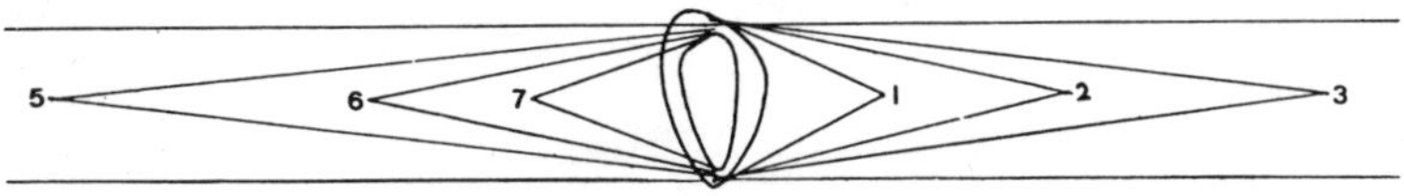

Abb. 88 Versuch einer Veranschaulichung des unsichtbaren Teils des Herzens. Durch die mit 1, 2, 3, 4, 5, 6 und 7 bezeichneten Punkte muß man sich Geraden vorstellen, die ungefähr senkrecht zur Zeichenebene liegen; während der Systole wandern diese Geraden der physischen Form entgegen und während der Diastole gehen sie wieder in die Tiefen des Raumes zurück.

sich eine mehr oder weniger rechtwinklig zur Zeichenebene verlaufende invariante Gerade vorzustellen. Die von hinten her nach innen verlaufenden Spiralen der Geraden 1, 2 und 3 gestalten den äußeren Teil der Herzkammer, und die von vorne nach innen verlaufenden Spiralen der Geraden 5, 6 und 7 formen den inneren Teil des Organs. Die erzeugende Gerade der vierten und mittleren Schicht würde dann die horizontale unendlich ferne Gerade sein, unter deren Herrschaft die Spiralbewegungen in große Kreisbewegungen übergehen. Die Feinheiten dieser Bewegungen können wir zur Zeit noch kaum erahnen, bilden aber in irgendeiner Weise das ausgleichende, als eine Art Spiegel wirkende Medium, das die Schichten 1 und 7, 2 und 6, 3 und 5 verbindet. Und nun stelle man sich vor, wie diese Geraden während des Herzschlags von hinten und von vorne nach innen einatmen, im Höhepunkt der Systole die höchste Spannung erzeugen und dann sich in einer bis in die Weiten des Raumes nach außen schwingenden Bewegung entspannen, bis hin zur Diastole. So gesehen erfüllt jeder Herzschlag den ganzen Kosmos.

Selbstverständlich muß eine derartige Vorstellung mit großer Vorsicht behandelt werden. Wir müssen bereit sein, sie anläßlich jeder neuen Erkenntnis wieder zu überprüfen. Aber ich denke, sie ist nicht zu phantastisch, um sie in unserem Innern zu bewahren, bis wir zu weiteren Einsichten gelangen.

9
Die Pivottransformation

Die Gedanken, die in diesem Kapitel ausgebreitet werden sollen, wird der nicht-mathematische Leser ziemlich schwierig finden. Die ersten paar Seiten sind aber rein beschreibender Natur und können, wie ich hoffe, die Vorstellungstätigkeit so anregen, daß man ein Gefühl bekommt für die wunderschönen Bahnen, auf welchen sich die Dinge im dreidimensionalen Raum bewegen können. Am Ende des Kapitels werde ich, so weit dies in nicht-mathematischer Weise möglich ist, die allgemeinen Resultate beschreiben, so daß der Leser mit einigem Verständnis der hier behandelten Dinge zum überaus wichtigen Kapitel 10 übergehen kann.

Positiv- und Negativ-euklidischer Raum

Die hier vorgebrachten Ideen beruhen auf der Zusammenarbeit mit George Adams (1894–1963) in den fünfziger und sechziger Jahren. Adams in England und Louis Locher-Ernst (1906–1962) in der Schweiz entwickelten etwa gleichzeitig und unabhängig voneinander die mathematische Idee des von Adams so genannten positiv- und negativ-euklidischen Raumes, den Locher *Raum* bzw. *Gegenraum* benannte. Die Einzelheiten ihrer Arbeiten wurden an anderem Ort publiziert[9], es wäre überflüssig, sie hier zu wiederholen. Es wird aber sinnvoll sein, uns die grundlegenden Prinzipien ins Bewußtsein zu rufen; denn wenn wir uns nicht intensiv in diese fundamentalen Begriffe und Vorstellungen einleben, wird uns die Bedeutung des Folgenden nicht aufgehen können.

Im positiv-euklidischen Raum (d. h. dem gewöhnlichen euklidischen

Raum) ist dem rein projektiven Raum eine Metrik auferlegt, die durch die absolute Ebene (die unendlich ferne Ebene) sowie einen darin liegenden absoluten imaginären Kreis, den sogenannten imaginären Kugelkreis, bestimmt ist. Indem wir diese Situation dualisieren, erhalten wir einen Raum, der durch einen absoluten Punkt, der einen absoluten imaginären Kegel enthält, beherrscht wird; in der Metrik dieses Raumes haben wir diesen Punkt als unerreichbar (unendlich weit entfernt) anzusehen – im selben Sinne wie die unendlich ferne Ebene im positiven Raum unendlich fern ist. George Adams nannte diesen oft das «unendliche Zentrum» des negativen Raumes. (Bei Louis Locher heißt er «absoluter Mittelpunkt».)

Es hat für uns entscheidende Bedeutung, die qualitativen Unterschiede zwischen diesen beiden Räumen so lebendig wie möglich zu erfassen. Die Qualität des positiven Raumes ist wesentlich *extensiv*. Er wird beherrscht durch eine extensive Absolute und ist der Raum, in welchem sich unsere Anschauungen und Vorstellungen, die normalerweise von extensiver Natur sind, leicht und natürlich bewegen. Wenn wir uns die Sache dadurch erleichtern, daß wir uns auf zwei Dimensionen beschränken, so beschäftigen wir uns mit der Geometrie der Ebene, d. h. zweidimensionalen Konfigurationen, die über die Ebene ausgebreitet sind. Andererseits ist für einen solchen Raum das natürliche und grundlegende Element der Punkt; gewöhnlich, und mit Leichtigkeit, denken wir «punktweise», sind also jederzeit bereit, Geraden und Ebenen als unendliche Mannifaltigkeiten von Punkten, die «gleichmäßig» liegen, aufzufassen.

Der negative Raum ist für uns weit schwieriger in die Vorstellung zu bringen. Hier handelt es sich um einen *intensiven* Raum, der durch eine intensive Absolute beherrscht wird. Erfüllt mit dem Bewußtsein des negativen Raumes würden wir dazu geführt werden, uns mit der Geometrie des Punktes zu beschäftigen. Es ist für uns nicht leicht, den Punkt als ein zweidimensionales Element zu betrachten (d. h. als ein Gebilde, das ∞^2 Geraden und Ebenen enthält) und uns vorzustellen, daß in ihm ein ebenso großer Reichtum an Konfigurationen zwischen Geraden und Ebenen wie in der Ebene zwischen Geraden und Punkten herrscht. Im negativen Raum ist das grundlegende Element, das sich am leichtesten und natürlichsten handhaben läßt, die Ebene; jetzt aber nicht als unendliche Menge extensiv angeordneter Punkte, sondern als Einheit, als ein Ding für sich selbst betrachtet.

Und wie im positiven Raum gewöhnlich die Ebene gerade auf diese extensive Weise vorgestellt wird, so haben wir im negativen Raum zu lernen, den Punkt als Ort der Vereinigung von unendlich vielen Ebenen (nämlich allen denjenigen, die er enthält) aufzufassen.

Nun werden alle, die das Werk Rudolf Steiners studiert haben, mit seinen Beschreibungen der verborgenen Welt der Lebenskräfte (die er die ätherische Welt nennt) und mit den eigenartigen, scheinbar paradoxen Aussagen, die er darüber macht, vertraut sein; und es ist sehr merkwürdig, daß, sobald man sich in das Reich des negativen Raumes begibt, man in zwangloser Weise gerade auf solche Phänomene stößt, die einem sonst in Steiners Beschreibungen als besonders fremd und wenig glaubhaft erschienen sind. Dies führte Adams und Locher und auch andere anthroposophische Mathematiker zur Überzeugung, daß man mit der Metrik des negativen Raumes ein mathematisches Instrument zum Studium der von Steiner beschriebenen ätherischen Welt in der Hand hat.

Im besonderen stellt Steiner das physische Bewußtsein innerhalb des Leibes den Erfahrungen eines Hellsehers, der sich außerhalb des Leibes aufhält, gegenüber. Wie wir uns im physischen Bewußtsein sozusagen punkthaft in unserem Selbst zentriert fühlen, indem wir nach außen in eine extensive Welt blicken, müssen wir unser Selbst im leibfreien Bewußtsein über die ganze Peripherie ausgebreitet denken, während wir nach innen in ein intensives Nicht-Selbst blicken. An einer Stelle spricht er davon, wie man umgedreht, ja umgestülpt ist wie ein Handschuh.

Nun betrachte man einen Punkt voller Ebenen und Geraden, wie wir uns etwa vorstellen, daß er von einem solchen peripheren Bewußtsein «gesehen» wird. Man stelle sich vor, wie dieses periphere Bewußtsein von allen Richtungen tief hinein blickt in seinen zentralen Punkt. Es fühlt sich eingetaucht in einen zweidimensionalen Kosmos, der so klein ist, daß er in einem einzigen Punkt enthalten ist und sich doch so unüberblickbar weit innerhalb seiner möglichen Konfigurationen ausbreitet wie die Figuren in einer unendlich ausgedehnten Ebene. Darin würde das periphere Bewußtsein alle Arten von Dingen «sehen» können.

Nehmen wir an, in einem bestimmten Moment «sehe» es einen Kegel. Diesen erlebte es als aus einfach unendlich vielen erzeugenden Geraden und einfach unendlich vielen Tangentialebenen bestehend: Dabei sähe es diese Ebenen als einheitliche Dinge, als Dinge für sich und nicht als extensive Mannigfaltigkeiten von Punkten. Die extensiv angeordneten Punkte jeder Ebene würden gar nicht in dieses Bewußtsein eindringen; jede Ebene würde «gesehen» (ich finde keine besseren Worte, um es anders auszudrücken) als das Wesen der Flachheit oder Ebenheit in einer bestimmten Stellung, *sobald die Ebene durch den zentralen Punkt geht.* Der Kegel selbst würde «gesehen» werden als die Quintessenz des in den Punkt hinein konzentrierten Kegels, dessen Tangentialebenen und Erzeugenden alle durch diesen Punkt hindurchgehen. Jene Punkte, die auf dem, was wir mit unserem gewöhnlichen extensiven Bewußtsein als Oberfläche des Kegels ansprechen, liegen, würden für das periphere Bewußtsein einfach nicht existieren.

Auf diese Weise können wir uns ein Bild desjenigen aufbauen, was ein peripheres Bewußtsein in irgendeinem Punkt des negativen Raumes «sehen» könnte; wenn es aber in die Dreidimensionalität eines negativen Raumes blickt, so würde es Mannigfaltigkeiten anderer zweidimensionaler Formen sehen, wie etwa Flächen (Kugeln vielleicht, oder Hyperboloide), alle eingehüllt von ihren Tangentialebenen, jede Ebene aufgefaßt als Ding für sich und nicht als Aggregat von Punkten.

George Adams bestand immer wieder darauf, daß man sich natürlich pseudo-positiv-euklidische Räume, wie man sie etwa nennen könnte, denken kann, d. h. Metriken, in denen eine willkürlich im Endlichen gelegene Ebene als Absolute gewählt wird, zusammen mit einem beliebig in dieser Ebene gelegenen Kegelschnitt, – daß aber diesem Raum in keiner Weise eine Relevanz für die Wirklichkeit zukommt, außer daß er etwa eine interessante Gedankenübung darstellt. Die unendlich ferne Ebene mit dem imaginären Kugelkreis stellt als solche eine unmittelbar einleuchtende und notwendige Absolute dar, die man sich nicht gut anders vorstellen kann, wenn man den Bezug zur Realität nicht verlieren will.

Wenn wir nun aber das Unendlichkeitszentrum eines negativen Raumes betrachten, so hat für dessen Wahl kein Punkt irgendeinen besonderen Vorzug vor einem anderen. Während es also nur *einen* positiven Raum gibt, kann man sich eine Vielheit von sich gegenseitig durchdringenden negativen Räumen vorstellen. Für George Adams wurde es zu einer Lebensaufgabe, herauszufinden, welche Orte der sinnlichen Welt er wahrhaft als wirksame Unendlichkeitszentren des negativen Raumes auffassen könnte.

Kurze Zeit nach dem Zweiten Weltkrieg, gerade bevor ich anfing, mit ihm zusammenzuarbeiten, erkannte er klar, wo das Unendlichkeitszentrum liegen müsse, und zwar in einem Moment, wo er, wie ich meine, eine echte Inspiration hatte. Es war Frühling und er beobachtete die Entfaltung der neuen Blattknospen. Dringt man in das Innere, gegen das

Zentrum einer solchen Knospe vor, so wird man Blatt auf Blatt auf Blatt finden, wie wenn die Pflanze hier ihren kostbarsten Besitz behüten wollte. Wenn man aber wirklich das Zentrum erreicht, was findet man? Physisch gesehen ist nichts da: ein kleiner Hohlraum! Und genau da, wo keine Substanz ist, erkannte George Adams, muß das Unendlichkeitszentrum des negativen Raumes gesucht werden. Zu diesem Punkt hin, wie zu einem unerreichbar Absoluten, strömen peripherisch die Lebenskräfte.

Man stellt sich gewöhnlich die Schwerekräfte konzentrisch nach außen wirkend vor, ausgehend vom Massenmittelpunkt (Schwerpunkt). Man kann sich eine Schar von Kugeln denken, die sich schrittweise mit gleichmäßig wachsendem Radius nach außen bis an die unendliche Grenze unserer Welt ausdehnen. Was wäre das Duale davon? Im negativen Raum würde man eine Menge von Kugeln sehen, die mit negativer Größe «wachsen», indem sie gegen das Unendlichkeitszentrum hin im *Schrittmaß* (Abb. 7, s. S. 34) zusammenschrumpfen. Bevor man das Zentrum erreicht, stößt man auf eine unendliche Anzahl von Kugeln; das Zentrum ist tatsächlich ein unerreichbarer Ort. (In solch einer dualen Zeichnung würde das vorige arithmetische Mittel des positiven Schrittmaßes für unser positiv-sehendes Auge als harmonisches Mittel erscheinen, obschon es die algebraische Definition des arithmetischen Mittels im negativen Raum erfüllt.) Alle diese Kugeln müßte man eingehüllt denken in die ihrer Qualität nach beschützenden und behütenden Tangentialebenen.

Eine solche Vorstellung, wie wir sie bis hierher entwickelt haben, ist noch ganz primitiv, aber sie enthält als primitiven Anfang – so glaube ich – die Möglichkeit, die dualen oder polaren Qualitäten der Schwerkraft zu studieren, jener Kraft, die George Adams mit anderen die Leichtekraft nennt. Im Lauf seines Lebens hat er versucht, diese Ideen bis in viele Einzelheiten hinein zu verfolgen. Aber für unseren gegenwärtigen Zweck möchte ich gerade nur die einfachen und grundlegenden Aspekte betrachten, um dem Leser die *qualitative* Ähnlichkeit der beiden Bilder sichtbar und erfühlbar zu machen: die ebenenhafte, schützende Qualität der Blätter in ihrem Hineinströmen zum Zentrum, das sie nie erreichen werden (man kann sich auch denken, daß sie aus diesem Zentrum wie aus einem unendlichen Lebensquell heraus wachsen) und die ebenenhaften Kugeln, die nach innen zu ihrem unerreichbaren Zentrum hin wachsen (Abb. 89).

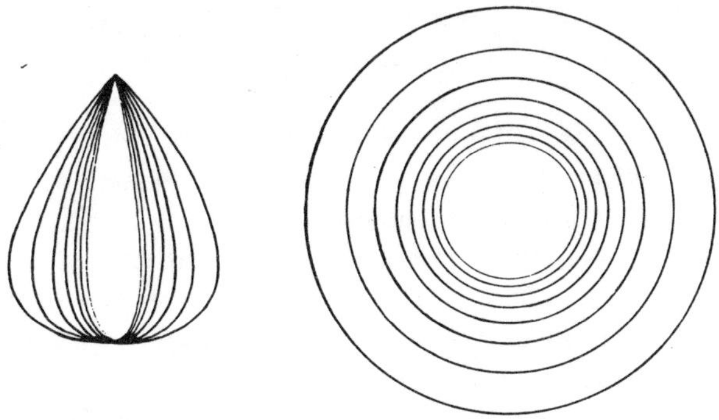

Abb. 89 Eine Folge von konzentrischen Kreisen mit demselben Abstand im negativen Raum hat eine gewisse qualitative Ähnlichkeit mit der Anordnung der Blätter in einer Blattknospe.

Ich möchte an dieser Stelle noch einmal betonen, daß es sich hier nicht um exakte Vergleiche handelt (mancherlei ins einzelne gehende Arbeiten müssen natürlich noch geleistet werden), sondern einfach um ein Erfühlen der qualitativen Ähnlichkeit der beiden Bilder. Die vielen Jahre der Zusammenarbeit mit George Adams an den mehr im Detail ausgeführten Begriffen des negativen Raumes erfüllten mich immer mehr mit der Überzeugung, daß diese Überlegungen eine wahre Grundlage für ein ins einzelne gehendes Studium der Lebenskräfte der Natur darstellen. Und als ich dann viele Jahre später dahin geführt wurde, die Beziehungen der Wegkurven mit den Knospenformen der Pflanzenwelt zu untersuchen, war es mir ein großes Bedürfnis, diese beiden Aspekte zusammenzubringen. In mir wuchs die Überzeugung, daß man eines Tages dahin gelangen müsse herauszufinden, welche peripheren, ebenenhaften Formkräfte man zu betrachten hätte, die, nach Innen gegen das Zentrum der Knospe wirkend und in der richtigen Weise transformiert, dasjenige hervorbringen würden, was physisch dem Knospenprozeß folgt – die Gestalten des samentragenden Teils der Pflanze. Offenbar hat man es hier mit zwei wohl zu unterscheidenden Fragen zu tun. Erstens: Welche Art von negativen ebenenhaften Formen müssen wir als im negativen Raum der Knospe wirkend ansehen? Und zweitens: Welche Art von Transformation regelt ihre Beziehung mit den im Physischen folgenden Formen des samentragenden Teiles der Pflanze? Und es wird die zweite Frage sein, mit der wir uns in diesem Kapitel beschäftigen werden.

Der relevante Transformationsprozeß

Was für Eigenschaften müßte eine solche Transformation notwendig haben? Die erzeugenden Formen denken wir uns wesentlich ebenenhaft, während doch die Samenformen gewiß als punkthaft angesehen werden müssen (die großen Fortschritte der Molekularbiologie, insbesondere was die Vererbungskräfte anbelangt, können als ein in diese Richtung gehender Hinweis angesehen werden). Wir brauchen eine Transformation, die den negativen in den positiven Raum verwandelt, d. h. geometrisch: Ebenen in Punkte. Und natürlich muß sie im Grundsätzlichen *einfach* sein.

Der menschlichen Erfindungskraft sind keine Grenzen gesetzt! Es lassen sich künstliche Transformationen ersinnen, die so ungefähr *jede* Aufgabe erfüllen. Gestattet man sich die Verwendung von so vielen Parametern als man braucht (und hat man genügend große Computer zur Durchführung aller notwendigen Berechnungen zur Verfügung), so nehme ich an, daß man überhaupt alles in jedes verwandeln kann. Aber niemand wird glauben, daß man dadurch irgend etwas Bedeutendes erreicht hätte, außer vielleicht der Computer-Verkäufer, der damit die Macht seiner Maschine demonstriert hätte.

Nun gibt es aber einen naheliegenden Kandidaten für diese Aufgabe: die Pol-Polaren-Transformation. Sie verwandelt Ebenen in Punkte und umgekehrt, und es gibt wohl nichts Grundlegenderes oder Fundamentaleres als diesen Prozeß ersten Grades. Aber seltsamerweise stellt sich gerade diese Tugend als Nachteil heraus. Diese Transformation ändert zwar die Qualität einer Form, nicht aber irgendeine ihrer logischen Verknüpfungen und Zusammenhänge. Sie fügt nichts hinzu und nimmt auch nichts weg von dem Gewebe der Raumbeziehungen, die eine bestimmte Figur oder Gestalt ausmachen. Natürlich wäre es theoretisch immer möglich, irgendeine punkthaft aufgefaßte Form des samentragenden Teils einer Pflanze in ihr ebenenhaftes Äquivalent zu transformieren, gemäß Pol und Polare. Ob man sich dann die resultierende ebenenhafte Form noch vorstellen kann, ist fraglich; eines ist aber sicher: Nichts grundlegend Neues wäre entstanden. Man hätte einfach nur eine nicht faßbare komplexe Gestalt des einen Bereiches in eine ebenso unfaßbare komplexe Gestalt des anderen Bereiches versetzt. Was wäre dadurch gewonnen?

Wenn unsere Transformation irgendeinen realen Dienst leisten soll, so ist klar, daß sie die Möglichkeit haben muß, so etwas wie die mannigfaltige Komplexität der beobachteten organischen Welt aus Formen, die vergleichsweise viel einfacher sind, hervorzubringen.

Ein weiterer Nachteil der Polarverwandtschaft besteht in der Schwierigkeit, daß man irgendwo eine polarisierende Fläche zweiten Grades haben muß. Welcher Art sollte sie sein? Eine Kugel, ein Rotationsellipsoid, ein allgemeines Ellipsoid, ein Paraboloid, ein Hyperboloid? Und von welcher Exzentrizität und von welcher Größe, wo zentriert? Es gibt eine verwirrende Vielfalt von Möglichkeiten. Dabei gibt uns die Beobachtung der Pflanze keinerlei Fingerzeig für eine Antwort. In der Tat wird es einem unangenehm deutlich, daß die Pflanze keinen Hinweis auf die Existenz einer solchen Fläche gibt. Wir müssen uns also ernsthaft fragen, mit welchem Recht wir auf einen lebenden Organismus einen solchen Prozeß zur Anwendung bringen (oder ihm zuschreiben), nur um ein ebenenhaftes Vor-Bild desjenigen zu produzieren, was wir in punkthafter Gestalt mit unseren Augen sehen.

Eines Tages wurde es mir ganz plötzlich klar – ich verstehe nicht, weshalb der Gedanke so lange für mich verborgen geblieben war –, daß ich gar nicht länger nach einer solchen Transformation Ausschau halten mußte, denn sie lag in der Pflanze selbst, offen vor meinen Augen! *Die Wegkurven der Knospe sind gerade selbst solch ein transformierendes Agens.* Es ist da, ob ich die Tatsache erkenne oder nicht. Die entsprechende Transformation verwandelt Ebenen in Punkte und bringt, wie ich bei fortgesetztem Studium fand, komplexe Gebilde aus relativ einfachen hervor; dabei sind ihre Grundbegriffe so einfach und grundlegend, wie man es sich nur wünschen mag.

Um zu sehen, wie dieses zustande kommen kann, glaube ich, daß es nützlich ist, ein wenig von dem zu betrachten, was George Adams manchmal «Bewegungsgeometrie» nannte. Ich möchte hier rein beschreibend vorgehen, vielleicht ein wenig unscharf, und die strenge Behandlung jenen überlassen, die feinere logische Sensibilitäten besitzen als ich. Ich möchte von der «momentanen Bewegung» eines Elements, seiner Bewegung in einem infinitesimalen Moment, sprechen, sowie von «benachbarten Lagen» dieses Elements im Lauf seiner Bewegung, d. h. von Lagen, die zwar voneinander verschieden, aber infinitesimal nahe beieinander sind. (Die Logiker mögen mir dies bitte erlauben!) Und nun müssen wir uns fragen: Wie bewegt sich ein Punkt momentan in einer

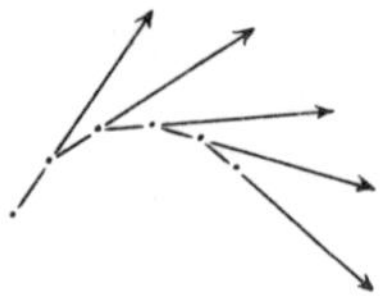

Abb. 90 Ein Punkt bewegt sich längs einer Geraden, während die Gerade sich um den Punkt dreht.

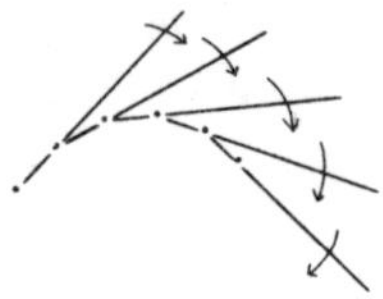

Abb. 91 Eine Gerade dreht sich um einen Punkt, während der Punkt sich längs der Geraden bewegt.

Ebene? Die Antwort ist: Nur auf *eine* Weise, längs einer Geraden. Dies folgt direkt aus dem Axiom, daß zwei benachbarte Lagen eines Punktes genau eine Verbindungsgerade besitzen. Dual: Wie kann sich eine Gerade momentan in einer Ebene bewegen? Antwort: Nur auf *eine* Weise, um einen ihrer Punkte. (Selbst wenn sie sich parallel zu sich selbst bewegt, dreht sie sich um ihren unendlich fernen Punkt.)

Wir nehmen nun an, ein Punkt bewege sich längs einer Geraden, während die Gerade sich gleichzeitig um diesen Punkt dreht. Wir machen ein Bild davon und geben benachbarten Positionen der Elemente eine endliche Distanz, so daß wir sehen, was passiert. Lassen wir die Lücken zwischen den Elementen immer kleiner und kleiner werden, so haben wir in der Grenze eine stetige, glatte Kurve (Abb. 90).

Wenn wir uns nun andererseits eine Gerade vorstellen, die sich um einen ihrer Punkte dreht, während der Punkt entlang der Geraden läuft, und in derselben Weise ein Bild davon anfertigen, so wird es mit dem oben genannten identisch sein (Abb. 91).

Im ersten Fall ist die Gerade, auf der sich der Punkt bewegt, Tangente der durch die Bewegung induzierten punkthaften Kurve, und im zweiten Fall ist der Drehpunkt der Geraden Berührungspunkt der induzierten Hüllkurve (geradenhafte Kurve). Die Kurve ist in diesem Sinne ein vollkommen selbstdualer Organismus. Ich nenne dies die Anatomie einer ebenen Kurve.

In drei Dimensionen ist die Sache etwas komplizierter. Zunächst können zwei Geraden einen Punkt gemeinsam haben (wobei sie dann auch eine gemeinsame Ebene besitzen), oder sie sind windschief (und haben nichts gemeinsam). Es gibt folglich zwei wohl zu unterscheidende Weisen, auf die sich eine Gerade momentan bewegen kann. Sie kann sich erstens windschief zu sich selbst bewegen; dann werden zwei benachbarte Positionen der Geraden weder eine Ebene noch einen Punkt gemeinsam haben und die Gerade wird eine Regelfläche erzeugen (das aus Geraden gewobene einschalige Hyperboloid ist ein typisches Beispiel). Oder sie bewegt sich um einen ihrer Punkte und beschreibt eine gewundene Raumkurve.

Betrachten wir nun eine Raumkurve. Wir haben einen Punkt, der sich momentan längs einer seiner Geraden bewegt, während diese sich um den Punkt dreht. Das heißt aber, daß zwei benachbarte Lagen der Geraden einen gemeinsamen Punkt haben und folglich auch eine gemeinsame Ebene. Dies ist die Ebene, in der sich sowohl der Punkt wie die Gerade momentan bewegen; sie heißt die *oskulierende* oder *Schmiege-Ebene* der Kurve in diesem Punkt. Nun können wir den komplizierten Organismus einer Raumkurve beschreiben: Ein Punkt bewegt sich längs einer Geraden und in einer Ebene, während sich die Gerade in der Ebene um den Punkt, und die Ebene selbst um die Gerade in dem Punkt dreht.

Jede Raumkurve ist somit ein engverwobener Organismus aus Punkten, Geraden und Ebenen, die alle gleichermaßen von fundamentaler und grundlegender Bedeutung sind. Es ist nur unser extensives Bewußtsein, das die Kurve viel leichter als eine Ansammlung von Punkten auffaßt und sich viel schwerer tut mit der Menge der dazugehörigen Tangenten und noch schwerer mit den damit verbundenen Schmiege-Ebenen. Hätten wir ein dem negativen Raum entsprechendes Bewußtsein, so würden wir die Kurve als Mannigfaltigkeit von Ebenen sehen, die als solche nicht extensiv und gleichmäßig im Raum ausgebreitet sind, sondern als der Inbegriff der Flachheit (Ebenheit) gerade an jenem Ort erscheinen, wo sie sich um ihre Kurve bewegen. Die Punkte der Kurve ließen sich dann nur mit Schwierigkeiten ausmachen, gewissermaßen als bedingt durch die sich bewegende Ebene.

Wir müssen versuchen, mit diesen Gedanken so intensiv wie möglich zu leben. Ich brauche bloß meine Fingerspitzen entlang irgendeiner Kurve zu bewegen, und sogleich wird eine Beziehung hergestellt zwischen der Unendlichkeit der Punkte und der Unendlichkeit der damit verbundenen Ebenen; jeder Punkt steht in eindeutiger Beziehung zu seiner Schmiege-Ebene bezüglich der Kurve und umgekehrt jede Ebene in eindeutiger Beziehung zu ihrem momentanen Drehpunkt, dem *Pivotpunkt*[10] – nicht zu sprechen von den dabei beteiligten Tangenten! Und Bewegung gehört zum Wesen des Lebens, sei es die langsame Bewegung der Entwicklung und des Wachstums der Pflanze, oder seien es die schnellen Bewegungen des Tieres oder des Menschen.

Wenn wir nun eine Wegkurventransformation haben, so setzt diese jeden Punkt, jede Gerade und jede Ebene des Raumes in Bewegung, mit Ausnahme derjenigen, die zum invarianten Tetraeder gehören. Sie verknüpft daher jeden Punkt mit seiner Schmiege-Ebene und jede Ebene mit ihrem Drehpunkt (Pivotpunkt). Im allgemeinen ist diese Beziehung oder Transformation eindeutig, aber vermöge des Vorhandenseins der invarianten Elemente ist dies nicht überall der Fall; die Transformation kann also nicht vom ersten Grad (d. h. linear) sein. (Die Sache mit der Bewegung der Geraden des Raumes ist ein wenig komplizierter und aus Raummangel möge eine eingehendere Behandlung an anderem Ort geschehen.)

Nun möchte ich mich wieder unserer Vorstellung des peripheren Bewußtseins zuwenden, das tief nach innen in die ausgedehnte kleine zweidimensionale Welt schaut, die in seinem zentralen Punkt enthalten ist. Wir wollen uns deutlich vorstellen, was es dort «sehen» würde, indem es in seinen eigenen kleinen Kosmos eingebettet ist. Abgesehen vom Zentralpunkt sieht es keinen einzigen Punkt, nur Geraden und Ebenen, jede intensiv aufgefaßt als der Inbegriff einer Richtung (Stellung) oder Ebenheit, konzentriert im Zentralpunkt. Und bei diesem nach Innenschauen würde es irgendeine Form «sehen», etwa einen Kegel.

Und jetzt kommt diese kleine Welt in das Feld einer Wegkurventransformation. Was wird geschehen? Jede Ebene dieses Kegels wird sich um ihren durch die Wegkurventransformation bestimmten Drehpunkt (Pivotpunkt) zu bewegen beginnen; diese Punkte werden extensiv im Raum verteilt sein. Das periphere Bewußtsein würde sein bis anhin geschlossenes Universum um Punkte schwanken fühlen, von deren Existenz es bis dahin nichts gewußt hat! Es würde ein Bewußtsein von extensiven, punkthaften Formen sich erringen, d. h. gewissermaßen eine neue Welt erobern müssen.

Auf diese Art malte ich mir die Wegkurventransformation als eine Kraft aus, die jede ebenenhafte Form ergreift und aus ihr eine neue, punkthafte Form gestaltet, nämlich die Form, um die die ebenenhafte in Bewegung gesetzt wird. Ich empfinde wohl, daß diese Beschreibung kaum adäquat ist; vielleicht würde sie mancher als naiv bezeichnen. Ich weiß aber nicht, wie anders man Dinge beschreiben soll, die so weit von unseren gewöhnlichen Ideen entfernt, aber trotzdem grundlegend für die fundamentalen Gesetze der Bewegung und des Raumes sind.

Die Mathematik der Pivottransformation

Lassen wir nun die anschauliche Beschreibung beiseite, und schreiten wir zu den mathematischen Einzelheiten vor. Gegeben sei eine ebenenhafte Form, eingebettet in ein Wegkurvensystem. Wir suchen den geometrischen Ort der Drehpunkte oder Pivotpunkte der Ebenen dieser Form. Wie gehen wir vor?

Wir sind zunächst an den Wegkurven des halbimaginären Falls interessiert. (Zwei Ebenen des invarianten Tetraeders sind reell und parallel; die anderen beiden sind konjugiert komplex.) Die in Kapitel 4 beschriebenen Transformationen, die Knospen- oder Eiformen erzeugen, sind von dieser Art.

Es folgen einige elementare Konstruktionen der Ei-Geometrie, die wir im folgenden brauchen werden.

Konstruktion 1

Gegeben sei eine Ebene. Man finde ihre Weggerade, d. h. die Gerade, um welche sie sich momentan dreht.

Wir erinnern an einige Dinge aus Kapitel 4. Wir haben eine θ-Drehung von konstanter Geschwindigkeit entlang der unendlich fernen Geraden (d. h. ein kreisendes Maß zwischen I und J) sowie sich nach innen bewegende logarithmische Spiralen in der X-Ebene mit einem Parameter (Logarithmus des Multiplikators) von $(\varepsilon + \alpha)$ pro Bogenmaßeinheit von

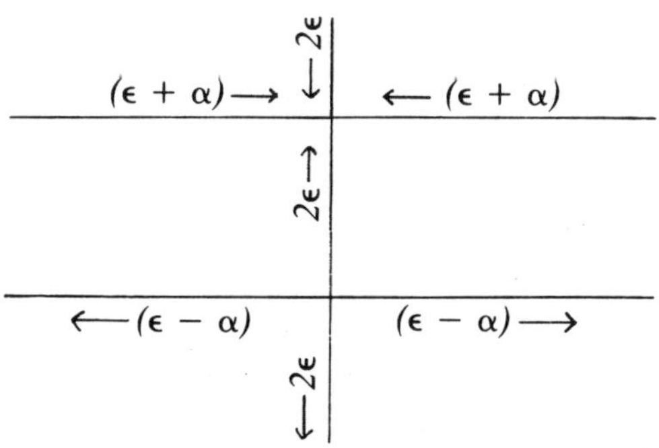

Abb. 92 Die Anordnung der Parameter längs den Elementen des invarianten Tetraeders.

θ und eine sich nach außen bewegende logarithmische Spirale in der Y-Ebene mit einem Parameter von $(\varepsilon - \alpha)$ pro Bogenmaßeinheit von θ (Abb. 92). Entlang der Zentralachse habe wir ein Wachstumsmaß von Y nach X mit einem Parameter von 2ε. Die Gestalt des Systems der Ei- oder Wirbelfächen ist exakt bestimmt durch den Parameter λ, gegeben durch

$$\lambda = \frac{\varepsilon + \alpha}{\varepsilon - \alpha}.$$

Wir erinnern uns, daß die Wegkurven in der oberen und unteren invarianten Ebene Systeme von logarithmischen Spiralen sind, normalerweise mit verschiedenen konstanten Quotienten; sind die invarianten Flächen Ei- und nicht Wirbelformen, so müssen sie sich in entgegengesetzter Richtung winden. Da die obere und untere invariante Ebene parallel zueinander sind, werden sie durch eine Ebene π in einem Paar paralleler Geraden ℓ_1 und ℓ_2 geschnitten, durch die wir die Ebene π in Abb. 93 repräsentiert denken dürfen. Nun markieren wir auf jeder der Geraden ℓ_1 und ℓ_2 deren Berührungspunkt V_1 bzw. V_2 mit den Spiralen des Systems. Diese lassen sich leicht mit Hilfe der Gleichwinkligkeitseigenschaft der logarithmischen Spriale konstruieren. Die Gerade XV_1 schneide etwa ℓ_1 unter dem Winkel θ_1, wobei

$$\theta_1 = \cot^{-1} (\varepsilon+\alpha)$$

und für die untere Ebene

$$\theta_2 = \cot^{-1} (\varepsilon-\alpha).$$

Nun dreht sich die Gerade ℓ_1 momentan um V_1 und die Gerade ℓ_2 um V_2, so daß sich die Ebene π momentan um V_1V_2 dreht. Das ist die gesuchte Weggerade.

Konstruktion 2

Gegeben sei ein Punkt P. Man finde seine Weggerade, d. h. die Gerade (Tangente), entlang welcher sich P auf seiner Wegkurve momentan bewegt.

Indem wir uns daran erinnern, daß der invariante Organismus eines Systems von Wegkurven immer selbstdual ist, müssen wir einfach Abb.

93 dualisieren, um Abb. 94 zu erhalten. Die neue Figur schaut überraschenderweise komplizierter aus. Zunächst finden wir die Geraden ℓ_1 und ℓ_2 als gemeinsame Geraden von P und X bzw. von P und Y. Nun hatten wir in Konstruktion 1 den Punkt auf der Spirale zu finden, um welchen sich ℓ_1 in der oberen invarianten Ebene dreht. In dieser Konstruktion müssen wir also diejenige Ebene finden, in welcher sich die Gerade ℓ_1 auf

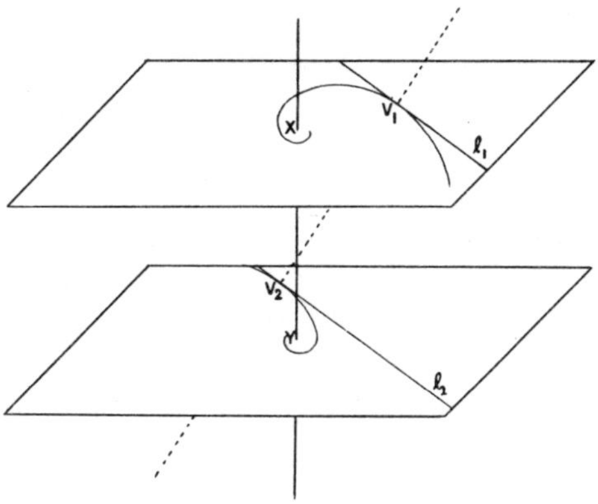

Abb. 93

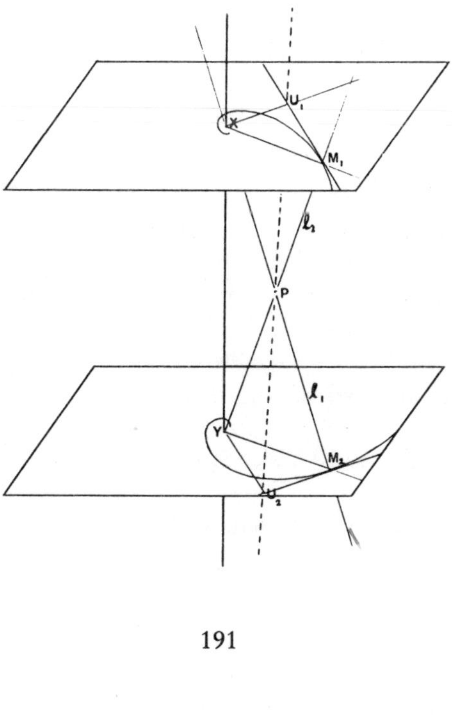

Abb. 94

ihrem Spiralkegel mit dem Scheitel X dreht. Um dies zu konstruieren, lassen wir ℓ_1 die untere invariante Ebene im Punkt M_2 treffen und legen durch M_2 die Tangente an die Spirale, wiederum unter Verwendung der Eigenschaft des konstanten Winkels. Die gesuchte Tangentialebene, dual zu V_1, ist nun bestimmt durch diese Tangente und den Punkt X; sie schneidet die obere invariante Ebene in einer parallel zur Tangente in M_2 liegenden Geraden durch X und hat mit der Tangente M_1 etwa den Punkt U_1 gemeinsam. Entsprechend finden wir die zu V_2 duale Ebene, indem wir die Gerade ℓ_2 die obere invariante Ebene im Punkt M_1 durchstoßen lassen, durch M_1 die Tangente an die Spirale ziehen und die dazu parallele Gerade durch Y in der unteren invarianten Ebene mit der Tangente von M_2 im Punkt U_2 schneiden. Offenbar ist die gesuchte Gerade die den zu V_1 und V_2 dualen Ebenen gemeinsame Gerade; in unserer Figur ist dies die Gerade U_1U_2, deren Punkte sich als kollinear zum Punkt P erweisen. (Eine nicht ganz leichte Übung der Dualisierung!)

Konstruktion 3

Man finde die Schmiege-Ebene des Punktes P. – Dies ist eine leichte Erweiterung von Konstruktion 2. Durch die Punkte U_1 und U_2 legen wir die Tangenten an ihre Spiralen, indem wir wieder die konstanten Winkel θ_1 und θ_2 benutzen. Diese Geraden werden parallel sein, und sie bestimmen die gesuchte Schmiege-Ebene.

Konstrukton 4

Gegeben ist eine Ebene π. Man finde den Drehpunkt oder Pivotpunkt von π. (Diesen suchen wir eigentlich!) Wir verfolgen einfach Konstruktion 3 und 2 nach rückwärts. Die Ebene π sei bestimmt durch die (parallelen) Geraden, in welchen sie die obere und untere invariante Ebene schneidet. Wir bestimmen zuerst ihre Weggerade, die die obere und untere Ebene in U_1 bzw. U_2 treffen soll. Durch U_1 ziehen wir U_1M_1 parallel zu YU_2; M_1 liegt da, wo diese Gerade die Spirale trifft (wobei wir wieder den konstanten Winkel θ_1 benützen). Die Gerade M_1Y schneidet U_1U_2 im gesuchten Drehpunkt (Pivotpunkt). (Natürlich hätten wir die Gerade U_2M_2 parallel zu XU_1 ziehen können, die dann die Spirale in M_2 getroffen hätte. Die Gerade XM_2 wäre dann mit den anderen beiden Geraden in P konkurrent gewesen, d. h. ebenfalls durch P hindurchgegangen.)

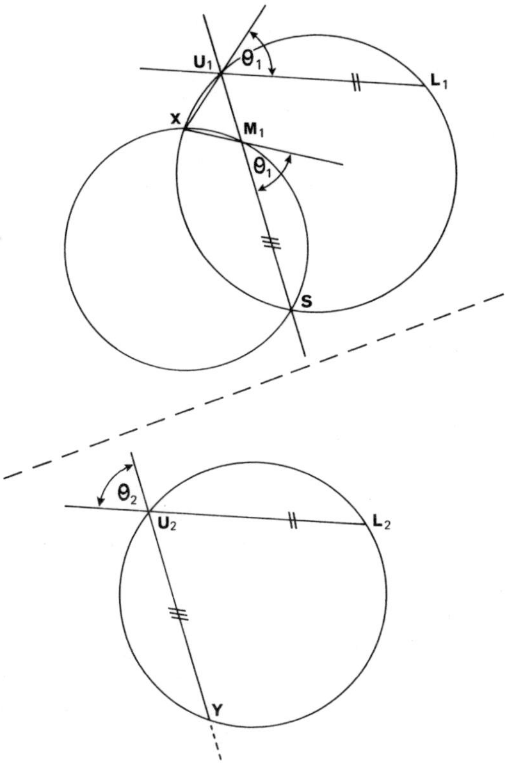

Abb. 95

Wir sind nun in der Lage, unsere erste Pivotform zu zeichnen. Wir wollen zunächst die Pivotform einer Geraden aufsuchen. Wir werden diese nun nicht als Punktreihe im positiven Raum, sondern als ein Element des negativen Raumes, d. h. als ein Ebenenbüschel auffassen. Was ist der geometrische Ort der Pivotpunkte der Ebenen dieser Geraden?

Wir machen nun unsere Figur so, daß wir die ganze Sache von oben ansehen (Abb. 95). Der sich oberhalb der gestrichelten Linie befindende Teil der Figur soll die obere, näher zu uns liegende invariante Ebene repräsentieren und der darunter liegende Teil die untere (weiter weg von uns liegende) invariante Ebene.

Die obere und untere invariante Ebene werde von einer willkürlich gewählten Geraden in den Punkten L_1 bzw. L_2 geschnitten. Wir betrachten nun irgendeine Ebene der Geraden L_1L_2. Sie wird die obere und untere Ebene in einem Paar paralleler Geraden durch L_1 und L_2 schneiden, die etwa die Punkte U_1 bzw. U_2 als Berührungspunkte mit den Spiralen haben, welch letztere wir wieder mit Hilfe der konstanten Winkel θ_1 und θ_2 konstruieren. Man beachte, daß wir hier eine Wegkurventransformation betrachten, bei der die Eiformen die Spitze oben haben, d. h.

$$\varepsilon + \alpha \text{ (für die obere Ebene)} > \varepsilon - \alpha \text{ (für die untere Ebene)}$$
$$\text{und } \theta_1 < \theta_2.$$

Weiterhin ist zu beachten, daß der Sinn, in dem die Winkel genommen werden, für die beiden Ebenen verschieden sein muß, denn sonst wäre unsere Wegkurventransformation eine Wirbel- und nicht eine Eitransformation.

Nun ist es elementargeometrisch (Winkel über einem Kreissegment sind untereinander gleich) klar, daß, während die Gerade L_1U_1 sich um L_1 dreht, U_1 einen Kreis durch L_1 und X beschreibt, während U_2 analog dazu einen Kreis durch L_2 und Y beschreibt. Und lassen wir U_1 in gleichen Winkelschritten um den Kreis herum laufen, wird U_2 auf seinem Kreis das gleiche tun. Der gesuchte Punkt unseres geometrischen Ortes ist ein Punkt der Geraden U_1U_2, die offenbar eine sich bewegende Erzeugende des durch die beiden Kreise gehenden Hyperboloids ist. Auf jeden Fall liegt der geometrische Ort, was sonst er immer tun wird, auf einem einschaligen Hyperboloid. Als nächstes zeichnen wir eine Parallele zu YU_2 durch U_1 und markieren auf ihr (wiederum unter Benutzung des konstanten Winkels θ_1) den Berühungspunkt M_1 mit ihrer Spirale. Der gesuchte Punkt liegt also auf YM_1, und zwar da, wo YM_1 von U_1U_2 getroffen wird.

Dreht sich nun L_1U_1 um den Winkel π, so dreht sich L_2U_2 ebenfalls um π; dasselbe gilt (wiederum nach dem oben genannten Satz der Elementargeometrie) für YU_2 und folglich gemäß Definition für U_1M_1. Folglich ist der Winkel $L_1U_1M_1$ konstant und alle Geraden U_1M_1 müssen durch einen Punkt des Kreises, der durch L_1, U_1 und X bestimmt ist, gehen. Diesen Punkt nennen wir S. Nun ist der Winkel XM_1S konstant gleich $\pi - \theta_1$ (im Bogenmaß), so daß sich M_1 auf einem Kreis durch X und S bewegen muß. Folglich beschreibt die Gerade YM_1, die unseren geometrischen Ort enthält, einen Kegel mit dem Scheitel in Y. Also besteht der gesuchte geometrische Ort aus der Schnittkurve zweier quadratischer Flächen, eines Kegels und eines Hyperboloids. Im allgemeinen handelt es sich hier um eine Raumkurve vierter Ordnung – aber wir müssen vorsichtig sein und nicht vorschnell schließen.

Betrachten wir die Gerade U_1U_2 etwas genauer. Sie ist eine Erzeugende des Hyperboloids, und folglich wird jede Ebene dieser Geraden das Hyperboloid in einer Erzeugenden der anderen Schar treffen. Aber die parallelen Geraden U_1S und U_2Y repräsentieren gerade solch eine Ebene. Folglich ist die Gerade SY eine Erzeugende der anderen Geradenschar des Hyperboloids. Sie ist außerdem eine Erzeugende des Kegels. Folglich haben unsere beiden sich schneidenden Quadriken eine Erzeugende gemeinsam und müssen sich demnach in einer Raumkurve dritten Grades schneiden. Da der unseren geometrischen Ort enthaltende Kegel seinen Scheitel in Y hat, gibt es aus Symmetriegründen sicherlich einen weiteren Kegel, der unseren geometrischen Ort enthält und der seinen Scheitel in X hat. Demnach können wir sagen:

Die Pivotform einer beliebigen Geraden des Raumes ist eine Raumkurve dritter Ordnung, die durch die invarianten Punkte X und Y hindurchgeht.

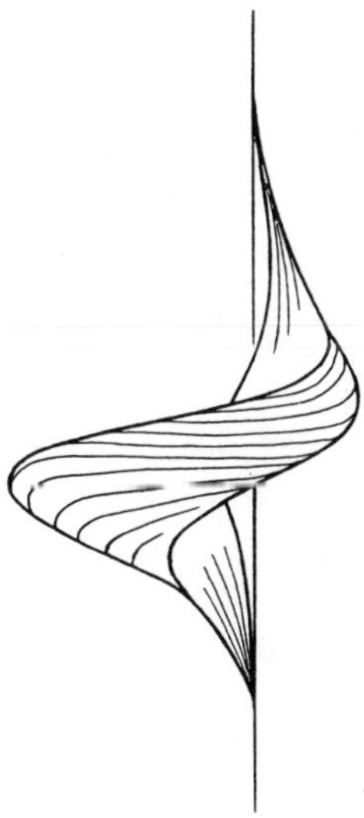

Abb. 96 Gegeben ist ein dünner Zylinder, dessen Achse windschief zur Zentralachse der Transformation liegt. Jede erzeugende Gerade des Zylinders wird in eine kubische Raumkurve transformiert. Wir erhalten so eine wunderschöne Fläche, die ganz von kubischen Raumkurven überdeckt ist.

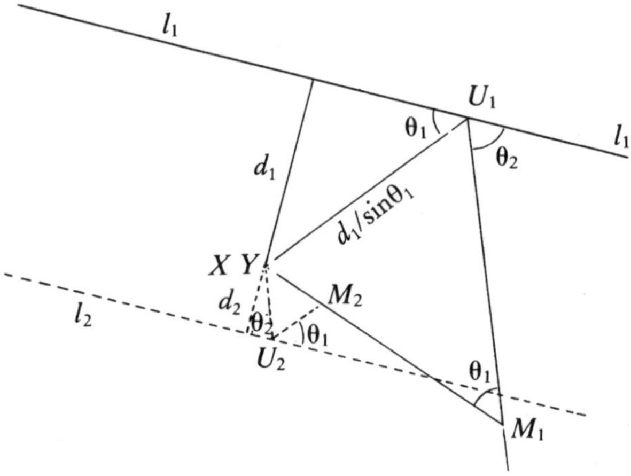

Abb. 97

Dies führt zu einer recht hübschen Konstruktion. Wir können Abb. 95 so wiederholen, daß wir die Punkte X und Y auf unserem Papier zusammenfallen lassen. Dies gibt uns ein exaktes ebenes Bild der Situation. Der Punkt des geometrischen Ortes ist natürlich der gemeinsame Punkt der Geraden U_1U_2 und YM_1. Bezeichnen wir diesen mit P, dann gibt uns das Verhältnis YP/PM_1 den Bruchteil der Höhe an, um den P über der U_2-Ebene in Richtung der U_1-Ebene liegt. Damit kann man nun leicht einen Aufriß der Kurve zeichnen. Im Grundriß wird sich P dann entlang einer ebenen Kurve dritter Ordnung bewegen, die die Orthogonalprojektion der kubischen Raumkurve im dreidimensionalen Raum darstellt. Wählen wir aber L_1 und L_2 so, daß ihre Verbindungsgerade die Zentralachse schneidet, so wird man finden, daß sich P auf einem Kreis bewegt, der durch den Punkt X=Y geht. In diesem Fall ist die kubische Raumkurve in einen Kreis und eine Gerade (die Zentralachse der Wegkurventransformation) degeneriert.

Eine Fülle von interessanten Konstruktionen können jetzt gemacht werden. Wir geben als Beispiel in Abb. 96 (s. S. 145) den Aufriß der Pivotform eines dünnen Zylinders wieder, der nahe, aber windschief, an der Achse des Wegkurvensystems vorübergeht. Diese Form ist natürlich gänzlich von kubischen Raumkurven überdeckt, wobei jede einer Erzeugenden des Zylinders entspricht.

Nun müssen wir aber den Grundriß von Abb. 94 genauer studieren (Abb. 97). Die Zentralachse des Wegkurvensystems schneide unsere

Abbildungsebene im Punkt X=Y. Ausgezogene Geraden und der Index $_1$ stellen Elemente der oberen Ebene und gestrichelte Geraden und der Index $_2$ Elemente der unteren Ebene dar; die einzige Ausnahme findet da statt, wo, bei einem bestimmten Punkt, der Winkel θ_2 in der oberen Ebene und der Winkel θ_1 in der unteren Ebene gemessen werden muß. Dies dürfte aus dem Zusammenhang genügend deutlich hervorgehen. Wir lassen die Ebene, deren Pivotpunkt wir suchen, die obere und untere Ebene in den parallelen Geraden l_1 bzw. l_2 schneiden. Der Abstand von l_1 zu X sei d_1. Nun finden wir U_1 auf l_1 mit Hilfe des Winkels θ_1 und U_2 auf l_2 mit Hilfe von θ_2. Wir ziehen eine Parallele zu U_2Y durch U_1 und bringen so den Winkel θ_2 in die obere Ebene, wie in Abb. 97 angegeben. Auf dieser Geraden markieren wir den Punkt M_1 unter Benützung des Winkels θ_1.

Wir müssen nun den Abstand XM_1 bestimmen. Unter Beachtung von

$$XU_1 = \frac{d_1}{\sin \theta_1}$$

ergibt sich nach dem Sinussatz

$$XM_1 = \frac{\sin (\theta_1 + \theta_2)\, XU_1}{\sin \theta_1}$$

$$= \frac{d_1 \sin (\theta_1 + \theta_2)}{\sin^2 \theta_1} \quad .$$

Tun wir dasselbe für die untere Ebene, indem wir etwa den Abstand von Y zu l_2 mit d_2 bezeichnen, so finden wir, daß M_2 notwendigerweise auf der Geraden XM_1 liegt und daß der Abstand M_2Y gegeben ist durch

$$M_2Y = \frac{d_2 \sin (\theta_1 + \theta_2)}{\sin^2 \theta_2} \quad .$$

Es sei

$$k_1 = \frac{\sin (\theta_1 + \theta_2)}{\sin^2 \theta_1}$$

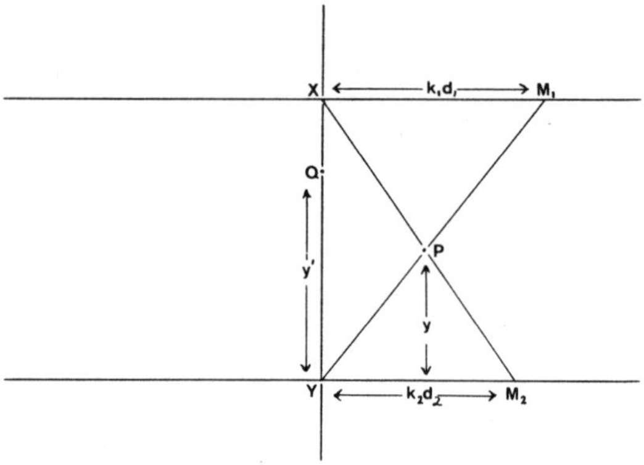

Abb. 98

für die obere Ebene und

$$k_2 = \frac{\sin (\theta_1 + \theta_2)}{\sin^2 \theta_2}$$

für die untere Ebene.

Es zeigt sich, daß die beiden Parameter k_1 und k_2 in besonderer Weise von Bedeutung für unsere Studien sind; wir werden ihnen immer wieder begegnen.

Nun schauen wir uns die ganze Sache im Aufriß an und zwar im rechten Winkel zur Ebene der Geraden XM_1 und YM_2 (Abb. 98).

P ist der Pivotpunkt der Ebene, die wir gerade betrachten. Diese letztere wird die Zentralachse der Wegkurventransformation in einem bestimmten Punkt, sagen wir Q, schneiden. Die Höhe von P über der unteren invarianten Ebene sei mit y bezeichnet, wobei wir die Distanz XY gleich der Einheit setzen. Dann läßt sich etwa y als der Höhenbruchteil (d. h. als Bruchteil des Abstandes der beiden invarianten Ebenen) von P über der unteren Ebene bezeichnen. Der Höhenbruchteil von Q sei y'. Wir wollen y' als Funktion von y ausdrücken. Offenbar ist

$$\frac{y'}{1 - y'} = \frac{d_2}{d_1},$$

wobei

$$d_2 = \frac{y' \, d_1}{1 - y'}. \qquad (*)$$

Also $$\frac{y}{1-y} = \frac{k_2 d_2}{k_1 d_1}.$$

Aufgelöst nach y erhalten wir

$$y = \frac{k_2 d_2}{k_1 d_1 + k_2 d_2}$$

und durch Einsetzen der mit (*) bezeichneten Gleichung

$$y = \frac{(k_2 d_1 y') \,/\, (1-y')}{k_1 d_1 + (k_2 d_1 y') \,/\, (1-y')}$$

$$= \frac{(k_2 d_1 y') \,/\, (1-y')}{[k_1 d_1 (1-y') + k_2 d_1 y'] \,/\, (1-y')}$$

$$= \frac{k_2 y'}{k_2 y' + k_1 (1-y')}$$

oder, durch Vertauschung von y und y', sowie k_1 und k_2

$$y' = \frac{k_1 y}{k_1 y + k_2 (1-y)}.$$

Dabei ist die Gerade XM_1 gegenüber der Richtung von l_1 und l_2 um den Winkel $\theta_2 - \theta_1$ geneigt.

Diese beiden einfachen Beziehungen zwischen y und y' sind grundlegend für die «Pivotgeometrie» und geben den Schlüssel für die meisten Probleme, die uns im Lauf unserer weiteren Arbeit begegnen werden. Wie man bemerkt, haben sich d_1 und d_2 herausgekürzt; dies bedeutet, daß alle Ebenen, die die Zentralachse in der Höhe y' schneiden, ihre Pivotpunkte in einer horizontalen Ebene der Höhe y haben werden. Umgekehrt, wenn wir den horizontalen Querschnitt einer Pivotform in der Höhe y bestimmen wollen, so brauchen wir nur diejenigen Ebenen der ursprünglichen ebenenhaften Form heranzuziehen, die die Zentralachse des Wegkurvensystems in der Höhe y' schneiden.

Wir sind nun in der Lage, die Pivotform für ein ganzes «Punktvoll» von Ebenen, d. h. ein Ebenenbündel, zu bestimmen, mit anderen Worten: die Pivotform des kleinen zweidimensionalen Universums des peripheren Bewußtseins, wovon wir uns früher eine genauere Vorstellung gemacht haben. Gerät ein solches Punktvoll von Ebenen in die Einflußsphäre eines Wegkurvensystems, um welchen geometrischen Ort beginnen sich alle Ebenen zu bewegen? Da ∞^2 Ebenen zu betrachten sind, wird dieser geometrische Ort offenbar keine Kurve, sondern eine Fläche sein. Um sicher zu sein, daß wir wirklich alle erdenklichen Ebenen berücksichtigen, müssen wir einfach eine beliebige Ebene unseres Punktes herausgreifen, alle darin liegenden Geraden, die durch diesen Punkt hindurchgehen, bestimmen (ein gewöhnliches Strahlenbüschel) und schließlich alle Ebenen jeder dieser Geraden betrachten.

Nun bestimmt unser Punkt zusammen mit der Hauptachse des Wegkurvensystems gerade eine solche Ebene, und die Geraden des Strahlenbüschels in dieser Ebene schneiden alle die Zentralachse. Jede solche Gerade, die die Zentralachse etwa in der Höhe y' trifft, wird, wie wir wissen, als Pivotform einen horizontalen Kreis in der Höhe y haben. Unsere Pivotform hat also überall einen kreisförmigen horizontalen Querschnitt. Nach allem Vorangehenden ist klar, daß, wenn eine solche Gerade die obere invariante Ebene im Abstand d_1 von X trifft, der Durchmesser ihres Pivotkreises gleich yk_1d_1 ist und in der Höhe y über der unteren invarianten Ebene liegen wird. Die resultierende Fläche läßt sich nur sehr schwer in Perspektive darstellen und ist nicht leicht vorzustellen; es ist lehrreich, sich davon ein Papiermaché-Modell zu machen.

Es ist eine kubische Fläche, die von jeder Ebene allgemeiner Lage in einer kubischen Kurve geschnitten wird; enthält aber diese Ebene eine Gerade des invarianten Tetraeders des Wegkurvensystems, dann degeneriert die Schnittkurve in einen Kegelschnitt, zusammen mit dieser Geraden. Die allgemeine Gestalt dieser Fläche kann etwa als «Doppeltrompete» charakterisiert werden; sie ist bedeckt von einem System von ∞^2 kubischen Raumkurven, die sich in ∞^2 Familien von ∞^1 Kurven gliedern. Jeder Kegel, oder irgendeine andere eindimensionale Form in unserem Punkt, hat als Pivotform eine Kurve, die auf dieser Fläche liegt.

Die praktische Anwendung dieser Pivotformen auf die Pflanzenwelt ist Inhalt des nächsten Kapitels. Zuvor wollen wir einige zweidimensionale Beispiele von Pivottransformationen betrachten. Solche Transformationen werden Geraden in Punkte verwandeln.

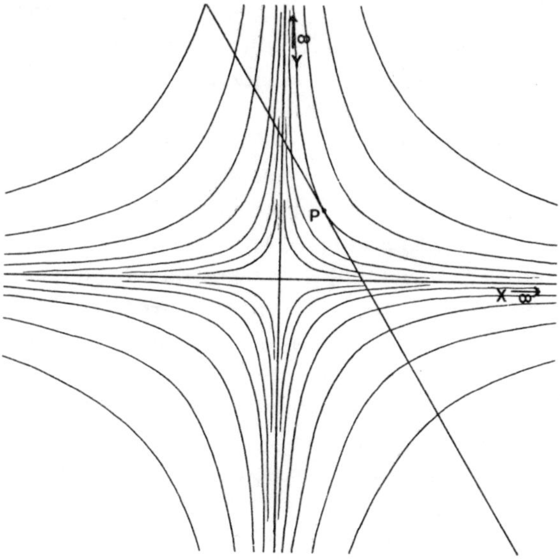

Abb. 99

Zum Beispiel können wir das invariante Dreieck XYZ unseres Wegkurvensystems betrachten, wobei wir X und Y im rechten Winkel ins Unendliche schieben und Z auf dem Zeichenblatt belassen (Abb. 99). Nehmen wir entlang ZX dasselbe Wachstumsmaß (in diesem Fall eine rein geometrische Folge) wie längs YZ, werden die Wegkurven zu gleichseitigen Hyperbeln; jede Gerade hat dann ihren Pivotpunkt (Drehpunkt) da, wo sie eine Kurve dieser Familie berührt. Nun wissen wir aus der Elementargeometrie, daß dies der Mittelpunkt zwischen den Schnittpunkten dieser Geraden mit den Asymptoten der Hyperbelschar ist.

Wir können nun unsere Hyperbeln wieder vergessen und einfach sagen: Unsere Transformation ist völlig bestimmt durch irgendein Paar von rechtwinkligen Geraden; jede weitere Gerade verwandelt sich dann in den Mittelpunkt zwischen ihren Schnittpunkten mit den gegebenen Geraden. Dies gibt uns eine interessante quadratische Transformation, die sehr leicht und schnell auszuführen ist. Man findet, daß sich jedes ebene Strahlenbüschel in einen punkthaften Kegelschnitt verwandelt, und eine Kegelschnitthülle (d. h. ein geradenhafter Kegelschnitt) in eine punkthafte Kurve vierter Ordnung.

Nun können wir verallgemeinern. Die Grundgeraden müssen nicht im rechten Winkel sein. Indem wir noch weiter verallgemeinern, können wir sagen: Man zeichne drei Grundgeraden, zwei blau und eine rot; jede weitere Gerade wird sich in den konjugierten harmonischen Punkt des Schnittpunkts mit der roten Geraden verwandeln, und zwar bezüglich der Schnittpunkte mit den blauen Geraden. Dies ist zwar eine sehr interesssante quadratische Transformation, die sich aber nicht so leicht und rasch ausführen läßt wie die vorhergehende. Abb. 100 zeigt die Transformation eines Kreises bezüglich eines gleichseitigen Dreiecks.

Man könnte sogar noch weiter verallgemeinern und die Konstruktion der letzten Figur dahingehend erweitern, daß der transformierte Punkt in *irgendeinem* festen Doppelverhältnis mit den Schnittpunkten der drei Grundgeraden stehen soll.

Oder man könnte das Grunddreieck des Wegkurvensystems imaginär werden lassen (eine Seite reell, die anderen beiden konjugiert komplex). Ist dieses das wohlbekannte Dreieck OIJ mit O im Zentrum des Zeichenblattes, so sind die konzentrischen Kreise um O ein Spezialfall solcher Wegkurven. Dann transformiert sich jede Gerade in den Fußpunkt des Lotes, das man auf sie vom Zentrum O aus fällen kann. Dies ist die wohlbekannte Fußpunkt-Transformation, die sich hier als Spezialfall der weit allgemeineren Pivottransformation herausstellt. Sie transformiert jedes Strahlenbüschel in einen Kreis und Kegelschnitte in Kardioiden, Pascalsche Schnecken, Lemniskaten usw. Aber der allgemeinste Fall von

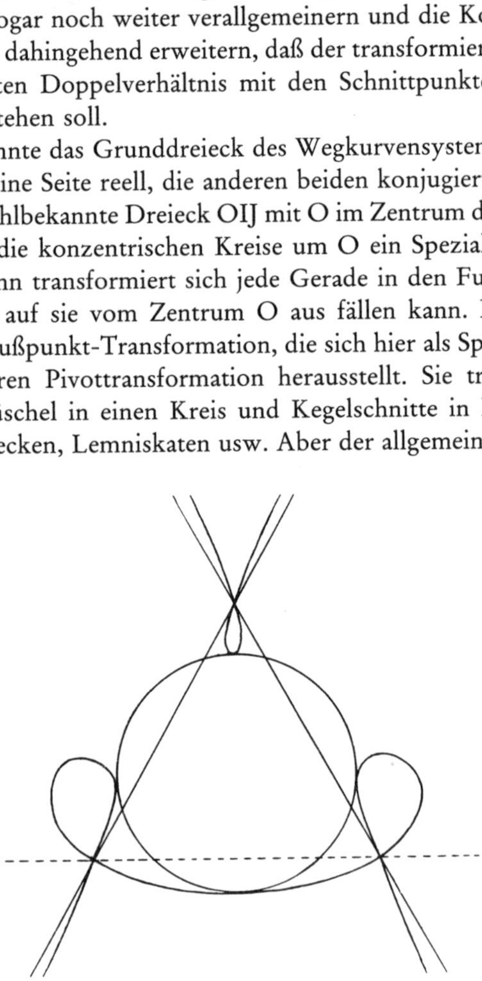

Abb. 100

Wegkurven bezüglich dieses Dreiecks OIJ ist ein System von logarithmischen Spiralen. Hier läßt sich die Fußpunkt-Transformation sinngemäß wieder anwenden, indem man jetzt nicht den Fußpunkt des *Lotes* aus O nimmt, sondern den Schnittpunkt mit einer Geraden durch O unter einem anderen festen Winkel – nämlich dem konstanten Winkel dieses Systems von logarithmischen Spiralen.

So sehen wir, daß die Pivottransformation eine große Fülle von Möglichkeiten umschließt. In drei Dimensionen ist der Bereich noch um einiges größer, und viele der Möglichkeiten sind, soweit ich sehe, noch ganz unerforscht. Ich habe an dem besonderen Fall, der in diesem Kapitel erörtert wurde, gearbeitet, weil ich empfand, daß er Bedeutung für die gesetzmäßige Gestaltung des Pflanzenwachstums haben könnte; und ich glaube, daß die im Kapitel 10 beschriebenen Untersuchungen einiges Belegmaterial dafür liefern.

Zusammenfassung

Indem wir die Resultate dieses Kapitels zusammenfassen, können wir sagen, daß durch eine Wegkurventransformation jede Ebene des Raumes in allgemeiner Lage in momentane Bewegung versetzt wird, und zwar so, daß sie sich um einen ihrer Punkte, den Drehpunkt oder Pivotpunkt, dreht. Bringen wir also irgendeine durch (Tangential-)Ebenen eingehüllte Form in ein Wegkurvenfeld, so gesellt sich zu der gegebenen Form sofort eine verborgene zweite, punkthafte Form, bestehend aus allen Punkten, um welche die Ebenen der ursprünglichen Form sich momentan drehen. Die neue Form läßt sich als Repräsentant der momentanen stationären Elemente der der ursprünglichen Form auferlegten Bewegung auffassen. In etwas freier und lockerer Sprechweise können wir sagen, daß die ursprüngliche Form sich um die Elemente der neuen Form momentan herumbewegt. Es stellt sich also heraus, daß die Wegkurvenformen, die wir bei den Pflanzen so klar und genau nachprüfen und messen können, selbst ein transformierendes Agens sind, das durch Ebenen eingehüllte Formen in punktweise, atomisierte Gebilde überführt.

10
Ätherische und physische Räume in Blüten- und Fruchtformen der Pflanzen

Mathematische Vorbetrachtung

Im Kapitel 9 betrachteten wir die Knospe zusammen mit ihrer Wegkurventransformation in Beziehung zur Maßbestimmung (Metrik) des negativen Raumes oder Gegenraumes. Diese Maßbestimmung besitzt einen im Endlichen gelegenen absoluten Mittelpunkt, das Unendlichkeitszentrum, zusammen mit einem imaginären Kegel als Fundamentalgebilde (Absolute); die grundlegenden geometrischen Formen sind Hüllflächen, d. h. von Tangentialebenen eingehüllte Gebilde. Im Gegensatz dazu steht der gewöhnliche euklidische Raum mit seiner extensiven Absoluten in der unendlich fernen Ebene, in welchem die am leichtesten zu handhabenden Formen wesentlich aus Punkten bestehen. Betrachten wir im positiv-euklidischen Raum eine gleichmäßige Ausdehnung hin zur unendlich fernen Ebene, so entspricht dem im negativ-euklidischen Raum eine nach innen gehende «Expansion», die sich immer mehr auf das Unendlichkeitszentrum zusammenzieht, es aber nie erreicht. Dabei tauchen von selbst einige Fragen auf. Läßt sich das Unendlichkeitszentrum des negativen Raumes als «Lebenszentrum» auffassen, auf das die ätherischen Lebenskräfte von der äußersten Peripherie hinströmen? Kann solch ein Zentrum überhaupt im leeren Raum, beim Herzen der lebendigen Knospe, tätig sein? Und ist es so, welche Art von ebenenhaften, umhüllenden Formen müssen wir uns vorstellen, die diesem Zentrum entgegen-, d. h. in es hineinwirken? Und läßt sich eine Transformation aufstellen, die diese ebenenhaften Formen ergreift und sie in Formen der mehr punkthaften, samentragenden Teile der Pflanze verwandelt?

Die Pivottransformation könnte eine solche Transformation sein – sie ist überall da gegenwärtig, zumindest mathematisch, wo immer ein Wegkurvensystem vorhanden ist, und Wegkurven können in vielen unserer Knospen gesehen und gemessen werden. Die Gesetzmäßigkeiten dieser Transformation gründen in den fundamentalen Gesetzen der Bewegung selbst, die, wie man vermuten kann, dem Prinzip des Lebens überhaupt sehr nahe sein müssen.

Wir müssen nun genau untersuchen, ob die Pivottransformation irgendwelche konsistenten und überzeugenden Antworten auf obige Fragen liefern kann und welcher Art diese Antworten überhaupt sein sollen.

Zusammenfassen lautet unser Problem: Läßt sich eine wesentlich ebenenhafte Form finden, die in einem Zentrum oder entgegen einem Zentrum innerhalb der Knospe wirkt und die, durch die Bewegungsprinzipien der Knospe selbst transformiert, die mehr punkthaften, samentragenden Teile der Pflanze hervorbringt?

Eine Antwort auf diese Frage läßt sich wohl am ehesten über einige Experimente gewinnen. Und so machte ich mich an die Arbeit und wartete ab, was dabei herauskam. Ich versuchte es erst mit Kegeln verschiedener Öffnungswinkel und verschiedener Neigung, deren Scheitel ich in verschiedenen Höhen innerhalb der Knospen wählte. Als dies nichts fruchtete, versuchte ich es mit Hyperboloiden, mit Kugeln und Teilen von Kugeln, sowie mit verschiedenen anderen Typen von Flächen. Die resultierenden Formen waren immer verblüffend und fesselnd, oft sogar schön, und viele hatten eine stark organisch anmutende Gestalt; aber keine davon zeigte eine Spur von Ähnlichkeit mit dem samentragenden Teil einer Pflanze.

Zu dieser Zeit arbeitete ich mit der Wegkurventransformation der Knospe der Wilden Rose ($\lambda = 3.1$, $\varepsilon = 0.5$); dabei hatte ich die Fotografien der Knospen vor mir, und unter jeder Knospe befand sich natürlich die Schwellung der Anlage der Hagebutte. Angesichts des Mißerfolgs beim direkten Anpacken des Problems entschloß ich mich, die Arbeitsmethode umzukehren. Zur Durchführung des inversen Transformationsprozesses gehe ich von den Punkten des Umrisses der Hagebutte aus und suche nach den Ebenen, die zur Erzeugung dieser Form notwendig sind. Und als ich in dieser Weise zu arbeiten begann, entstand auf meinem Zeichenpapier, zunächst schattenhaft und nur annäherungsweise zu sehen, eine Form, die ich zu kennen vermeinte. Sie sah etwa wie Abb. 101 (s. S. 206) aus, wo die punktierten Kurven die Knospe und die Anlage der Hagebutte zeigen; die Geraden repräsentieren Schnitte der Hüllebenen der ebenenhaften Form, wobei die entsprechenden Ebenen

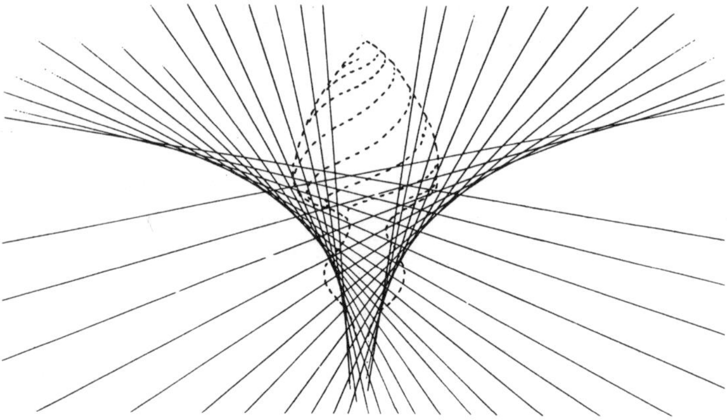

Abb. 101 Die Gestalt der Rose führte zur Einsicht, daß die Knospenform, vermöge der Pivottransformation, zwischen einem ebenenhaften Wirbel und der Form der Hagebutte vermittelt.

im rechten Winkel zum Zeichenpapier vorzustellen sind. Es schien mir wie der Umriß einer Wirbelform auszusehen. Nun ist der Wirbel im selben Sinne eine fundamentale Wegkurvenform (λ negativ) wie die Eiform (λ positiv). Zudem dachte ich, daß ich das invariante Tetraeder, das eine solche Wirbelform hervorbringt, erraten könnte.

Dieses Tetraeder ist so wichtig, daß ihm ein eigener Abschnitt gewidmet werden soll. Es handelt sich um den halbimaginären Fall, wo zwei Punkte und Ebenen reell und je zwei imaginär, sowie zwei Geraden reell und vier imaginär sind. Wir betrachten unsere gewöhnliche Eiform-Transformation mit dem invarianten Punkt X im oberen und Y im unteren Pol. Nun verlegen wir X ins Unendliche im rechten Winkel zur invarianten Ebene durch Y. Die zwei reellen Punkte des Tetraeders sind nun X und Y und die beiden imaginären Punkte I und J; letztere bestimmen entlang der horizontalen unendlich fernen Geraden ein gleichwinkliges kreisendes Maß. Die zwei reellen Ebenen des Tetraeders sind die unendlich ferne Ebene selbst und die durch Y gehende horizontale Ebene; die zwei imaginären Ebenen werden durch ein kreisendes Maß von Ebenen in der vertikalen Achse durch Y repräsentiert. Die beiden reellen Geraden sind die horizontale unendlich ferne Gerade und die vertikale Achse durch Y; die imaginären Geraden werden repräsentiert durch ein kreisendes Maß im Geradenbüschel mit dem Trägerpunkt Y in der horizontalen invarianten Ebene, sowie durch ein kreisendes Maß mit dem Trägerpunkt X in der unendlich fernen Ebene. Legen wir nun das Unendlichkeitszentrum eines negativen Raumes in Y, so finden wir, daß dieses Tetraeder bemerkenswerte Beziehungen zur Absoluten des positiven und des negativen Raumes aufweist. Eine seiner Ebenen *ist* die absolute Ebene des positiven Raumes, und einer seiner Punkte *ist* der absolute Mittelpunkt des negativen Raumes. Zwei seiner Punkte sind Punkte des absoluten imaginären Kugelkreises des positiven Raumes und zwei seiner Ebenen sind Ebenen des absoluten imaginären Kegels des negativen Raumes. Das Tetraeder enthält einen Punkt und eine Gerade, die in bezug auf den absoluten Kugelkreis des positiven Raumes polar sind, und es enthält eine Ebene und eine Gerade, die bezüglich des absoluten Kegels des negativen Raumes polar sind. Es ist durch und durch verwoben mit den Absoluten (Fundamentalgebilden) des positiven und negativen Raumes. Es ist zudem das ausgedehnteste und umfassendste Tetraeder, das sich vorstellen läßt: Es kann nicht noch weiter werden – es umspannt bereits den ganzen Raum. In einem meiner weniger prosaischen Momente nannte ich es das *kosmische Tetraeder.*

Wie mir schien, bedurfte es zur Erzeugung der wirbelähnlichen Form, wie sie auf meinem Papier erschienen ist, dieses Tetraeders. Und es erschien mir angemessen und gedanklich befriedigend, daß dieses Tetraeder, das in so wunderbarer Weise zwischen der äußeren Peripherie und dem inneren Zentrum vermittelnd wirkt, das gesuchte sein müsse. Diese Überlegungen sind sicherlich interessant und vielleicht instruktiv – aber im Rahmen der bisherigen Resultate bloße Vermutungen.

Die entscheidende Frage war nun: Sind die an der Rosenknospe gemessenen Parameter sowie das kosmische Tetraeder, mit seinem Zentrum irgendwo innerhalb der Rosenknospe, gegeben, würde es dann *möglich* sein, einen Wegkurven-Wirbel in diesem Tetraeder zu finden, der durch die Transformation mittels der Knospe genau eine solche Form ergibt, wie man sie für die Hagebutten-Anlage gefunden hat? Die Formvariationsmöglichkeiten innerhalb eines Wegkurvensystems sind streng begrenzt, und es war keineswegs sicher, daß solch eine Wirbelform überhaupt gefunden werden konnte. Falls sie überhaupt existiert, ist man natürlich besonders interessiert zu erfahren, wo das Unendlichkeitszentrum innerhalb der Knospe liegt und welcher (negative) λ-Wert der Wirbelform zukommt.

Zur Erklärung der Vorgehensweise, wie die Beantwortung dieser Frage angepackt wurde, wird es nötig sein zu zeigen, wie man aus der gegebenen Lage des kosmischen Tetraeders und dem λ-Wert der darin liegenden Wirbelform das Bild der resultierenden punkthaften Form der Samenkammer konstruieren kann.

Wir müssen zunächst ein Bild der Wirbelform im Aufriß konstruieren. Dies läßt sich leicht mit Hilfe einer geometrischen Folge entlang einer Geraden durch Y' und einer weiteren solchen Folge entlang einer vertikalen Achse durch Y' bewerkstelligen (Abb. 102), die gewöhnlich, aber nicht notwendig, mit einem anderen Quotienten versehen ist. Die Konstruktion des Wirbels geht nun so vor sich, daß wir die Punkte entlang der horizontalen Geraden nach innen gegen Y' wandern lassen, während sie sich entlang der Vertikalen nach außen, von Y' weg, bewegen sollen. Wir verbinden diese Punkte wie in der Figur angegeben, und die resultierende Kurvenhülle ergibt uns den Umriß der Wirbelform. Die tatsächliche Form ist natürlich eine Rotationsfläche mit der vertikalen Geraden als Achse. Ist die θ-Drehung der Transformation, die durch das kreisende Maß zwischen den imaginären Punkten I und J auf der horizontalen unendlich fernen Geraden hervorgerufen wird, gleich Null, dann repräsentieren die Hüllgeraden der Umrißkurve des Wirbels die Bewe-

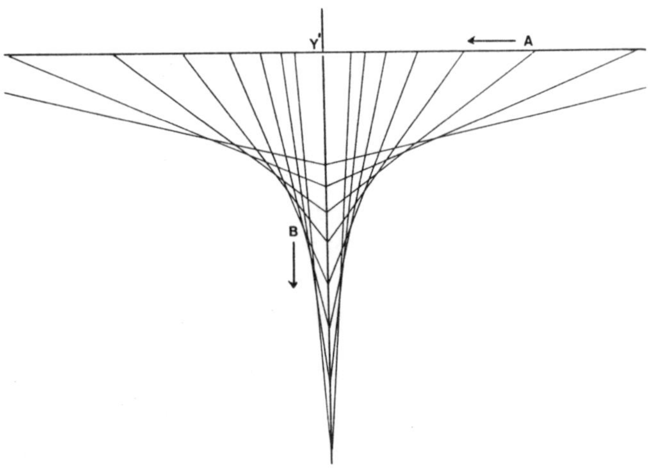

Abb. 102 Der Umriß des Wirbels läßt sich durch zwei einfache multiplikative Bewegungen entlang der horizontalen und vertikalen Achse erzeugen.

gung einer zur Zeichenebene normalen (senkrechten) Ebene, die entlang dem Umriß der Kurve nach innen gleitet. Der natürliche Logarithmus A des Multiplikators entlang der horizontalen Achse ist gleich $-(\varepsilon-\alpha)$. Der natürliche Logarithmus B des Multiplikators entlang der vertikalen Achse ist 2ε. Damit wird der (kosmische) λ_k-Wert des Wirbels gleich

$$\lambda_k = -\frac{A + B}{A}.$$

(Dabei werden A und B im absoluten Betrag genommen, d. h. jeweils positiv.)

Wir gehen nun folgendermaßen vor. Die als Geraden erscheinenden Hüllebenen des Wirbels sind eindeutig bestimmt durch ihre Achsenabschnitte H und V bezüglich eines rechtwinkligen Koordinatensystems in Y', das die horizontalen und vertikalen Geraden durch Y' als Achsen besitzt. Gesucht sind die Pivotpunkte dieser Ebenen, denen wir bezüglich eines rechtwinkligen Koordinatensystems in Y die Koordinaten x und y geben wollen. Die sich auf das kreisende Maß zwischen I und J beziehende dritte Koordinate dieser Ebene, θ, ist irrelevant, da es sich um eine Rotationsfläche handelt.

Wir müssen uns nun auf Abb. 97 (s. S. 196) beziehen. Dort handelt es sich um den Grundriß, während wir jetzt den Aufriß benötigen (Abb. 103). Wir erinnern daran, daß $XM_1 = k_1d_1$ und $XM_2 = k_2d_2$ ist. Da wir es mit einer Rotationsfläche zu tun haben, interessieren uns nur die *Abstände* der Punkte M_1, M_2 usw. von X; die durch einen gewissen

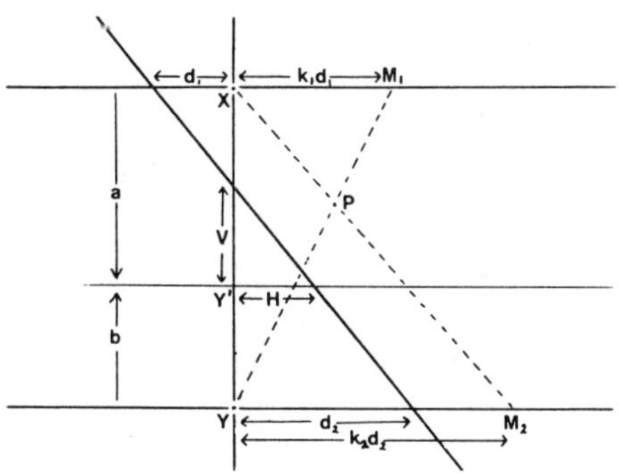

Abb. 103

Winkel bestimmte genaue Lage der Geraden XM_1M_2 (Abb. 97) ist für uns ebenfalls nicht von Belang. Folglich können wir in unserem Aufriß die Distanzen XM_1 und XM_2 entlang denselben Geraden auftragen wie d_1 und d_2.

Die ausgezogene gerade Linie in Abb. 103 repräsentiert die Ebene, deren Pivotpunkt wir suchen; Y' ist das Zentrum des kosmischen Tetraeders. Unsere Ebene ist folglich bestimmt durch die Abstände (Achsenabschnitte) H und V. Die Punkte X und Y sind die Pole der Knospentransformation. Der gesuchte Pivotpunkt sei P; sein Abstand von Y nach oben ist gleich seiner y-Koordinate. Seine x-Koordinate ist gleich der Distanz von der Zentralachse; P liegt dabei natürlich im allgemeinen nicht in der Zeichenebene, sondern in einer anderen Ebene durch die Zentralachse. a und b sind die Abstände des kosmischen Zentrums von den Polen der Knospentransformation.

Die y-Koordinate von P wurde im letzten Kapitel hergeleitet. Sie ist gegeben durch

$$y = \frac{k_2 y'}{k_2 y' + k_1 (1 - y)} \qquad (1)$$

Wir erinnern daran, daß sowohl y wie y' Bruchteile der Distanz zwischen X und Y waren, so daß jetzt y' in der neuen Abb. 103 gleich (V+b)/(a+b) wird und (1−y') gleich (a−V)/(a+b). Setzen wir dies in (1) ein, so erhalten wir y als Funktion von H und V, ausgedrückt als wahrer Abstand (und nicht als Bruchteil des Abstandes von X und Y):

$$y = (a + b) \frac{k_2 (b + V)}{V (k_2 - k_1) + ak_1 + bk_2}. \qquad (2)$$

Aus den ähnlichen Dreiecken YPV und YM_1X ergibt sich

$$\frac{x}{k_1 d_1} = \frac{y}{a + b},$$

d. h.

$$x = \frac{k_1 d_1 y}{a + b} \cdot \qquad (3)$$

Wiederum mit Hilfe ähnlicher Dreiecke erhält man

$$\frac{d_1}{H} = \frac{a - V}{V}$$

$$d_1 = \frac{H\,(a - V)}{V} \cdot \qquad (4)$$

Setzen wir (2) und (4) in (3) ein, so erhalten wir

$$x = \frac{k_1 k_2 H\,(a - V)\,(b + V)}{V\,[V(k_2 - k_1) + ak_1 + bk_2]} \cdot \qquad (5)$$

Die Umrisse der resultierenden Pivotform können nun leicht konstruiert werden, wenn erstens die Parameter der Knospentransformation, zweitens die Lage des kosmischen Zentrums Y' und drittens der kosmische λ-Wert des Wirbels gegeben sind. Ersteres ergibt uns k_1 und k_2, zweiteres a und b und letzteres die Möglichkeit, zwei korrespondierende Serien von H und V zu berechnen. Setzt man alles dies in die Gleichungen (2) und (5) ein, so erhält man eine Serie von Koordinaten für die gesuchte Umrißkurve. (Man beachte: In diesen Gleichungen kommen b und V die üblichen Vorzeichen zu, d. h. von Y aus nach oben gemessen ist b positiv und von Y' aus nach oben gemessen ist V positiv; aber a ist von X aus nach *unten* gemessen positiv, während H und x immer als absolute Größen betrachtet werden müssen.)

Die Gleichungen (2) und (5) erlauben uns, die Form der Samenkammer aufzufinden, wenn die Lage und der λ-Wert des Wirbels gegeben sind. Das Problem, das wir uns stellten, ist aber genau die Umkehrung davon: Gegeben sei die Form der Samenkammer; wie läßt sich erkennen, ob es eine Wirbelform gibt, die diese mit Hilfe der Pivottransformation hervorbringt? Und wenn diese Wirbelform tatsächlich existiert, wie ist die genaue Lage des Wirbels und sein λ-Wert? Eine unserer Variablen wird nun b sein (die die mögliche Lage des Wirbelzentrums angibt); wir werden also bloß Gleichung (2) nach V aufzulösen haben, was uns V als Funktion von b liefert. Setzen wir a + b = t (Totallänge der Knospe), so ergibt sich

$$V = \frac{-\,yk_1 t}{y\,(k_2 - k_1) - tk_2} - b \cdot \qquad (6)$$

Als nächstes müssen wir diesen Wert für V in Gleichung (5) einsetzen und letztere so anordnen, daß sie uns H in Funktion von b liefert. Um die Sache nicht unnötig zu komplizieren, setzen wir V = m − b, und erhalten so

$$H = \frac{x[m(k_1 - k_2) - k_1 t]}{k_1 k_2 (m - t)} \cdot \left(1 - \frac{b}{m}\right) \cdot \qquad (7)$$

Nun haben wir alle Hilfsmittel, um unser folgendermaßen formulierbares Problem zu lösen: Gibt es eine Wirbelform, die sich exakt in die gegebene Samenkammerform transformieren läßt, und wenn dies der Fall ist, auf welcher Höhe b liegt das Unendlichkeitszentrum und was ist der Wert von λ? Die Methode läßt sich am besten anhand eines Beispiels demonstrieren.

Glockenblume

Wir wollen als Beispiel die Glockenblume näher anschauen. Diese längliche weiße Knospe besitzt einen λ-Wert von 1.36 mit einer mittleren Abweichung von 9 %, gemäß den Messungen, die ich vor ein paar Jahren gemacht habe. Ihr ε-Wert ist groß, etwa gleich 5. Dies führt uns auf $\theta_1 = 9.9°$ und $\theta_2 = 13.3°$ und weiter auf $k_1 = 13.4$ und $k_2 = 7.45$. Wir arbeiten für unsere Berechnungen mit einer Knospenlänge von 10 cm (die tatsächliche Knospe ist natürlich viel kleiner), so daß $tk_1 = 134$, $tk_2 = 74.5$ usw.

Als erstes müssen wir beachten, daß, soweit die Geometrie in Betracht kommt, die Länge der Samenkammerform allein durch die Parameter der Knospe bestimmt ist; sie ist unabhängig sowohl von der Lage wie auch dem λ-Wert des Wirbels. Die Lage des unteren Endes dieser Form läßt sich berechnen, indem man in der Gleichung (2) V = ∞ setzt. Ich nenne dies die *Grenzlänge* der Samenform; sie ist gegeben durch

$$L = \frac{tk_2}{k_2 - k_1} \quad .$$

Es stellt sich sofort die Frage, ob diese Länge immer als die richtige erscheint, wenn man sie mit den Beobachtungen und Messungen an der vorliegenden Pflanze vergleicht. Ich denke, diese Frage läßt sich überhaupt nicht wirklich beantworten, denn es handelt sich um eine Scheinfrage. Die meisten Knospen werden schon in sehr frühem Stadium von der Samenanlage begleitet, manchmal zusammen mit der kleinen Kammer (Fruchtknoten), die sie umschließt. Danach allerdings verläuft das Wachstum der beiden – der Knospe selbst und des Fruchtknotens – in sehr verschiedener Geschwindigkeit; gewöhnlich wächst die Knospe viel schneller als die Anlage des samentragenden Teils. Es ist demzufolge müßig, nach dem «richtigen» Verhältnis der Knospen zur Samenkammerlänge zu fragen; es variiert beträchtlich während der Entwicklung der Pflanze. Ohnedies ist die projektive Geometrie engstens verknüpft mit *Form* und *Gestalt;* sie ist keine Geometrie des Maßes oder der Größe. Und es ist die *Form,* die wir suchen.

Als Grenzlänge der samentragenden Form der Glockenblume ergibt sich 12.5 cm – d. h., sie ist beträchtlich größer als ich tatsächlich gemessen habe. Es ist interessant, hier anzumerken, daß ein großer Anteil der neunprozentigen Abweichung der λ-Werte im Vergleich zur tatsächlichen Form der Knospe auf die eher zu kleinen Werte an der Spitze zurückzuführen sind; die Knospe war dort ein wenig zu breit. Daraus

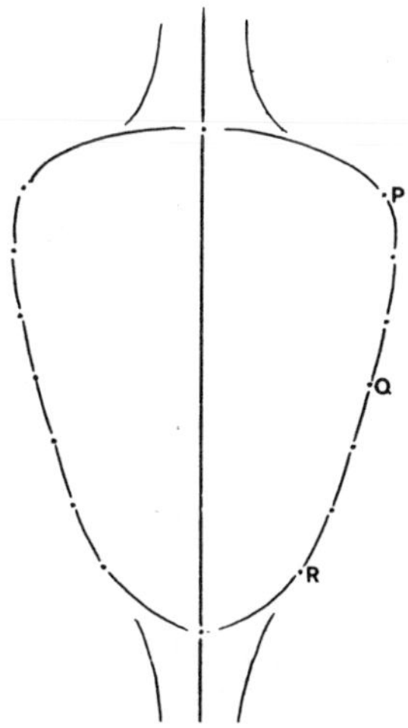

Abb. 104 Die Form des Fruchtknotens der Glockenblume. Die Meßresultate wurden so eingerichtet, daß sie der Grenzlänge der Knospe angepaßt sind.

läßt sich vermuten, daß ich die Knospen ein wenig zu spät abgenommen habe; sie waren bereits dabei, sich zu öffnen. Hätte ich sie ein wenig früher gepflückt, so hätte ich vielleicht eine kleinere mittlere Abweichung gefunden und das Verhältnis der Länge der Knospe zum samentragenden Teil wäre mit großer Sicherheit weit näher an demjenigen Wert gelegen, der durch den mathematischen Grenzübergang vorausgesagt wird.

Es ist notwendig, die Messungen an der Samenkammer proportional zu vergrößern, so daß sie schließlich eine Länge erhält, die gleich der Grenzlänge ist; andernfalls lassen sich unsere Berechnungen nicht sinnvoll weiterführen. Wir wählen nun drei Punkte P, Q und R auf dem Umriß der Samenkammer, einen ganz oben, einen in der Mitte und einen ganz unten (Abb. 104, s. S. 213). Wir bestimmen deren Koordinaten, x und y, und setzen sie zuerst in Gleichung (6) und sodann in Gleichung (7) ein. Dies liefert uns für jeden dieser Punkte V und H in Funktion von b. Im besonderen erhalten wir die Resultate:

Für Punkt P ($x = 4.42$ cm, $y = -1.565$ cm)

$$V = -3.22 - b,$$
$$H = 0.514 + 0.159\,b.$$

Für Punkt Q ($x = 4.05$ cm, $y = -6.23$ cm)

$$V = -22.45 - b,$$
$$H = 0.336 + 0.0149\,b.$$

Die Berechnungen für den Punkt R gehen analog, sollen aber der Kürze wegen weggelassen werden.

Als nächstes machen wir eine Tabelle für den Punkt P, die uns eine Serie von Werten für V und H für verschiedene Werte von b angibt: Tabelle 29. Entsprechend ergibt sich für den Punkt Q die Tabelle 30.

Tabelle 29

b	V_P	H_P
0	−3.22	0.514
2	−5.22	0.834
4	−7.22	1.154
6	−9.22	1.474
...	...	...

Tabelle 30

b	V_Q	H_Q
0	−22.45	0.336
2	−24.45	0.366
4	−26.45	0.396
6	−28.45	0.426
...	...	...

Wir verweisen nun wieder auf die kleine Formel für die Berechnung des λ-Wertes des Wirbels:

$$\lambda_k = -\frac{A + B}{A} \cdot$$

In dieser Formel ist natürlich $B = \ln(V_Q/V_P)$ und $A = \ln(H_P/H_Q)$. Für zwei Werte von H und V läßt sich leicht der $b = 0$ entsprechende λ-Wert finden. Dies bedeutet folgendes: Ist das Zentrum des Wirbels auf der Höhe 0 über dem Punkt Y und hat der Wirbel tatsächlich dieses λ, dann hat die resultierende Form einen Umriß, der genau durch die beiden Punkte P und Q hindurchgeht. Geben wir b verschiedene Werte, so läßt

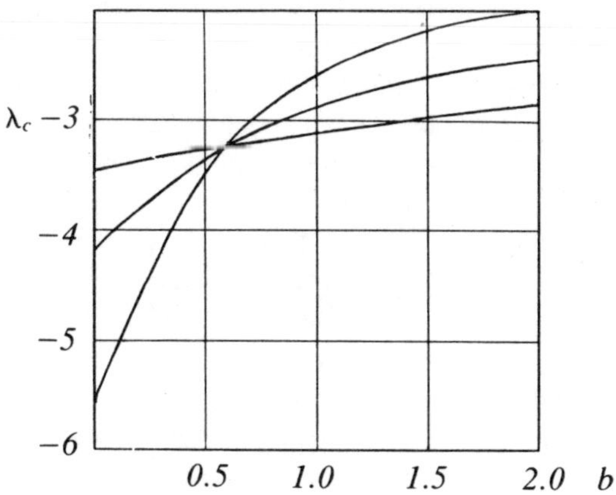

Abb. 105 (b, λ) – Diagramm für die Glockenblume.

sich damit eine Kurve, die ich (b,λ)-Diagramm (Abb. 105) nennen möchte, herstellen; jeder Punkt dieser Kurve repräsentiert eine Position von b zusammen mit dem korrespondierenden λ-Wert, die nun einen Umriß durch P und Q bestimmen. Machen wir jetzt dasselbe für die Punkte P und R, erhalten wir ein zweites (b,λ)-Diagramm, und *wenn* sich diese beiden Kurven schneiden, dann repräsentiert ihr gemeinsamer Punkt das einzige Wertepaar (b,λ), das einen Umriß liefert, der durch alle drei Punkte P, Q und R hindurchgeht. Haben sie keinen Punkt gemeinsam, dann gibt es keinen Wirbel, der dem vorliegenden Fall angemessen ist. (Zur Kontrolle können wir dasselbe für die Punkte Q und R durchführen; treffen sich die ersten beiden in einem Punkt, so ist es mathematisch notwendig, daß die dritte Kurve durch denselben Punkt hindurchgeht.)

Natürlich gibt die Tatsache, daß die drei Kurven durch einen Punkt hindurchgehen, noch keine Gewähr für eine perfekte Anpassung der Kurvenform entlang dem gemessenen Umriß; aus meiner Erfahrung darf ich aber sagen, daß in den meisten Fällen die Übereinstimmung bemerkenswert exakt ist.

Wir sehen, daß sich die Kurven im (b,λ)-Diagramm (Abb. 105) bei $b = 1.5$ und $\lambda = -3.22$ treffen (die zweite Dezimalstelle ergab sich aus der Berechnung verschiedener Werte in der Nähe des Schnittpunktes und anschließender Interpolation; man kann sich vielleicht nicht vollkommen auf sie verlassen).

Um festzustellen, wie genau diese Wirbelform sich in die Form des Fruchtknotens transformieren läßt, können wir die y-Werte der sieben gemessenen Punkte des Fruchtknotens in Gleichung (6) einsetzen und die entsprechenden V-Werte berechnen. Beginnend mit dem bereits bestimmten H-Wert für den mittleren Punkt der Form (für $y = -6.23$ cm) sowie unter Verwendung von $\lambda = -3.22$, können wir die entsprechenden H-Werte berechnen. Setzen wir diese in Gleichung (5) ein, so erhalten wir die «vorausgesagten» x-Werte, die wir mit unseren Messungen vergleichen können. Die Resultate, für eine Länge des Fruchtknotens von 12.52 cm und von oben nach unten angeordnet, haben wir in Tabelle 31 zusammengefaßt .

Der mittlere Fehler des radialen Abstandes beträgt 1.3 % – weit weniger als der wahrscheinliche Fehler der Messungen.

Dieser Grad der Genauigkeit ist typisch für viele Fälle, die ich untersucht habe; dies zeigt, daß die Pivottransformation eines Wirbels in

Tabelle 31

x (berechnet) cm	x (beobachtet) cm	Fehler in %
4.38	4.42	0.9
4.52	4.62	2.2
4.35	4.48	2.9
4.05	4.05	0
3.68	3.62	1.6
3.12	3.12	0
2.35	2.38	1.3

bemerkenswerter Weise die Fähigkeit hat, genau diejenigen Formen zu erzeugen, die man im samentragenden Teil der Pflanze vorfindet. Sobald ich die Bedeutung der Wirbelform in diesem Zusammenhang bemerkte, war meine erste Reaktion die, eine Serie von Zeichnungen herzustellen, in denen ich mir beliebige Knospen- und Wirbelparameter vorgab – einfach nur, um zu sehen, was für Formen herauskommen. Ich war überrascht durch ihre große Ähnlichkeit mit den samentragenden Teilen des Pflanzenreiches; Fruchtknoten, Früchte, Nüsse, Kürbisse usw. schienen sich auf meinem Papier zu vervielfältigen. – Versucht man übrigens, die obige Fruchtknotenform der Glockenblume als Wegkurve aufzufassen, so erhält man eine mittlere Abweichung von 32 %, also jenseits der Grenze der Übereinstimmung, die ich mir selbst gesetzt habe (20 %). Was immer sie auch sein mag, eine Wegkurve ist sie nicht.

Zur Bedeutung der Pivottransformation des Wirbels

Wir haben uns nun eine ähnliche Frage zu stellen wie bei der genaueren Untersuchung der Tatsache, ob die Knospen tatsächlich echte Wegkurvenformen seien. Wie anpassungsfähig ist dieser Prozeß? Können die Transformationen dieser Wirbel mit *allem* in Übereinstimmung gebracht werden? Die Frage beantwortet sich nicht so leicht wie bei den Wegkurven. Die letzteren, soweit wir nur auf ihre Form Rücksicht nehmen, bilden eine einparametrige Familie, (mit dem alleinigen Parameter λ), während die Kurven, die wir jetzt betrachten, zweiparametrige Familien (mit den Parametern b und λ_k) bilden und erwartungsgemäß flexibler als die gewöhnlichen Wegkurven sind. Ich habe letztlich keine befriedigende Antwort darauf gefunden; ich habe aber ein Experiment gemacht, in dem ich einer Anzahl von typischen Knospenparametern sechs Fruchtknotenformen gegenüberstellte, die je eine vollkommene und mögliche Form darstellten, so wie sie eine Pflanze hervorbringen *könnte*. In nur drei der sechs Fälle trafen sich die Kurven auf dem (b,λ)-Diagramm. Ich wiederholte das Experiment mit sechs anderen *möglichen* Formen, und das Resultat war dasselbe. Dies hinterläßt in mir den Eindruck, daß, falls sich auf die Dauer die Kurven auf dem (b,λ)-Diagramm in mehr als 50 % der Fälle nicht treffen werden, diese Pivottransformation des Wirbels von keiner Bedeutung ist.

Von einunddreißig in dieser Weise untersuchten verschiedenen Pflanzenarten zeigten achtundzwanzig eine perfekte Übereinstimmung. Bei den restlichen drei trafen sich allerdings die Kurven im (b,λ)-Diagramm auch, aber im einen Fall, der Wilden Iris, kam das Zentrum des Wirbels immer unterhalb des Knospenbodens zu liegen (um 0.7 % der totalen Knospenlänge), und bei den anderen beiden, dem Flieder und der Sibirica, lag es etwa um denselben Betrag über der Spitze der Knospe. Viele dieser Fruchtknotenformen sind sehr klein und nicht leicht genau zu vermessen; vielleicht sind Meßfehler die Ursachen für die genannten Ausnahmefälle. Bezüglich dieser Zahlen müssen wir aber einen wichtigen Vorbehalt machen, den wir am Ende des Kapitels besprechen werden.

Sind wir einmal zur Idee des Wirbels als derjenigen ebenenhaften Hüllform gelangt, die in das Unendlichkeitszentrum der Knospe hineinwirkt, so ist die nächste Frage doch die, welche Steigung die auf ihm liegenden Spiralen besitzen, d. h. welchen Wert ε für die Wirbeltransformation besitzt.

Es ist sehr interessant, und wie ich denke von hoher Bedeutung, daß die Pflanze bei fast allen ihren Arten eine starke Tendenz zu spiraligen Bewegungen offenbart. Wir sehen sie mehr oder weniger ausgeprägt fast überall, etwa bei der phyllotaktischen Anordnung der Blätter und Zweige, in den spiraligen Blatträndern der Knospe und an vielen weiteren Stellen. Kommen wir aber zur Gestalt der Samenanlage selbst sowie zu den diese umhüllenden Fruchtknotenformen, verschwinden alle Hinweise auf irgendeine spiralige Tendenz – zumindest habe ich dies in den meisten Fällen beobachtet. Wie sorgfältig wir auch die Samenkammern und natürlich den Fruchtknoten selbst untersuchen, um irgendeine Art von spiraligem Aufbau zu entdecken, entweder in der allgemeinen Gestalt oder in der feineren Anordnung der Fasern – es ist vergeblich: Die ganze Form sowie ihr faseriger Aufbau scheint nur von den Richtungen «auf» und «ab» zu zeugen – alles ist längsgerichtet.

Es scheint, als ob die Pflanze im Moment der Vorbereitung der Samenanlage die wunderbare spiralige Bewegung, mit der sie gewachsen und groß geworden ist, zu einer gewissen Starrheit einfriert. Wir müssen also, wie es scheint, die Wirbeltransformation für $\varepsilon = \infty$ betrachten, wo nämlich die Wegkurven auf der Wirbelform wie Meridianlinien (Linien konstanter Längengrade) immer auf derselben Ebene durch die Zentralachse verlaufen.

Die Bewegungen der Ebenen unserer Wirbelform lassen sich der Vorstellung gut näher bringen: Zunächst werden alle von der horizontalen unendlich fernen Geraden wie fest gehalten, gleiten dann langsam nach innen, immer tangential an der Fläche des Wirbels bleibend, bis sie sich schließlich alle in der Zentralachse zusammenfinden. Eine beeindrukkende wirbelförmige Prozession von gleichzeitig aus jeder Richtung der horizontalen Unendlichkeit hergleitenden Ebenen, die sich allesamt in die zentrale Achse hineinbewegen und in ihr zur Ruhe kommen. Und soweit unsere Einsicht reicht, zeigen sie dabei keinerlei spiralförmige Bewegungstendenz. Wir hören viel von den komplementären Qualitäten der Ausdehnung und Zusammenziehung zwischen dem Zentrum und der Peripherie. Gewöhnlich sind wir geneigt, dies als sphärischen (kugelförmigen) Prozeß aufzufassen, als Bewegung des Ausgleichs zwischen einem zentralen Punkt und einer peripheren Ebene. Aber hier werden wir dazu geführt, diese Bewegung in davon ziemlich unterschiedener Weise als Bewegung von einer Geraden zu einer anderen Geraden zu betrachten, endend in der Aufrechten des Lebens. Und es ist dieser gesamte nach innen und außen sich offenbarende Bewegungsorganismus, der, wenn er durch die spiralige Knospentransformation ergriffen und verwandelt wird, die Form der Fruchtknoten oder samentragenden Teile der Pflanze erzeugt.

Einige Jahre, nachdem ich zu diesen Ideen geführt worden bin, wurde ich durch einen Freund auf eine Ausführung Rudolf Steiners aufmerksam gemacht, wo er zwei gegensätzliche Bildeprinzipien oder Kräftewirksamkeiten bei der Pflanze beschreibt. Die eine Wirksamkeit offenbart sich in der spiraligen Metamorphose vom Blatt zum Kelchblatt, Blütenblatt und Staubblatt (die er mit Planetenbewegungen in Zusammenhang bringt), die andere offenbart sich im aufrechten Stengel, der aufschwillt zum Fruchtknoten und Gynoceum, was Steiner in Zusammenhang mit dem Einfluß der Sonne bringt.[11] Er weist darauf hin, daß die Richtung des Stengels gegeben ist durch die Verbindung des Zentrums der Erde mit dem der Sonne. «Wir haben also die gesamte Pflanze zusammenzusetzen aus dem, was gegen die Sonne oder gegen den Mittelpunkt der Erde hin wächst, und dem, was sich herumwindet und in den Blattansätzen nachbildet die Bewegungen der Planeten.» Weiter unten spricht er davon, daß diese beiden «Bewegungskräfte» zu einer bestimmten Zeit verbunden werden, «und zwar, wenn der Zeitpunkt des Jahres eintritt, wo die Pflanze zu ihrer Befruchtung schreitet. Da verbindet sich das spiralige Bewegungsprinzip mit dem Prinzip, das im Stengel wächst . . .» – und zwar «zu einer Art von Ehe».

Als ich dies las, mußte ich mich fragen, ob ich es wagen dürfe, daran zu glauben, daß wir in der Pivottransformation, in der die spiraligen Wegkurven der Knospe die Ebenen des Wirbels (die keine Spiralbewegung aufweisen, sondern sich immer gegen die Aufrechte der Zentralachse hin bewegen) ergreifen und transformieren, tatsächlich einen mathematischen Ausdruck desjenigen gefunden haben, was zumindest ein in dieser «Ehe» Mitwirkendes ist.

Es ist wichtig, sich immer wieder daran zu erinnern, daß es nicht möglich ist, eine einzige Wegkurve oder eine Wegkurvenfläche für sich allein zu erhalten. Ein Wegkurvensystem enthält ganze Unendlichkeiten von solchen Formen und insbesondere einfach unendlich viele Knospen- oder Eiformen, eine innerhalb der anderen liegend. Die Knospe wächst in solch einem *Formfeld* auf und kann natürlich nur *eine* Form in die physische Erscheinung bringen, während bei der Pivottransformation das ganze *Feld* als aktiv betrachtet werden muß. Entsprechend ist der von uns durch Berechnungen abgeleitete Wirbel nur einer aus einer unendlichen Familie von den Raum erfüllenden Wirbeln, einer innerhalb des anderen liegend. Die Pivottransformation erzeugt also nicht nur *eine* Samenkammerform, sondern ein ganzes Feld von Formen. Die die Samenanlage tragenden Teile der Pflanze entwickeln sich in einem Formfeld, das wir, wie es etwa für die Glockenblume berechnet werden kann,

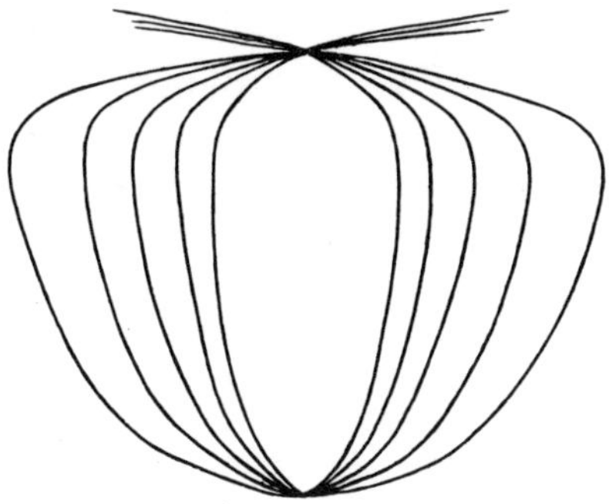

Abb. 106 Ausschnitt aus dem Formfeld des Fruchtknotens der Glockenblume.

in Abb. 106 dargestellt haben. Ich habe die Bezeichnung Formfeld (der englische Titel des Buches ist *The Field of Form*) mit Bedacht gewählt. Es wäre ein gewaltiger Irrtum, wollte man es mit irgendeiner Art von physikalischen Feldern verwechseln oder in Zusammenhang bringen. Wir haben es hier nur mit der *Form* allein zu tun – mit der *reinen* Form oder Gestalt. Ein Kraftfeld ist im Raum verankert; es hat eine räumlich wohlbestimmte Quelle von gewisser Intensität; wir können auf einen bestimmten Punkt deuten und sagen, hier hat die Kraft eine gewisse Richtung und gewisse Intensität, während dies bei einem anderen Punkt verschieden ist. Ich glaube, das Formfeld muß eher *wie eine Idee* aufgefaßt werden, in der Art, wie sie etwa die mittelalterlichen Philosophen noch gedacht haben; es gibt nur *eine* Idee «Rose», die sich aber in tausend verschiedenen Orten und Zeiten manifestieren kann. Wäre es sinnvoll, die Idee zu befragen, wo sie sei, oder wie groß sie sei oder gar in welche Richtung sie tendiere? In gewisser Weise erfüllt sie sicher den Kosmos. Aber von sehr hoher Bedeutung unter ihren verschiedenen Qualitäten wird die Form sein; sie gehört zum ersten, was wir von einer Rose gewahr werden, sobald wir sie sehen. Ich glaube, daß in der Pflanze etwas von der Qualität der reinen Form, entkleidet von jeglichen räumlichen Begrenzungen (abgesehen von denjenigen, die die Form selbst bedingt), am Werke ist: Sobald die Pflanze die unmittelbaren und notwendigen Beschränkungen des Ortes und der Ausdehnung auf sich nimmt, kann sich diese Form durch den Organismus der Pflanze offenbaren. Und ich wage zu hoffen, daß im Formfeld dieselbe Entität zur Erscheinung kommt wie im Bewußtsein des nachdenkenden Menschen –

wenn sie auf seinem Zeichentisch sichtbar Gestalt annimmt, aber wiederum beschränkt, diesesmal gemäß mathematischer Notwendigkeit, in bezug auf Ort und Ausdehnung. Wenn man nun aber diese beiden Dinge vergleicht, die reale Pflanze und die mit Hilfe der Mathematik gewonnenen Figuren und Skizzen, so findet man in bezug auf die Formen Übereinstimmung, und zwar deshalb, weil die reine Form die Quelle beider Erscheinungen ist.

Wasser- und Luftwirbel

Wir müssen nun zu dem Vorbehalt zurückkehren, auf den ich bereits hingewiesen habe. Wir nehmen uns noch einmal Abb. 102 (s. S. 208) vor und beachten die Art und Weise, wie die Wirbelform gewonnen wurde. Dies ergab uns immer eine Transformation mit $\lambda_k < -1$, was mittels der Pivottransformation eine vom unteren Pol der Knospe nach unten verlaufende Form des Fruchtknotens liefert; ein Botaniker nennt dies einen unterständigen Fruchtknoten. Aber viele Pflanzen haben einen vom unteren Pol in das Innere der Knospe, d. h. nach oben wachsenden Fruchtknoten, einen sogenannten oberständigen Fruchtknoten. Es wäre selbstverständlich ohne weiteres möglich gewesen, in Abb. 102 die Bewegung so zu wählen, daß sie entlang der horizontalen Geraden und entlang der vertikalen Achse von Y' weg verläuft; das λ_k des Wirbels ist dann gegeben durch

$$\lambda_k = \frac{B - A}{A},$$

wobei wir unter der Voraussetzung $A > B$ tatsächlich einen anderen Wirbeltyp erhalten. Diese beiden Wirbel sind für die weitere Entwicklung der vorliegenden Arbeit von so großer Bedeutung, daß wir sie in den Abbildungen 107 und 108 zur Darstellung gebracht haben. Für diese Zeichnungen haben wir ε einen endlichen Wert gegeben, so daß die Wirbel von spiraligen Kurven überdeckt sind, was natürlich nicht notwendig der Fall zu sein braucht. Von einem Freund wurde ich darauf

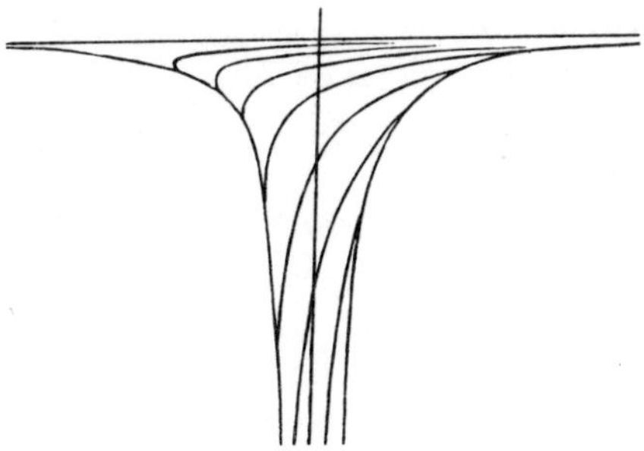

Abb. 107 Wasserwirbel, mit $\lambda = -2.7$.

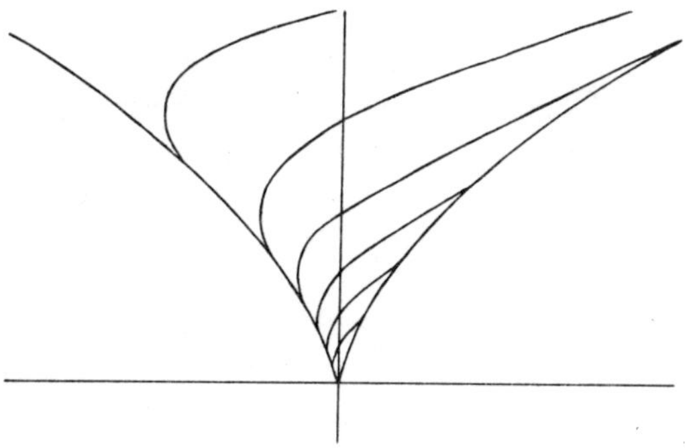

Abb. 108 Luftwirbel, mit $\lambda = -0.4$.

aufmerksam gemacht, daß diese beiden Wirbel-Typen ein qualitativ verschiedenes Empfinden hervorrufen; der erste, für den $\lambda_k < -1$ ist, könnte das Bild eines Wasserwirbels sein, wie er entsteht, wenn Wasser in einem Loch verschwindet, oder umgekehrt ein Bild für Wasser, das aus einer Quelle herausströmt und sich an der Oberfläche ausbreitet. Er hat eine sanfte, beruhigende Wirkung. Der zweite, mit $-1 < \lambda_k < 0$ hat nichts von diesem beruhigenden Charakter; er erscheint wie das Bild eines Wirbelsturms und erzeugt eher eine luftartige Empfindung. Ich empfand, daß diese sehr unmathematischen Beobachtungen trotzdem in gewissem Sinne von Bedeutung sind. Seitdem habe ich diese Wirbel jedenfalls immer Wasser- und Luftwirbel genannt und sie auch in diesem Sinne in mein Bewußtsein aufgenommen. Ich möchte aber in keiner Weise den Eindruck erwecken, daß ich diese Bezeichnungen deswegen als Fachausdrücke einführe, weil ich auf den entsprechenden Zusammenhang mit den Elementen der alten Griechen hinweisen möchte. Ich verwende sie nur, weil sie bequeme und anschauliche Namen für diese Wirbelformen darstellen.

Es ist nun eine interessante Tatsache, daß der Luftwirbel, wenn sein Zentrum irgendwo in die Knospe hineinverlegt wird, oberständige Samenanlagen erzeugt, die im Innern der Knospe emporwachsen und von einem oberständigen Fruchtknoten umhüllt werden. Indem man dieselben Gleichungen wie oben benutzt, kann man auch ein (b,λ)-Diagramm herstellen; die Methode ist ganz ähnlich, mit einem entscheidenden Unterschied, der die Arbeit um einiges aufwendiger gestaltet und die Resultate weniger übersichtlich erscheinen läßt. Bei der ersten Pflanze, mit der ich einen solchen Versuch machte, dem Johanniskraut, erhielt ich einen recht guten Schnittpunkt der drei Kurven sowie eine beinahe perfekte Übereinstimmung mit der Form des Fruchtknotens. Nun dachte ich, ich hätte das Geheimnis gefunden: Luftwirbel für den oberständigen und Wasserwirbel für den unterständigen Fall. Trotzdem kamen im Lauf der Arbeit viele Fälle vor, in den sich die drei Kurven hartnäckig weigerten, durch einen Punkt zu gehen. Die Sache wurde mit der Zeit immer bedrückender, so daß ich mich zu einer Nachprüfung all dessen entschloß, was ich bisher getan hatte. Dabei fand ich, daß im Fall des unterständigen Fruchtknotens die Sache mit Hilfe des Wasserwirbels *jedesmal* perfekt funktioniert hatte (zu dieser Zeit hatte ich die Wilde Iris noch nicht bearbeitet), dagegen beim größten Teil der oberständigen Fruchtknoten, wo ich den Luftwirbel benutzte, überhaupt kein möglicher Wirbel aufzufinden war, der eine mit dem vorliegenden Fruchtknoten übereinstimmende Form erzeugte. Es wurde immer offensichtlicher, daß der Luftwirbel nicht länger als Erzeuger für diese Art von Fruchtknoten gelten konnte. Abb. 109 zeigt das (b,λ)-Diagramm für den Storchschnabel, und ist typisch für viele ähnliche Fälle.

Dies war enttäuschend, aber es war ein klarer Hinweis auf die Tatsache, daß für diese Kurven keine mathematische Notwendigkeit besteht, sich zu treffen. Es ist wirklich bemerkenswert, daß der Wasserwirbel in Fällen mit unterständigen Fruchtknoten durchgehend erfolgreich war.

Während ich nach einer Lösung dieses Problems Ausschau hielt, versuchte ich eines Tages, eher lustlos und ohne ein bestimmtes Resultat zu erwarten, eine der oberständigen Fruchtknotenformen am Boden der Knospe zu spiegeln und sie so, vom Knospenboden ausgehend, nach

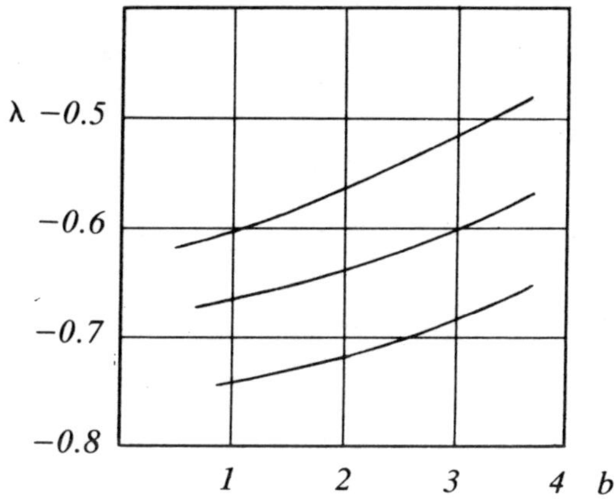

Abb. 109 (b, λ) – Diagramm für den Fruchtknoten des Storchschnabels.

unten verlaufen zu lassen. Mit Hilfe eines Wasserwirbels erhielt ich anschließend sofort ein (b,λ)-Diagramm, auf dem sich die drei Kurven optimal trafen, sowie eine Fruchtknotenform in nahezu perfekter Übereinstimmung mit dem Original. Dies mag für *einen* Fall richtig sein, aber da waren ja noch neunzehn andere. Einen nach dem anderen probierte ich durch und erhielt bei allen perfekte oder fast perfekte Resultate, außer in zwei Fällen, und sogar bei diesen ergab sich ein guter Treffpunkt der Kurven, jedoch mit einem Wirbel, dessen Zentrum leicht oberhalb der Spitze der Knospe lag.

Was hatte all dies zu bedeuten? Daß das Formfeld seine Spiegelung an der unteren invarianten Ebene der Knospentransformation mit enthält? Oder daß das Feld diejenige *Form* zeigt, die die Schwellung des Stengels (die zum Fruchtknoten wird) annimmt, unabhängig von seiner Orientierung nach oben oder nach unten? Läßt sich für letztere Ansicht eine gewisse Rechtfertigung in den Worten Rudolf Steiners finden, wenn er von den im Stengel wirkenden Sonnenkräften spricht und sagt: «Wir haben also die gesamte Pflanze zusammenzusetzen aus dem, was gegen die Sonne oder gegen den Mittelpunkt der Erde hin wächst . . .»[11], als ob also das Wesentliche in der Richtung der Geraden zwischen Erde und Sonne läge und weniger in der Orientierung nach oben oder nach unten?

Hat man es mit einzelnen Pflanzen zu tun, so trifft man auf ungewöhnliche Situationen, etwa bei der Roten Lichtnelke (Abb. 110). Die Knospe

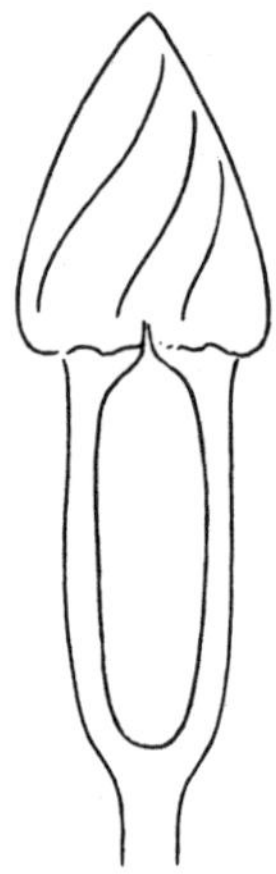

Abb. 110 Knospe der Roten Lichtnelke, mit Fruchtknoten.

besteht aus zwei Teilen, einem langen röhrenförmigen Teil von neutraler Farbe, überragt durch einen farbigen und spiraligen Teil. Der Fruchtknoten ist im röhrenförmigen Teil enthalten, und ich vermute, daß ihn ein Botaniker als oberständig bezeichnen würde. Der obere spiralige Teil erweist sich als gute Wegkurvenform; ihr unterer Pol liegt am oberen Ende des Fruchtknotens. Ist es so, oder handelt es sich um einen irgendwie heruntergerutschten oberständigen Fruchtknoten, oder ist es gar der untere Pol der Knospe, der etwas über ihn hinausgewachsen ist? Ich fragte verschiedene Botaniker, aber keiner konnte mir eine überzeugende und klare Antwort in bezug auf die hier vorliegenden geometrischen Verhältnisse geben. Und dies ist nicht der einzige Fall, bei dem es schwerfällt zu entscheiden, ob der Fruchtknoten nach unten oder nach oben wächst. Ein weiteres Beispiel ist die Schlüsselblume; in Australien traf ich auf Fälle, wo der Fruchtknoten wie entzweigeschnitten war durch die Ebene, die mir als die untere Ebene der Knospe erschien (andererseits ist der Eukalyptus auch eine merkwürdige Pflanze). Niemand kann sagen, ob hier der Fruchtknoten ober- oder unterständig ist.

Ich glaube nicht, daß über die in diesem Kapitel behandelten Forschungen das letzte Wort gesprochen ist. Aber dies weiß ich ganz sicher: In über dreißig Fällen hat die Pivottransformation des Wasserwirbels exakt die Form der Schwellung des Stengels ergeben, die von den Samenanlagen oder den Fruchtknoten der Pflanze hervorgerufen wird. Und der

Luftwirbel, den wir im Zusammenhang mit unseren Studien der Pflanze zurückweisen mußten, erwies sich in weiteren Untersuchungen in vielerlei Aspekten als bedeutsam für die Embryonalentwicklung des Tieres und des Menschen (vgl. Edwards [1982]).

Ich schließe dieses Kapitel mit einer Liste der λ_k-Werte der Pflanzen, die ich mit Hilfe der dargestellten Methoden berechnet habe (Tabelle 32, s. S. 228). Der wahrscheinliche Fehler für diese Zahlen ist um einiges größer als derjenige für das Knospen-λ; er variiert beträchtlich von Knospe zu Knospe, gemäß der Größe der Fruchtknoten (die manchmal sehr klein sind), den Schwierigkeiten bei ihrer Messung sowie der Verläßlichkeit des ε-Wertes der Knospe, was ebenso eine variable Sache ist. Der wahrscheinliche Fehler reicht von ungefähr $\pm$ 0.1 bis etwa $\pm$ 0.4 in den schlimmsten Fällen. Man achte auf die völlige Absenz von λ_k im Bereich von -1 bis -2 und die große Konzentration zwischen -2.6 und -2.8.

Wir erinnern daran, daß der λ_k-Wert nicht allein durch die Gestalt des Fruchtknotens bestimmt ist, sondern zusätzlich durch die Knospen-Parameter. Folglich haben viele der Knospen, die etwa einen λ_k-Wert im Intervall von -2.6 bis -2.8 haben, untereinander recht verschiedene Fruchtknotenformen.

Tabelle 32

Pflanze	λ_k-Wert
Flieder	–2.0
Johanniskraut	–2.05
Fingerkraut	–2.2
Storchschnabel	–2.2
Winde	–2.25
Wilde Kirsche	–2.4
Sternhyazinthe	–2.4
Große Sternmiere	–2.5
Sibirica	–2.5
Vogelmiere	–2.6
Forsythie	–2.7
Schneeglöckchen	–2.7
Osterglocke	–2.7
Wilde Rose	–2.7
Schlüsselblume	–2.7
Fingerhut	–2.8
Butterblume	–2.9
Sauerklee	–3.0
Narzisse	–3.1
Glockenblume	–3.2
Wiesenschaumkraut	–3.4
Rote Lichtnelke	–3.6
Schwertlilie	–3.6
Mondviole	–3.6
Aubretie (Blaukissen)	–3.75
Ehrenpreis	–3.8
Filziges Hornkraut	–3.9
Winterjasmin	–3.9
Milchstern	–4.3
Bärlauch	–4.8
Weiße Lichtnelke	–5.0

11
Der Wasserwirbel

Im vorhergehenden Kapitel zeigte ich, wie ein ebenenhafter Wegkurvenwirbel mittels einer Pivottransformation einen fast vollkommenen, punkthaften Umriß der Form der samentragenden Teile der Pflanze erzeugt, sobald man mit dem damals kosmisch genannten Tetraeder arbeitet. (Dieses Tetraeder besteht aus den beiden imaginären Kreispunkten I und J in der horizontalen unendlich fernen Geraden sowie zwei reellen Punkten, von denen der eine im Zentrum und der andere im Unendlichen in vertikaler Richtung liegt.) Den entsprechenden Wirbeltyp nannte ich aus rein qualitativen und anschaulichen Gründen damals Wasserwirbel. Bei einer Reihe von Anlässen, bei denen ich darüber sprach, wurde ich immer wieder gefragt, ob dies tatsächlich derselbe Wirbeltyp sei, den auch das Wasser bilde, wenn es durch eine Öffnung am Boden eines Gefäßes ausfließen kann, und ich mußte stets antworten, daß ich es einfach nicht wisse.

Nachdem ich vor ein paar Jahren Australien verlassen hatte, ergriff mein Freund John Blackwood aus Sydney die Initiative, dieser Frage nachzugehen. Er entwarf und baute ein Gerät zum Erzeugen und Fotografieren von Wirbeln im Wasser. Es besteht aus einem Gefäß mit durchsichtigen Wänden, aus dem das Wasser in streng kontrollierbarer Geschwindigkeit durch ein enges Rohr in der Mitte des Bodens ausfließen kann, während ein zweites Rohr oben im Tank Wasser in demselben Maße zuführt, so daß im Lauf des Experiments der Wasserspiegel konstant bleibt. Der entsprechende Wirbel kann von der Seite des Tanks her fotografiert werden.

Als Ergebnis erhielt ich einige prächtige Farbfotos von drei Wirbeln, die drei verschiedene Fließgeschwindigkeiten repräsentieren. Auf den ersten Blick schienen die drei Wirbel von sehr unterschiedlichen Proportionen zu sein; bei schnell ausfließendem Wasser war der Wirbel lang und dünn und bei langsam ausfließendem Wasser kurz und gedrungen. Der

Umriß des Wirbels war in jedem Fall etwas unregelmäßig, und sah fast wie die Seitenansicht eines groben Seiles aus; aber ich war zuversichtlich, daß man eine glatte Kurve durch den leicht gewellten Umriß ziehen könne, um so zu der Grundform, die dem Wirbel zugehört, zu gelangen.

Eine der ersten und oft eine erhebliche Schwierigkeit bei der Analyse einer solchen Form besteht darin, mit Sicherheit den oberen und unteren Pol der Transformation zu bestimmen, d. h. den reellen Teil des invarianten Tetraeders zu identifizieren. Ich dachte, es werde in diesem Fall keine Schwierigkeiten geben; die Fotos zeigten den Wasserspiegel sowie das untere Ende des Wirbels in wunderbarer Deutlichkeit. Auf Anhieb schien nichts dagegen zu sprechen, den oberen Pol X in die Mitte des Wirbels auf die Höhe des Wasserspiegels und den unteren Pol Y in die untere Spitze des Wirbels zu legen. Es war dann leicht, den Abstand von X nach Y in die üblichen acht gleichen Teile zu teilen und die λ-Werte für die sechs Niveaus A, B, C, D, E und F zu berechnen. Indem ich dies tat, ließ ich mich allerdings auf eine Enttäuschung ein. Beim größten der drei Wirbel kamen die λ-Werte wie in Tabelle 33 heraus.

Tabelle 33

Niveau	λ-Wert
A	+ 0.43
B	+ 0.115
C	− 0.07
D	− 0.17
E	− 0.32
F	− 0.37
Gewichtetes Mittel −0.03	
Mittlere Abweichung 787 %	

Die alarmierende Zahl für die mittlere Abweichung darf uns nicht zu sehr überraschen, denn es ist kein sinnvolles Vorgehen, sie als Prozentsatz einer so kleinen λ-Größe auszudrücken. Aber ebenso offensichtlich ist aus den vorliegenden Zahlen als solchen klar, daß ihre Streuung unannehmbar hoch ist. Es handelt sich also um keine gute Wegkurven-

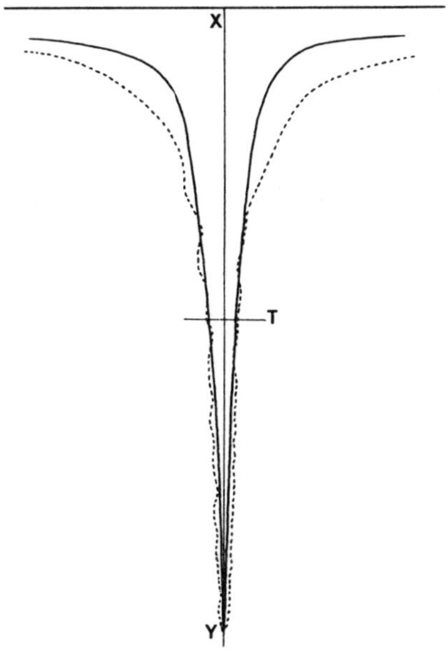

Abb. 111 Legen wir den unteren invarianten Punkt unseres Tetraeders in das untere sichtbare Ende des Wasserwirbels, so ist es nicht möglich, eine gut an das Profil des Wirbels angepaßte Wegkurve zu finden.

form, oder zumindest nicht in diesem Tetraeder. Messungen an den beiden kleineren Wirbeln ergaben ähnliche Resultate.

Verdeutlichen wir uns, was diese Abweichungen für die wirkliche Gestalt bedeuten. In Abb. 111 repräsentiert die punktierte Kurve den aus der Fotografie übertragenen wirklichen Umriß des Wirbels, und die durchgezogene Kurve die derart berechnete mathematische Form, daß beim Niveau T in der Mitte zwischen den Polen X und Y gute Übereinstimmung zustande kommt. Wie man sieht, ist die mathematische Form zu eng, sowohl oberhalb wie unterhalb dieses Niveaus. Natürlich kann man die mathematische Form weit besser dem oberen Ende angleichen, wenn man sie für einen größeren Radius berechnet, dann allerdings auf Kosten eines viel zu dicken mittleren Teils. Kurz, es ist klar, daß die mathematische Form einfach eine falsche Gestalt liefert, mit viel zu flachen Seiten.

Es bleibt aber noch eine andere Möglichkeit: daß der untere Pol Y im

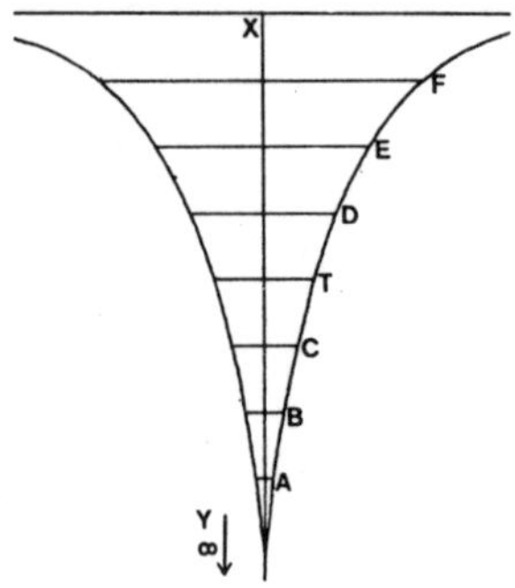

Abb. 112

Unendlichen liegt, d. h. daß die ideale Form unendlich lang ist und der wirkliche Wasserwirbel sich dieser Form anzunähern versucht, soweit es eben die physikalischen Gesetzmäßigkeiten der Substanz zulassen. Es schien jedenfalls notwendig zu untersuchen, wie gut – oder schlecht – sich die tatsächliche Gestalt an eine solche ideale Form annähert.

Das Vorgehen mußte jetzt geändert werden, da offenbar der unendliche Abstand zwischen X und Y nicht in acht gleiche Teile geteilt werden kann. Statt dessen teilen wir die Distanz von X zur unteren Spitze des Wirbels in unsere acht Teile und berechnen den Bruch XT/XF; dies liefert uns das 2ε-Maß entlang der Zentralachse von F zu T (Abb. 112).

Sei $\ln(XT/XF) = a$. Setzen wir den Radius bei F gleich f und bei T gleich t, so ergibt uns der Bruch t/f das $(\varepsilon-\alpha)$-Maß entlang den invarianten Geraden durch X. Sei $\ln(t/f) = b$, dann ist $\lambda = (a-b)/b$.

Wir bemerken, daß für diese Art von Wirbel b negativ ist. Das Aufsuchen von negativen Logarithmen ist oft unbequem, so daß es einfacher ist, $\lambda = -(a+b)/b$ zu schreiben, wo $b = \ln(f/t)$ ist; d. h. wir setzen immer die größte Zahl in den Zähler. In dieser Form erschien die Gleichung in Kapitel 10.

Wenden wir diese Methode auf den größten Wirbel an, so erhalten wir sofort viel befriedigendere Resultate (Tabelle 34). Die Ergebnisse für die beiden kleineren Wirbel sind: $\lambda = -1.71$ mit einer mittleren Abweichung von 4 % und $\lambda = -1.74$ mit einer mittleren Abweichung von 5.5 %. Abb. 113 zeigt, wie gut die Übereinstimmung tatsächlich ist.

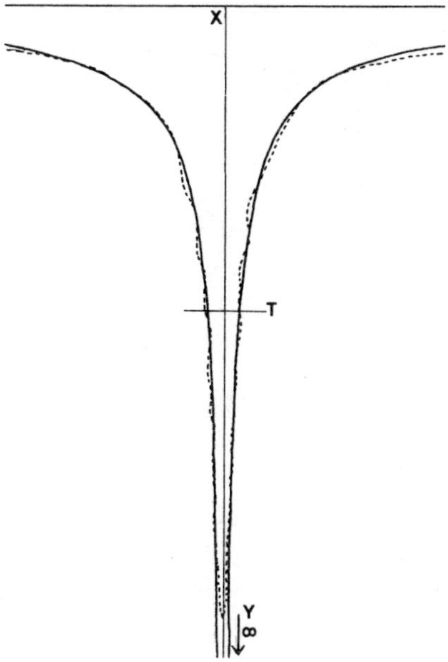

Abb. 113 Sobald wir wie bei den Fruchtknoten der Pflanzen ein Tetraeder benützen, bei welchem der invariante Punkt Y im Unendlichen liegt, erhalten wir eine fast vollkommene Übereinstimmung der Wegkurve mit dem Profil des Wasserwirbels. Die punktierte Kurve wurde aus der Fotografie übernommen.

Tabelle 34

Niveau	λ-Wert
A	− 1.66
B	− 1.70
C	− 2.00
D	− 1.82
E	− 1.71
F	− 1.82
Gewichtetes Mittel −1.75 Mittlere Abweichung 5.4 %	

Wir sehen daraus, daß der Wirbel, der bei der Erzeugung der Fortpflanzungsorgane der Pflanze eine so wichtige Rolle zu spielen scheint, genau derselbe Wirbeltyp ist wie derjenige des Wassers, jedenfalls innerhalb des Bereichs der feinsten Messungen, die mir möglich waren. Und die Tatsache, daß die so verschieden erscheinenden drei Wirbel, deren Fotografien mir von John Blackwood zugeschickt wurden, alle etwa dieselben projektiven Parameter besitzen (was bedeutet, daß die verschiedenen Wirbel für verschiedene Fließgeschwindigkeiten Umrisse aufweisen, die im wesentlichen demselben Formfeld angehören), gibt mir das Vertrauen, daß das projektive Vorgehen in der Tat bedeutungsvoll ist.

Später fotografierte John Blackwood drei weitere Wirbel, deren Auswertung im wesentlichen dasselbe Resultat lieferten. Er schrieb an mich: «Wenn Du die Wirbel wirklich fließen gesehen hättest, wie ich es natürlich sah, so wärst Du wahrscheinlich gleich auf das kosmische Tetraeder zugesteuert! Es ist eine sehr sensible und empfindliche Form, wie ein bewegliches Juwel . . . Die kleinste Änderung der Fließgeschwindigkeit verändert auch die Tiefe, in der die ‹molekularen› oder ‹Oberflächeneffekte› überwiegen.»

Angesichts der bedeutungsvollen weiteren Fortschritte der Arbeit, von denen ich im nächsten Abschnitt einen vorläufigen Bericht geben werde, ist diese Beziehung zur Bewegungsqualität des Wassers etwas, was mir große Konsequenzen zu haben scheint.

12
Zum Verhältnis von Gestalt und Leben

Dieses Kapitel kann nur eine knappe Einführung in einen der neuesten Zweige meiner Forschungen geben. Zur Zeit der Abfassung des vorliegenden Buches (1982) sind diese noch voll im Gange und werden weiterentwickelt. Der neu hinzugewonnene Aspekt wurde durch eine der Fragen nahegelegt, die ich immer wieder an die Natur stellte. In Kapitel 7 studierten wir nicht nur die hauptsächlichen Formen von Knospen gewisser ausgewählter Pflanzenarten, sondern auch die Formen ganzer Serien von Knospen einer einzigen Pflanze. Es zeigte sich dabei, wie auffallend genau die meisten dieser zarten kleinen Knospen ihre ideale Form erreichen – trotz aller Widrigkeiten der zum Teil unwirtlichen Verhältnisse, in denen sie heranwuchsen. In einer Menge von zehn beliebig ausgewählten Knospen zeigen fünf oder sechs eine so kleine mittlere Abweichung von ihrer mathematischen Form, daß dies als Hinweis auf eine besonders genaue Wegkurvenform aufgefaßt werden kann; unter den übrigen Knospen sind es gewöhnlich nur ein oder zwei, die ganz beträchtlich von ihrer idealen mathematischen Form abweichen. Solche «Abweichler« sind nichtsdestoweniger immer vorhanden und müssen in unsere Betrachtungen mit einbezogen werden. Es stellt sich dann die Frage: Ist es für die Pflanze von Bedeutung, ob ihre Knospen gute Wegkurven sind oder nicht? Oder, etwas anders ausgedrückt: Haben wir eine Knospe mit perfekter Wegkurvenform und eine andere, die wesentlich davon abweicht, läßt sich dann irgendwie feststellen, ob die Lebenskräfte der Pflanze im einen Fall stärker wirken als im andern?

Eine Antwort auf diese Frage läßt sich nur finden, wenn wir auf irgendeine Weise bei einer speziellen Knospe messen könnten, wie stark in ihr die Lebenskräfte wirken. Zunächst scheint es, als ob dies eine einfache Sache wäre. Aber bei genauerem Hinsehen eröffnen sich verschiedene Wege. Die bisher verläßlichste Methode gründet sich auf folgenden Gedanken: Eine charakteristische Eigenschaft, durch die sich die lebendigen Organismen von den leblosen Mineralen unterscheiden, ist der Strom von Flüssigkeiten – die Säfte in der Pflanze, das Blut und die Lymphe im Tier und beim Menschen. Es scheint vernünftig, diesen Flüssigkeitsstrom als Ausdruck der Wirkung der Lebenskräfte aufzufassen. Betrachten wir die Blattknospe einer Buche oder einer Eiche während des Winters, d. h. eine Knospe, die noch mehrere Monate bis zur Entfaltung vor sich hat, so ist ihr Inneres relativ trocken. Nähert sich der Tag der Öffnung, dringt der Saft mehr und mehr in sie hinein. Es scheint sinnvoll, den prozentualen Saftgehalt einer Knospe als Indikator für das Maß des Eindringens und Wirkens der Lebenskräfte zu betrachten. Auch ist dies nicht schwierig zu messen: Wiegt man die Knospe auf einer empfindlichen Torsionswaage, trocknet sie, bis sie völlig ausgedörrt ist, und wiegt sie wieder, so erhält man ein direktes Maß für die ausgetretene Flüssigkeitsmenge. Daraus läßt sich dann leicht der prozentuale Saftgehalt der Knospe bestimmen.

Die Erfahrung zeigt, daß, wenn wir etwa zehn Knospen aus demselben Blütenstand oder von demselben Zweig eines Baumes nehmen und entsprechend dem obigen Verfahren analysieren, der jeweilige Saftgehalt von Knospe zu Knospe variiert; die Differenz zwischen einzelnen Knospen macht etwa 4 – 6 % aus. Manche Knospen sind trockener, andere konnten mehr von der lebenspendenden Flüssigkeit in sich aufnehmen. Messen wir ihre Formen, so finden wir, daß manche eine gute Wegkurvenform aufweisen, andere eine weniger gute. Es ist nun von höchstem Interesse herauszufinden, ob Knospen mit guten Wegkurven auch die größte Menge an Flüssigkeit aufnehmen können und folglich, wie wir annehmen, auch die lebenskräftigsten sind.

Sobald ich mit meinen Betrachtungen soweit gekommen war, begann ich damit, die aufgestellte These auf ihre Richtigkeit zu prüfen. Die Methode ist ganz einfach. Es werden zehn Knospen einer Pflanzenart ausgewählt, die sich unter möglichst identischen Bedingungen entwickelt haben. Wir beachten dabei sorgfältig, daß alle im selben Entwicklungsstadium sind. Sie werden alle je zweimal fotografiert, und zwar aus zueinander rechtwinkligen Richtungen, so daß wir eine möglichst vollständige Information über ihre Gestalt erhalten. Anschließend wird ihr Saftgehalt geprüft, die Fotografien werden ausgewertet und die Abweichung jeder Knospe von der ihr zukommenden idealen Wegkurve berechnet. Jetzt können die Knospen in je zwei Ranglisten eingeordnet werden; in die eine gemäß der Vollkommenheit ihrer Wegkurvenform, wobei die vollkommenste den Platz 1 am linken Ende der Liste und diejenige mit der stärksten Abweichung den Platz 10 am rechten Ende erhält. In der anderen Rangliste, die den Saftgehalt repräsentiert, kommt die Knospe mit dem höchsten Saftgehalt auf Platz 1 ganz links und diejenige mit dem tiefsten auf Platz 10 ganz rechts auf der Liste. Ist nun unsere These richtig, so sollten diejenigen Knospen, die im linken Teil der ersten Liste erscheinen, d. h. die vollkommener geformt sind, durchweg öfters auf der linken anstatt auf der rechten Seite der zweiten Liste erscheinen. Wir müßten also eine Korrelation zwischen diesen beiden Listen feststellen können.

Es gibt eine gut erprobte Methode, um zwei solche Listen auf eine mögliche Korrelation hin zu testen, nämlich mit Hilfe des sogenannten Spearmanschen Rangkorrelations-Indexes. Dieser Index ist nicht schwierig zu berechnen, aber für die Details müssen wir auf Lehrbücher der Statistik verweisen.[12] Es gnügt für uns zu wissen, daß,wenn der Spearman-Index Null wird, kein Hinweis auf eine Korrelation ableitbar ist. Ein positiver Wert des Indexes spricht für das Vorhandensein einer Korrelation, die perfekter wird, je mehr sich der Index + 1 annähert. Ein negativer Index weist auf eine sogenannte Antikorrelation hin, d. h. es existiert eine Art Korrelation, aber sie geht in die entgegengesetzte Richtung, nicht die, die wir erwartet haben. Die Antikorrelation wird umso ausgeprägter, je mehr der Index an −1 heranreicht.

In unserem Fall ist es von vornherein klar, daß wir nicht irgendeine Art von perfekter Korrelation erwarten können. Das Wachstum eines lebendigen Organismus ist zu subtil und durch verschiedenste Einwirkungen zu sehr beeinflußt, als daß sich eine davon als besonders dominant herausstellen könnte. Es läßt sich also in keiner Weise aus der Auswertung nur weniger Serien von Knospen irgendein klar bestimmter Schluß ziehen. Erst wenn wir über eine lange Reihe von Beobachtungen feststellen können, daß der Index gleichmäßig öfter positiv als negativ wird, haben wir eine gewisse Sicherheit, daß tatsächlich eine Korrelation vorhanden ist.

Dadurch war mein Arbeitsweg vorgezeichnet. Nach der Auswertung vieler hundert Knospen wurde ich zur Einsicht gezwungen, daß es keine Andeutung für eine Korrelation der genannten Art gibt. Für die Lebenskräfte scheint es von keiner Bedeutung zu sein, ob die Knospen vollkommene Wegkurven aufweisen oder nicht. Die Frage wurde an die Natur gestellt, und sie hat mit «Nein!» geantwortet. Ich war gerade dabei, diese

Richtung der Untersuchungen aufzugeben und mich anderen und fruchtbareren Gebieten zuzuwenden, als ich bei einem letzten Durchgehen meiner Aufzeichnungen etwas anderes bemerkte oder zumindest zu bemerken vermeinte.

Es liegt auf der Hand, daß uns eine beliebige Menge von, sagen wir, zehn Knospen mit einer großen Bandbreite von Abweichungen von der perfekten mathematischen Form konfrontieren wird. Sie wird uns aber auch eine ganze Skala von λ-Werten zeigen. Jeder λ-Wert einer Knospe wird vom Mittelwert von λ bezüglich einer Gesamtheit von zehn Knospen mehr oder weniger stark abweichen. Und als ich nun meine Tabellen durchging, schien es mir, als ob die Knospen, deren λ-Wert stark ober- oder unterhalb dieses Mittelwertes lagen, durchweg öfters im rechten Teil der Liste, die den Saftgehalt repräsentiert, erschienen. Diese stark vom Mittelwert abweichenden Knospen waren also trockener und damit weniger lebendig als diejenigen, die nahe dem Mittelwert ihrer Gruppe lagen.

Könnte es sein, daß ich eine falsche Frage an die Natur gestellt hatte? Als Mathematiker erwartete ich, daß die Natur diejenigen Knospen bevorzugt, die *ich* für die besten hielt, eben solche, die meinem mathematischen Ideal am nächsten lagen. Aber sie antwortete mit etwas anderem. Es war, als würde sie sagen: «Eine Pflanze hat in jedem Moment ihrer Entwicklung eine ideale Form, zu der sie hinstrebt, und diejenigen Knospen, die gerade dieser Form am nächsten kommen, sind es, in die ich meine Lebenskräfte besonders stark einfließen lasse.»

Meine Arbeitsweise hatte sich zu ändern. Für jede Serie von Knospen mußte ich nun den Mittelwert von λ bestimmen. Dieser vertrat das Ideal, zu dem die Pflanze in diesem Moment hinzustreben geneigt war. Die Liste mit den Abweichungen hatte nun nicht die Abweichung von der reinen mathematischen Form, sondern die Abweichung von diesem idealen mittleren Wert von λ aufzuzeigen. Sobald ich in dieser Weise meine Arbeit umgestaltete, häuften sich die Belege für die Existenz einer Korrelation zwischen den beiden Ranglisten.

Die Untersuchung ist auch nach dreieinhalb Jahren erst noch in ihren Anfängen. Es gibt dabei viele Schwierigkeiten. Es ist wesentlich, daß die Knospen jeder Serie unter identischen Bedingungen eingesammelt werden und daß sie in genau demselben Stadium der Entwicklung sind. Zwei Pflanzen mögen Seite an Seite heranwachsen und doch hat eine davon ein günstigeres Fleckchen Boden erwischt, vielleicht etwas feuchter oder in irgendeiner anderen Weise dem Wachstum förderlicher. Es ließen sich natürlich viele weitere und ganz andersartige Faktoren aufzählen, die das Wachstum der Knospen beeinflussen können. Es wäre überraschend, wenn man nicht von Zeit zu Zeit negative Korrelationsindizes finden würde. Nicht alle Pflanzenarten reagieren positiv. Insbesondere die Roßkastanie (klebrige Knospe) ist hier zu nennen. Diese schöne Knospe gibt ebensooft einen negativen wie einen positiven Korrelationsindex. Aber sie weist zudem keineswegs eine gute Wegkurve auf. Sie läßt sich vergleichen mit dem Rhododendron, den wir im Kapitel 5 beschrieben haben. Schneidet man die Knospe in vertikaler Richtung auf, so findet man einen dicken braunen Außenmantel (von dem wir die Außenseite gemessen haben). Der innenliegende grüne Teil der Knospe erweist sich dann als eine gute Wegkurve. Und warum schneiden wir nicht alle Knospen einer Serie auf und messen den inneren grünen Teil, um die Abweichung der einzelnen Knospen vom Mittelwert von λ zu finden? Sobald man nämlich die Knospen aufschlitzt, verlieren sie sofort beträchtliche Mengen von Feuchtigkeit an die Luft, und während des Fotografierens und Wägens würde der Verlust genügend groß sein, um das Resultat des ermittelten Saftgehalts vollständig zu verfälschen. Damit dies nicht eintritt, müssen alle Arten von Vorsichtsmaßnahmen getroffen werden.

Auf der anderen Seite zeigte die Schlüsselblume, die, wie bereits erwähnt wurde, eine Sonderstellung unter den Knospen einnimmt und keine besonders gute Wegkurve aufweist, über Jahre hinweg positive Resultate. Aber hier mißt man den farbigen Teil der Blüte – man kann überhaupt nichts anderes messen. Es scheint von Wichtigkeit zu sein, den bedeutsamen Teil der Knospe und z. B. nicht irgendeine deformierte äußere Hülle auszumessen.

In den Untersuchungen der letzten dreieinhalb Jahre wurden mehr als tausend Knospen fotografiert und ausgemessen. Die Bestätigungen für die vermutete Korrelation haben sich dabei fortwährend kumuliert. Meine Instrumente und Methoden zum Wägen der Knospen wurden immer mehr verfeinert und verbessert. Ich gebe hier die mit der bisher besten Ausrüstung gewonnenen Resultate der jüngsten Untersuchungen wieder (Tabelle 35, s. S. 240). Es wurden siebenundsiebzig Serien von je zehn Knospen von sechs verschiedenen Pflanzenarten ausgewertet.

77% der Serien haben einen positiven Spearmanschen Rangkorrelations-Index. Unter zufälligen Bedingungen kommt der Spearman-Index mit gleicher Wahrscheinlichkeit positiv oder negativ heraus. Werfe ich

Tabelle 35

Art	Totale Anzahl Serien	Anzahl Serien mit positivem Index	Mittlerer Spearman-Index
Buchenblattknospe	18	13	+ 0.17
Eichenblattknospe	17	14	+ 0.26
Wilde Rose	14	12	+ 0.32
Schlüsselblume	13	9	+ 0.12
Butterblume	9	8	+ 0.26
Wilde Iris	6	3	+ 0.13
Total	77	59	+ 0.22

eine ideale Münze 77mal, mit welcher Wahrscheinlichkeit kommt über 58 mal Kopf? Dies läßt sich leicht berechnen; die Wahrscheinlichkeit wird 0.0003 %. Der Skeptiker mag einwenden, daß diese Zahlen nicht so gut sind, wie sie zunächst aussehen; ich hätte für die Unterstützung meiner These nur die günstigsten Pflanzenarten ausgewählt. Es trifft zu, daß gewisse Arten nicht in dieser Weise reagierten. Ich besitze aber von diesen und anderen Arten viele Zahlen, die mit Hilfe weniger gut entwickelter Instrumente und Methoden gewonnen wurden, die aber nichtsdestoweniger die oben gegebenen Werte in bemerkenswert deutlicher Weise unterstützen. Ich wurde dadurch zur Überzeugung gebracht, daß die erwähnte Korrelation tatsächlich existiert.

Angenommen, dies ist wirklich der Fall, was kann es bedeuten? Es kommen zwei Dinge in Frage. Es könnte z. B. sein, daß die Pflanze nicht die Möglichkeit hat, ihre Lebenskräfte gleichmäßig auf die einzelnen Knospen zu verteilen, und dadurch die Form der einzelnen Knospen mehr oder auch weniger vollkommen in Richtung ihrer idealen Form für den jeweiligen Moment der Entwicklung ausbildet. Für verschiedene Pflanzen, die an demselben Ort wachsen, ist dies eine durchaus haltbare Idee. Aber jede Serie von Blattknospen der Buche oder der Eiche wurde nicht nur von demselben Baum, sondern vom selben Ast, ja vom selben Zweig genommen. Können wir uns vorstellen, daß der einheitliche

Lebensorganismus eines Baumes bezüglich seiner Seite an Seite heranwachsenden Knospen ein derart differenziertes Verhalten bewirken sollte? Vielleicht – aber dies ist eher unwahrscheinlich.

Die andere Möglichkeit besteht darin, daß die *Form* der Knospen – wie die reine Form selbst – als Träger der Lebenskraft wirkt. Die Pflanze versucht trotz der widerspenstigen Natur der Materie ihre Knospen so nahe wie möglich an die ideale Form anzunähern, soweit ihr dies die störenden Einflüsse erlauben. Es könnte nun sein, daß sie mit der einen Knospe mehr Erfolg hat als mit einer anderen, und daß diejenigen Knospen, die die ideale Form am besten erreichen, die Lebenskräfte am besten zu empfangen geeignet sind. In diesem Sinne darf man die Knospe wie eine Art Kelch betrachten, wobei ihre Fähigkeit, die Lebenskräfte in die Welt der Substanz einwirken zu lassen, nicht allein auf ihrer materiellen Beschaffenheit beruht (obwohl diese sicher von Bedeutung ist), sondern ebenso auf der Ausgestaltung ihrer reinen Form. Form wird zum Träger und Vermittler der Lebenskräfte.

Sobald diese Idee einmal in allen ihren möglichen Konsequenzen ausgearbeitet vorliegt, kann sie wirklich als revolutionär bezeichnet werden. Ich zögerte lange, bis ich von ihr überzeugt war. Aber im Lauf der Arbeit der vergangenen dreieinhalb Jahre, während derer ich um die zweitausend Knospen analysierte, haben sich die Belege ständig angehäuft. Die Sache ist voller Schwierigkeiten, und es bleibt noch viel zu tun. Im Anhang findet sich ein Beispiel, wie eine Serie von zehn Knospen konkret untersucht wird.

Es muß noch ein weiterer wichtiger Gesichtspunkt ins Bewußtsein gehoben werden. Sobald sich unser Interesse von der Betrachtung der Abweichung einer einzelnen Knospe von ihrer mathematischen Wegkurvenform abgewendet und sich ihrem Verhältnis zur idealen (mittleren) Form zugewandt hatte, war es nicht länger notwendig, λ zu berechnen – oder überhaupt die projektive Geometrie zu verwenden. Es ist sehr leicht, einfach den Mittelwert aller Messungen zu bestimmen und dies als die momentane ideale Form der entsprechenden Pflanze zu bezeichnen. Jede einzelne Knospe kann dann damit verglichen und ihre Abweichung berechnet werden: Man würde nicht mehr als die Schul-Arithmetik brauchen. Daraus ließe sich wieder eine Rangliste erstellen, in der die Knospen gemäß ihrer Abweichung von der mittleren Form angeordnet sind, genauso wie sie durch die oben beschriebenen Listen nach ihrer Abweichung vom Mittelwert von λ angeordnet wurden. Wo liegt nun aber der wesentliche Unterschied zwischen den beiden Ranglisten? Die neue Liste ordnet die Knospen gemäß ihrer untereinander verschiedenen physischen *Gestalt*, so wie sie uns im Raum vorliegt und wie wir sie fotografieren können. Auf der anderen Seite wurden die Knospen in der früher verwendeten Rangliste gemäß ihren Unterschieden im geometrischen *Prozeß* angeordnet. Dieser erzeugt die Form, die sie sich selber geben wollen, durch die ein- und auswickelnden logarithmischen Spiralen in der oberen und unteren Ebene des invarianten Tetraeders; es ist derselbe Prozeß, der die Form der Knospe in der physischen Welt erzeugt und zudem, wie sich aus unseren Untersuchungen ergeben hat, durch diese Form im wesentlichen bestimmt ist.

Führen wir unsere Berechnungen gemäß den zwei genannten Methoden durch, d. h. betrachten wir sowohl die Gestalt wie auch den λ-Prozeß, so dürfen die Resultate nicht stark voneinander abweichen. Andernfalls müssen wir vermuten, daß bei unseren Untersuchungen etwas nicht ganz in Ordnung ist. Nichtsdestoweniger wird es unvermeidlich kleine Differenzen im Endresultat geben, vermöge der subtilen Wirkungsweise des geometrischen Prozesses innerhalb des Kosmos der dreidimensionalen Formen. Zeigt sich eine Korrelation bei der Berechnung der λ-Abweichungen, so wird sich auch eine bei der Bestimmung der Gestalt-Abweichungen einstellen müssen – aber nicht notwendig vom selben Grad.

Wir wollen für den Moment annehmen, daß wir tatsächlich eine Korrelation festgestellt haben. Es läßt sich dann eine weitere Frage an die Natur stellen: «Was ist dir *wirklich* wichtiger, die fertige Form, die du in die physische Welt einprägst oder der lebendige Prozeß, der sie erzeugt?» Man darf erwarten, daß die für die Korrelation bedeutsamsten Faktoren sich auch am deutlichsten in den Berechnungen zeigen werden. Es ist daher von hohem Interesse zu wissen, ob die Abweichungen von der gewöhnlichen Gestalt oder vom λ-Prozeß eine stärkere Korrelation aufweisen.

Studiert man den Anhang, so wird man sehen, daß es verschiedene Möglichkeiten zur Berechnung von λ gibt. Die durch die verschiedenen Methoden erzielten Resultate liegen gewöhnlich sehr nahe beieinander. Es ist nicht einfach, aus rein theoretischen Erwägungen heraus zu beurteilen, welche Methode «richtig» und welche «falsch» ist. Dies hängt von den bei der Durchführung der Rechnungen verwendeten Kriterien ab. Aber ich hoffe, daß die obigen Überlegungen möglicherweise einiges

Licht darauf werfen, welche Methode die dem Leben der Pflanzen am ehesten angemessene ist.

Zur Aufstellung von Tabelle 36 haben wir die beiden im Anhang beschriebenen Methoden zur Berechnung von λ sowie die Methode der Abweichungen von der gewöhnlichen physischen Gestalt auf die siebenundsiebzig oben erwähnten Serien von Knospen angewendet und die entsprechenden Resultate ausgewertet.

Tabelle 36

	Prozentualer Anteil der Serien, die einen positiven Korrelations-Index aufweisen	Mittlerer Korrelations-Index
λ-Abweichungen gemäß der ursprünglichen Methode (vgl. Anhang)	77.8 %	+ 0.200
λ-Abweichungen gemäß der Formel von Christian (vgl. Anhang)	76.6 %	+ 0.219
Abweichungen von der gewöhnlichen physischen Gestalt	71.4 %	+ 0.158

Die beiden λ-Methoden liefern derart ähnliche Resultate, daß man kaum einer von ihnen wird den Vorrang geben können. Aber die nur auf der Untersuchung der Gestalt beruhende Methode bleibt weit zurück. Der Unterschied ist nicht groß – wie wir aufgrund der Sachlage auch nicht anders erwarten konnten. Ich denke, es ist nicht möglich, allein aufgrund von 770 Knospen eine eindeutige Entscheidung zu fällen. Aber die weiteren 1200 Knospen, die ich gemessen und gewogen habe (allerdings mit einem weit weniger effizienten Gerät), zeigen fast dieselben Unterschiede. Finden wir dieselben Verhältnisse auch in zukünftigen Arbeiten, so werden wir mit der Zeit eindrückliche experimentelle Belege für die Tatsache erhalten, daß der Wegkurvenprozeß das eigentlich Wirksame in der Bildung der Knospenform ist. Für eine endgültige Antwort auf diese wie auch auf andere angeschnittene Fragen müssen wir die Resultate zukünftiger Arbeiten abwarten. Vielleicht ist es nicht unangebracht, daß ein Buch, das mit Fragen begann, den Leser auch mit offenen Problemen entläßt.

13
Über das Verhältnis der Pflanzenwelt zum Kosmos

Die in Kapitel 12 dargestellten Untersuchungen machten das Fotografieren und Messen von einigen Tausend Knospen notwendig, wobei die meisten Blattknospen von unseren großen Laubbäumen Buche, Eiche, Ulme usw. stammten. Gerade um die Zeit des Erscheinens der englischen Ausgabe dieses Buches, im Frühling 1982, enthüllte die genauere Durchsicht des vorliegenden Zahlenmaterials eine interessante Tatsache, die den Ausgangspunkt für weitere Untersuchungen bildete; dieses Kapitel soll eine Art Zwischenbericht für die deutsche Ausgabe darstellen und zeigen, was sich mir in den Jahren 1983 und 1984 ergeben hat.

Die Blattknospen der meisten unserer Laubbäume erscheinen auf ihren Zweigen bereits im Spätsommer, und gegen Ende September scheinen sie schon vollständig fertig entwickelt zu sein. Anschließend hängen sie, offensichtlich unverändert während etwa sechs Monaten, an ihren Zweigen, bis sie im nächsten Frühling zur Entfaltung kommen; man sagt, sie seien «schlafend». Sie sind meistenteils sehr gute Wegkurven (die Ulme ist die einzige Ausnahme, die einem sofort in den Sinn kommt), sind leicht zu messen, und ihr λ läßt sich ohne Schwierigkeiten bestimmen. Sie sind vielfach klein, fest und «holzig», und es ist schwierig, sich bei ihnen irgendeine bemerkenswerte Veränderung der Form vorzustellen. Ich ging immer von der Voraussetzung aus, daß die Knospen während ihrer Schlaf-Periode wirklich der Form nach unverändert bleiben. Um so mehr überraschte es mich, als ich bei einer Durchsicht meines Zahlenmaterials im Winter 1981/82 deutliche Hinweise auf eine leichte, wenn auch entschieden feststellbare Variation der Form dieser Laubbaumknospen vorfand; es schien auf der anderen Seite nicht möglich zu sein, diese Veränderung mit dem Wetterverlauf in Verbindung zu bringen. Es war natürlich in Betracht zu ziehen, daß es sich nur um zufällige Veränderungen des Baumwachstums handelte, aufgrund irgendwelcher unbekannter Einflüsse. Aber der Charakter der ganzen Erscheinung drängte mich dazu, die Möglichkeit in Erwägung zu ziehen, daß es sich hier um Kräfte kosmischen Ursprungs handeln könnte. Im folgenden Winter erhielt so das genauere Studium dieser Knospen für mich erste Priorität.

Ich entschloß mich, für jede Baumart eine einzelne Knospe herauszugreifen und sie während einer langen Periode täglich zu fotografieren. Dies brachte beträchtliche Schwierigkeiten mit sich. Mein gewöhnliches Vorgehen bestand darin, eine Knospe zu pflücken, sie auf einen speziell dafür eingerichteten Apparat in meiner Dunkelkammer zu montieren, um so ein klares und genaues Profil für eine präzise Ausmessung zu erhalten. Unter anderem bedeutete dies, die Knospe aus einer exakt rechtwinkligen Richtung bezüglich ihrer Längsachse zu fotografieren. Um dies an einer am Baum hängenden Knospe durchzuführen, müßte die Kamera in irgendeinem unbequemen Winkel fixiert werden; die resultierenden Fotografien sind unvermeidlich von verminderter Qualität gegenüber denjenigen, die meine spezielle Einrichtung liefert. Hinzu kommt eine weit größere Schwierigkeit: Dreht man die Knospe nur ein wenig um ihre Längsachse, so erhält man eine Fotografie, die ein um eine Spur verschiedenes λ liefert, was auf natürliche Unregelmäßigkeiten im Wachstum der Knospe zurückzuführen ist. Normalerweise sind diese Unterschiede sehr klein, aber bei der vorliegenden Untersuchung sind gerade solche kleinen Differenzen entscheidend. Es war notwendig, die Knospe täglich, wöchentlich, monatlich aus *exakt* derselben Richung fotografieren zu können.

Zur Überwindung dieser Schwierigkeit entwickelte ich ein spezielles System. Ich nahm eine kleine Scheibe aus Plexiglas, etwa 2,5 cm × 7,5 cm, bohrte an geeigneten Stellen einige Löcher und befestigte darauf die Knospe mit dünnem Draht. Die Plexiglasscheibe blieb den ganzen Winter hindurch am Zweig hängen. Als nächstes machte ich einen Holzrahmen für meine Kamera, der eine dem Plexiglasstück angepaßte Öffnung enthielt. Die ganze Sache war so eingerichtet, daß, wenn das Stück Plexiglas in die dafür gemachte Öffnung eingeführt worden war, man sicher sein konnte, daß die Knospe genau im Zentrum des Blickfeldes und scharf eingestellt war; außerdem war dadurch die Gewähr vorhanden, sie jeden Tag aus derselben Richtung fotografieren zu können. Im Lauf der Arbeit zeigten sich an dieser Anordnung einige Schwächen, die ich später beschreiben will; sie ergab aber recht gute, jedenfalls akzeptable Resultate, obwohl niemals von derselben Qualität, wie ich sie in meiner Dunkelkammer erreichte. Die Untersuchungen während des

Winters 1982/83 wurden ausschließlich mit dieser Methode durchgeführt, und es ergaben sich dabei äußerst interessante Resultate.

Während dieses Winters wählte ich gerade fünf Knospen aus, je eine von einer Buche, einer Eiche, einer Ulme, einer Kirsche und einer Esche. Mehrere Gründe sprachen für diese Auswahl. Zunächst haben die Knospen aller dieser Bäume (mit Ausnahme der Ulme) sehr genaue Wegkurvenprofile, deren λ folglich mit beträchtlicher Präzision berechnet werden kann; sogar die Ulmenknospen sind genügend nahe an der Wegkurvenform, um befriedigende Resultate zu liefern. Zudem waren es Bäume, die ganz in der Nähe meines Wohnortes wuchsen. Es gab aber einen weiteren Grund. Rudolf Steiner machte auf gewisse Zusammenhänge zwischen diesen Bäumen und den Planeten aufmerksam: Buche–Saturn; Ulme–Merkur; Eiche–Mars; Kirsche–Mond; Esche–Sonne.[13] Den einer Baumart zugeordneten Planeten möchte ich als den diese Art «regierenden» Planeten bezeichnen. Wenn es tatsächlich darum ging, aufzuzeigen – in diesem Stadium der Arbeit hatte ich noch keinerlei positiven Hinweis darauf, daß dies tatsächlich der Fall war –, daß diese Veränderungen irgendeine Beziehung zu astronomischen Vorgängen hatten, dann wäre es für eine vorläufige Untersuchung zumindest hilfreich zu wissen, in welcher allgemeinen Richtung man zu suchen hätte.

Die Knospen mußten mit größter Sorgfalt auf die Plexiglasscheiben aufgespannt werden. Wenn der Draht zu fest angezogen wurde, konnte die Knospe abgewürgt oder zumindest in ihrer Lebensfähigkeit ernsthaft gefährdet werden. Es war möglich, daß dies bis zu einem gewissen Grad bei der Eichenknospe eintrat, obwohl sie sich wie alle anderen Knospen später ganz normal entfaltete und öffnete. War andererseits die Knospe zu locker befestigt, so daß sie sich im Rahmen ihrer Fesseln bewegen konnte, so konnte auch dadurch das Resultat verfälscht werden. Dies scheint mit Bestimmtheit bei der Esche der Fall gewesen zu sein; die Eschenknospe wand und krümmte sich während Tagen und Wochen auf ihrer Plexiglasscheibe derart, daß die von ihr erhaltenen Resultate nur sehr schwer zu beurteilen und mit einiger Sicherheit zu berechnen waren.

Nachdem ich meine Knospen so gut wie möglich befestigt hatte, fotografierte ich sie täglich, zunächst mit der Buchenknospe beginnend und dann die weiteren Knospen hinzunehmend. Es war denn auch die Buche, die zuerst interessante Resultate lieferte. Ich bemerkte eine schwache, wenn auch deutliche Abnahme des λ-Wertes der Knospe, sobald Saturn, Mond und Erde in einer Geraden lagen, d. h. genau dann, wenn, von der Erde aus gesehen, Saturn und Mond in Konjunktions- oder Oppositionsstellung kamen. Da diese beiden Stellungen, soweit das Wissen und die Erfahrung zur Zeit reichen, von ähnlicher Wirkung sind, betrachtete ich sie von nun an gemeinsam unter der Bezeichnung «Ausrichtung» in einer Geraden («alignment») von Saturn und Mond. Später fand ich ein ähnliches Verhalten bei Eiche und Ulme: eine schwache, aber deutliche Abnahme des λ-Wertes während der Zeit, als der Mond sich in einer Geraden mit Mars bzw. Merkur und der Erde befand. Bei der Esche war ein solcher Effekt nicht feststellbar; aber die Knospe bewegte sich derart stark auf ihrer Plexiglasscheibe, daß eine anständige Messung sowie ein Vergleich von einem zum nächsten Tag nur sehr schwer zu erreichen war. Wie wir später sehen werden, läßt sich aus weiteren Untersuchungen ableiten, daß die Esche denselben Gesetzen gehorcht und ein abnehmendes λ bei jedem Neu- und Vollmond offenbart.

Man ist versucht, ein allgemeine Regel aufzustellen: Wenn der den Baum regierende Planet sich in eine Gerade mit der Erde und dem Mond ausrichtet, unterliegt die Knospe einer leichten Abnahme von λ, d. h. ihre Form zeigt eine etwas andere, entspanntere Geste, als ob sie einen kleinen Schritt hin zur Entfaltung und Öffnung täte; ist die Ausrichtung zu Ende, so sinkt sie zurück in eine straffere, eher verschlossen-unnahbare Haltung. Ich glaube, daß diese Formulierung sich im Lauf der Zeit als krasse Übersimplifizierung einer weit subtileren Wirklichkeit herausstellen wird – aber vielleicht ist sie für den Moment ganz nützlich.

Abb.114 zeigt ein Diagramm für die λ-Werte der Eichenknospe während des Winters 1982/83. Die Pfeile markieren die Daten der Ausrichtung von Mond und Mars in einer Geraden mit der Erde. Wir bemerken, daß die ersten drei Ausrichtungen vom 19. November und vom 3. und 18. Dezember alle eine beachtliche Abnahme von λ aufweisen, aber nachher scheint die Knospe ruhiger zu werden. Die Ausrichtung vom 2. Januar machte sich kaum bemerkbar, und vierzehn Tage später wurde die Knospe so träge, daß ich zu vermuten begann, ich hätte sie zu stark an die Plexiglasscheibe gebunden und eventuell getötet. Ich hielt sogar Ausschau nach einer neuen Knospe, mit der ich die Serie der Messungen hätte fortsetzen können. Dann, am 20. Januar, schien die Knospe plötzlich zu neuem Leben zu erwachen, sie wurde sehr rege und reagierte lebhaft auf die Ausrichtung vom 31. Januar und 15. Februar, allerdings nicht so stark wie zu Beginn im August. Der Tiefpunkt des λ-Wertes war nur ein einziges Mal nicht pünktlich eingetreten, nämlich 36 Stunden zu früh vor

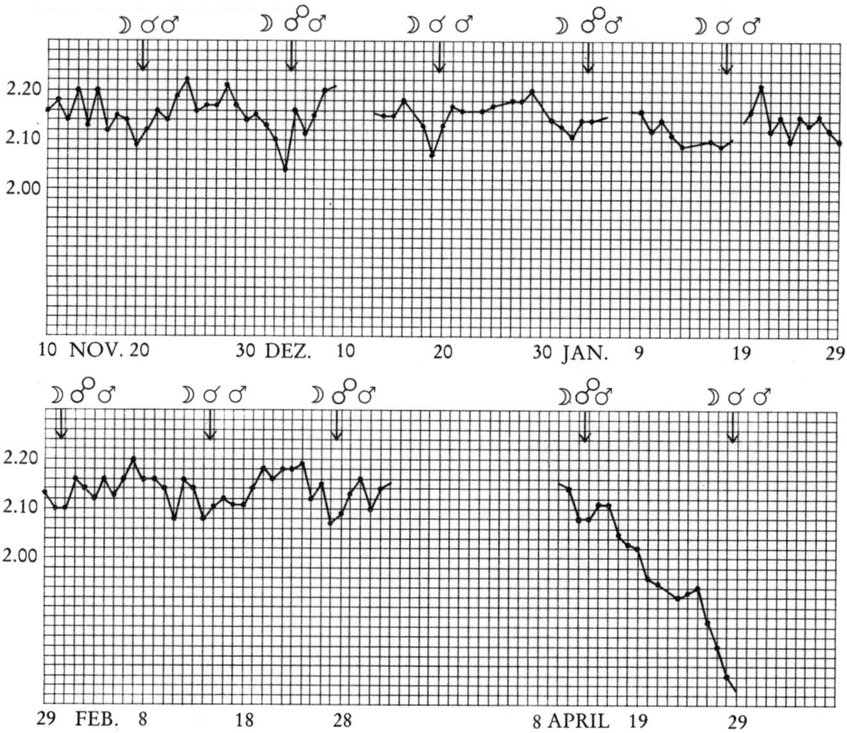

Abb. 114 Eiche, 1982/83.

dem 1. März. Im März mußte ich einige Zeit verreisen, war aber gerade wieder rechtzeitig zu Hause, um für die Ausrichtung am 13. April einen kleinen möglichen Tiefpunkt für λ zu registrieren. Die anschließende starke Abnahme des λ-Wertes markiert den Beginn der Öffnung der Knospe.

Das Diagramm für die Buchenknospe war ganz ähnlich; es enthielt eine Periode relativer Ruhe in der zweiten Hälfte des Dezembers und Anfang Januar. Die Tiefpunkte in den Kurven schienen mit den Ausrichtungen von Mond und Saturn koinzident zu sein.

Abb. 115 (s. S. 250) zeigt ein ähnliches Diagramm für die λ-Werte der Ulmenknospe, wobei die Pfeile wieder die Daten der Ausrichtung von Mond und Merkur in einer Geraden mit der Erde angeben. Wie man sofort bemerkt, bleibt die Kurve fast während der gesamten Zeit ober-

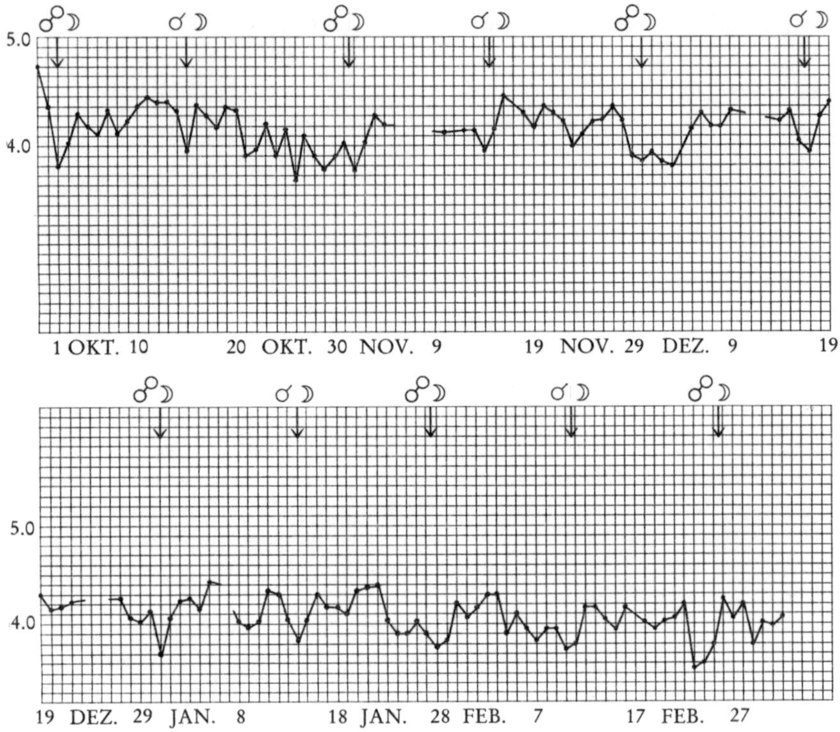

Abb. 115 Ulme, 1982/83.

halb der Geraden λ = 4.0, taucht aber deutlich bei jeder Ausrichtung des Mondes mit Merkur unter dieses Niveau. Während der ganzen übrigen Zeit gerät sie nur sehr selten unter dieses Niveau, mit einer bemerkenswerten Ausnahme in der letzten Oktoberwoche. Der Tiefpunkt für die Ausrichtung vom 25. Februar schien um 48 Stunden zu früh gekommen zu sein, aber sonst war diese kleine Knospe meist sehr pünktlich.

Wie wir sehen, folgen diese drei Knospen recht verläßlich der weiter oben aufgestellten Regel, während die Fotografien der Eschenknospe nicht gut genug als Grundlage für eine Aussage dafür oder dagegen waren.

Aber wie sah es mit der Kirsche aus? Gemäß Rudolf Steiner wird die Kirsche vom Planeten Mond regiert. Der Mond kann nun aber kaum mit sich selbst in einer Geraden liegen! Aufgrund seiner raschen Bewegung kommt er dagegen fast jeden Tag in Konjunktion oder Opposition mit dem einen oder anderen Planeten. Würde die Knospe der Kirsche also nie zur Ruhe kommen? Abb. 116 zeigt die Kurve, die sich tatsächlich ergeben hat. Die Pfeile markieren die Neu- und Vollmonde; wie man feststellen kann, erleidet das λ der Blattknospen der Kirsche in diesen Zeiten eine leichte *Zunahme*. Dabei scheint die Knospe auf die Opposition oder Konjunktion des Mondes mit den übrigen Planeten nicht zu reagieren. Wie die Eschen- und die Buchenknospe hat auch die Kirschenknospe eine ruhige Periode während der letzten Dezemberwoche und der ersten Hälfte des Januars.

Dies waren also die augenscheinlichen Tatsachen, die mich im Winter 1982/83 dazu führten, ins Auge zu fassen, daß alle diese uns in so großer Zahl und Mannigfaltigkeit umgebenden Knospen an einem großen »Tanz

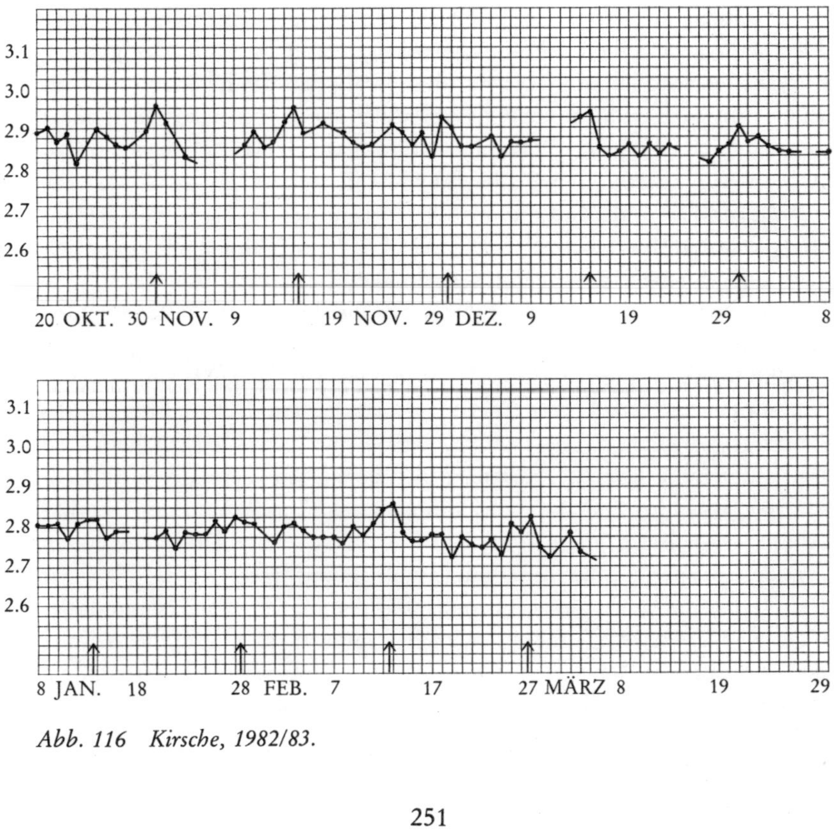

Abb. 116 Kirsche, 1982/83.

der Knospen« teilnehmen, in Harmonie mit den mächtigen Ausrichtungen des Mondes und der Planeten in einer Geraden mit der Erde.

Bevor wir weitergehen, ist es aber notwendig, auf gewisse Dinge aufmerksam zu machen. Zunächst sind die beobachteten Formänderungen äußerst gering. Alle Messungen mußten mit Hilfe einer starken Uhrmacherlinse durchgeführt werden; die Vergrößerungen waren dabei nicht immer so klar und aussagekräftig, wie ich mir das gewünscht hätte. Die bei den Knospen feststellbare Tendenz, sich in ihren Halterungen zu bewegen, war störend, und es war nicht immer klar, ob und in welchem Ausmaß eine solche Bewegung stattgefunden hatte. Manchmal beruhte das Abfallen der Kurve nur auf einer, vielleicht eher unsicheren Messung bei einem bestimmten Niveau der Knospe. Es war für mich in jedem Zeitpunkt völlig klar, daß ich gefährlich nahe an der Grenze möglicher Fehler arbeitete. Am Ende des Winters unternahm ich eine strenge Kontrolle der geleisteten Arbeit, indem ich viele Fotografien neu abzog, und noch einmal auswertete, nur um zu sehen, in welchem Grad meine Diagramme verläßlich und aussagekräftig waren. Das mit der größten Sorgfalt letztendlich erreichte Resultat ergab, daß das Diagramm für die Eiche mit großer Sicherheit als verläßlich und signifikant bezeichnet werden kann; die ganze Form und Haltung dieser Knospe macht sie für präzise Messungen und Beobachtungen besonders geeignet. Wie ich *glaube*, sind auch die Diagramme der übrigen drei Knospen von Bedeutung, während hier aber gewisse Zweifel bezüglich einiger Besonderheiten stehen blieben. Es war mir deshalb klar, daß im nächsten Winter ein so streng wie möglich durchgeführter Test der festgestellten Regeln stattfinden mußte.

Schon früh im Herbst 1982, als mir der planetarische Ursprung dieser Variationen aufzudämmern begann, spürte ich deutlich, daß, wenn die Prozesse wirklich so stattfanden, ich es mit etwas Erhabenem und Gewaltigem zu tun hatte. Reagierte und antwortete diese kleine Buchenknospe tatsächlich auf die Ausrichtungen des Mondes und des Saturns? Aber diese Ausrichtung galt ja nicht nur für diese eine Knospe, sondern für alle Knospen des Baumes, und für alle Bäume unseres Tals, – ja sogar für alle Bäume Schottlands, Europas und der ganzen Welt! Wenn dasjenige, was ich ins Auge faßte, wirklich wahr war, so mußte dieser Tanz der Knospen gleichzeitig, allgegenwärtig und weltweit stattfinden. Konnte man dem wirklich Glauben schenken – ohne weitere Belege?

Mit diesen Perspektiven im Sinn ging ich daran, in unserem Tal zwei weitere Buchenbäume auszusuchen, die ich Buche A und Buche B nennen will. An gewissen Tagen im Herbst pflückte ich je zehn Knospen von jedem Baum und fotografierte sie je zweimal aus zwei verschiedenen, im rechten Winkel zueinander stehenden Richtungen und nahm dann das Mittel aus allen diesen zwanzig Fotografien. Tabelle 37 zeigt das Resultat dieses kleinen Experiments, wobei alle Zahlen als Prozente bezüglich des mittleren λ-Wertes des betreffenden Baumes ausgedrückt sind. Die erste Kolonne (I. K.) gibt die entsprechenden Werte für eine individuelle Knospe an, die auf eine Plexiglasscheibe aufgespannt worden war. Die Tatsache, daß diese Resultate so deutlich parallel zueinander verliefen, war sehr ermutigend; die Änderung von λ vom 1. zum 4. Oktober spielte sich ganz offensichtlich bei allen drei Bäumen zur gleichen Zeit ab.

Tabelle 37

Datum	I. K.	Buche A	Buche B
28. Sept.	107.8	103.5	
1. Okt.	103.0	103.0	102.4
4. Okt.	95.8	96.5	96.0
10. Okt.	99.6	101.7	101.1
16. Okt.	100.3	101.7	101.1
13. Nov.	93.3	94.9	

Als ich später im Jahr diese Zahlen wieder anschaute, gab ich den Zahlen der Buche A und B mehr Gewicht als denjenigen der einzelnen Knospen der ersten Kolonne. Dies war erstens deshalb der Fall, weil jede dieser Zahlen ein Mittel aus vielen Knospen darstellte und so als Hinweis auf das Verhalten der Knospen im allgemeinen gelten konnte, eher als die Launen einer einzelnen Knospe. Zweitens waren die in der Dunkelkammer hergestellten Bilder von größerer Klarheit und Deutlichkeit. Und drittens beruht keine dieser Zahlen auf nur einer Messung, sondern auf dem Mittel aus vielen.

Es wurde für mich sehr deutlich, daß die beiden rechten Kolonnen die verläßlichsten Resultate lieferten, die ich überhaupt gewinnen konnte, und ich entschloß mich, im folgenden Winter auf diese Weise weiterzuarbeiten.

Die Aufgabe, die ich mir im Winter 1983/84 stellte, war die folgende: Ich wollte mit der größtmöglichen Strenge die Hypothese prüfen, ob der λ-Wert einer Knospe einer Abnahme unterliegt, sobald der Mond mit dem den Baum regierenden Planeten in Opposition oder Konjunktion gerät, d. h. beide sich in eine Gerade mit der Erde ausrichten. Ich begann mit einem großen Buchenbaum, der Hunderte von leicht zugänglichen Knospen aufwies; ich nannte diesen Baum Buche 1. Am 15. Oktober war der Mond etwa in Quadratur zu Saturn; ich pflückte zehn Knospen vom Baum, fotografierte sie aus zwei zueinander senkrechten Richtungen, wertete sie aus (20 Meßreihen) und fand als ihr mittleres λ den Wert 2.48. Eine Woche später (am 22. Oktober) war der Mond in Ausrichtung mit Saturn; ich pflückte nun weitere zehn Knospen, wobei ich darauf achtete, daß sie vom selben Teil desselben Zweiges stammen. Als ihr λ-Wert ergab sich 2.22, d. h. also im Vergleich zum vorigen Wert eine Abnahme um 0.26. Noch eine Woche später, am 27. Oktober, als der Mond wieder in Quadratur zum Saturn stand, wiederholte ich das Experiment und fand, daß der λ-Wert auf 2.35 gestiegen war. In dieser Art fuhr ich den ganzen Winter fort, indem ich wöchentlich meine Messungen machte. Die Resultate stehen in Tabelle 38. Kolonne A zeigt den λ-Wert für diejenigen Zeiten, in denen der Mond weit weg vom Saturn stand (Quadraturen), und Kolonne B die Werte jener Tage, wo Mond und Saturn in einer Gerade ausgerichtet waren (Opposition und Konjunktion). Die dritte Kolonne, mit (A-B) bezeichnet, zeigt die Änderung von λ in der dazwischenliegenden Woche. Da wir die Werte dieser Kolonne immer als A-B berechnet haben, ist eine positive Zahl immer ein Beleg für die Unterstützung unserer Hypothese, während eine Null oder ein negativer Wert ein Gegenbeispiel dazu darstellt.

Von den 20 Werten der dritten Kolonne (A-B) sind nicht weniger als 19 positiv. Der einzige aus der Reihe tanzende Wert stammt von Anfang Januar, der, entsprechend den Resultaten des vorhergehenden Jahres, zu einer eher ruhigen Periode gehört. – Ein anderer Baum, Buche 2, wurde in genau derselben Weise untersucht mit dem Resultat, daß sogar noch mehr Differenzen positiv herauskamen. In diesem Fall waren nämlich alle zwanzig Differenzen in der dritten Kolonne positiv. Der Mittelwert der Kolonne A war 2.68, derjenige von Kolonne B 2.52, was eine mittlere Differenz von + 0.16 ergibt. Während des ganzen Winters gab es keine einzige Woche, in der sich die Knospen dieses Baumes nicht in der durch die Hypothese vorgeschriebenen Weise verhielten.

Tabelle 38

Datum	A Mond etwa in Quadratur mit Saturn	B Mond in Opposition oder Konjunktion mit Saturn	(A–B) Differenz
15. Okt.	2.48		
22. Okt.		2.22	+ 0.26
27. Okt.	2.35		+ 0.17
4. Nov.		2.28	+ 0.07
11. Nov.	2.43		+ 0.15
19. Nov.		2.29	+ 0.14
25. Nov.	2.44		+ 0.15
2. Dez.		2.33	+ 0.11
9. Dez.	2.50		+ 0.17
16. Dez.		2.35	+ 0.15
23. Dez.			
29. Dez.			
5. Jan.	2.35		
13. Jan.		2.36	− 0.01
19. Jan.	2.42		+ 0.06
26. Jan.		2.38	+ 0.04
2. Feb.	2.56		+ 0.18
9. Feb.		2.36	+ 0.20
16. Feb.	2.50		+ 0.14
22. Feb.		2.40	+ 0.10
1. März	2.46		+ 0.06
8. März		2.35	+ 0.11
13. März	2.56		+ 0.21
20. März		2.26	+ 0.30
Mittel	2.46	2.325	+ 0.135

In Tabelle 39 sind die Resultate eines ähnlichen Experiments mit den Knospen eines großen Eichenbaumes dargestellt, der in der Nähe eines Sees wuchs.

Von den 18 Zahlen der Differenzen-Kolonne sind 17 positiv; das ganze Resultat ist bemerkenswert konsistent mit denjenigen der beiden Buchenbäume.

Tabelle 39

Datum	A Mond etwa in Quadratur mit Mars	B Mond in Opposition oder Konjunktion mit Mars	(A–B) Differenz
25. Okt.	2.17		+ 0.12
1. Nov.		2.05	+ 0.12
8. Nov.	2.17		+ 0.19
15. Nov.		1.98	+ 0.08
23. Nov.	2.06		+ 0.13
29. Nov.		1.93	+ 0.29
5. Dez.	2.22		+ 0.17
14. Dez.			
21. Dez.			
28. Dez.			
6. Jan.	2.15		− 0.10
12. Jan.		2.05	+ 0.19
19. Jan.	2.24		+ 0.27
25. Jan.		1.97	+ 0.14
31. Jan.	2.11		0.00
9. Feb.		2.11	+ 0.19
16. Feb.	2.30		+ 0.25
22. Feb.		2.05	+ 0.24
1. März	2.29		+ 0.20
8. März		2.09	+ 0.20
15. März	2.29		+ 0.29
21. März		2.00	
Mittel	2.20	2.03	+ 0.17

Eine ähnliche, aber kürzere Serie von Beobachtungen wurde für die Blattknospen der Esche durchgeführt. Die Mittelwerte sahen folgendermaßen aus:

A Mond etwa in Quadratur mit der Sonne	B Mond in Opposition oder Konjunktion mit Sonne (Voll- oder Neumond)	(A–B) Differenz
1.85	1.57	+ 0.28

Hier waren nur acht Zahlen in der Differenzen-Kolonne (der Baum enthielt nicht viele erreichbare Knospen), aber sie waren alle deutlich positiv.

Die Knospen der Birke sind sehr schwierig zu behandeln, da sie klein und eher unregelmäßig geformt sind. Mit der im letzten Jahr praktizierten Methode des Fotografierens der noch am Baum hängenden Knospen war es nicht möglich, ihnen beizukommen. Aber dieses Jahr konnte ich mit Hilfe der Dunkelkammer eine kurze Serie von Meßwerten herstellen. Nach Rudolf Steiners Angabe wird die Birke von der Venus regiert. Als Mittelwerte ergaben sich:

A Mond etwa in Quadratur zu Venus	B Mond in Opposition oder Konjunktion mit Venus	(A–B) Differenz
2.37	2.24	+ 0.13

Von den acht Werten in der Differenzen-Kolonne waren fünf deutlich positiv und zwei weitere nicht ganz so auffallend, aber ebenfalls positiv. Dieses Resultat ist nicht so überzeugend wie die eben beschriebenen

Meßreihen; zieht man aber die Schwierigkeiten der Behandlung dieser winzigen und eher unregelmäßigen Knospen in Betracht, so ist dies kaum mehr überraschend. Ich denke, daß dieses Resultat als Hinweis auf ein wahrscheinlich ähnliches Verhalten der Birke aufgefaßt werden kann; offenbar ist aber noch viel Arbeit notwendig, bis eine endgültige Aussage zu diesem Verhalten gemacht werden kann.

Eine ähnliche Situation ergab sich in diesem Jahr für die Ulme. Zusammenfassend läßt sich über die Arbeit dieses Winters sagen, daß keine einzige der zur Untersuchung ausgewählten Arten darin versagte, uns positive Resultate zu liefern. Ich konnte kaum auf eine bessere Bestätigung der Untersuchungen vom letzten Jahr hoffen.

Diese Verhältnisse ließen den nächsten Schritt der Arbeit zu einer Überraschung und zunächst zu einer Enttäuschung werden. Vor Weihnachten wählte ich mir einen weiteren Buchenbaum zur Untersuchung aus. Ich wollte hier jeden Tag meine zehn Knospen pflücken, anstatt nur einmal die Woche. Will man nicht den ganzen Baum zu stark von seinen Knospen entkleiden, darf man dies natürlich nicht während des ganzen Winters machen. Ich hoffte aber, daß ich es zumindest während der Abfolge zweier Minima, d. h. zweier Ausrichtungen des Mondes und des Saturns, durchführen könnte, um diese Minima durch eine kontinuierliche Kurve zu verbinden. Zu meiner Bestürzung ging die erste Ausrichtung des Mondes und des Saturns vorüber, ohne daß ich irgendein bedeutsames Abfallen von λ feststellen konnte. Es gab da also zumindest einen Baum, der das «Spiel nicht mitmachte». Als ich zurückging und mir den Baum sorgfältiger anschaute, realisierte ich etwas, was ich schon früher gewußt haben mußte, aber nicht genügend beachtet hatte: Dieser Baum wuchs unmittelbar neben einer starken elektrischen Transformatorenstation. Das Eisengitter, das die riesigen Transformatoren umzäunte, war nur fünf Schritte von dem Zweig entfernt, von dem ich meine Knospen nahm; es trägt eine Warntafel mit der Aufschrift «Gefahr – 30 000 Volt», und die in die Umwandlungsstation hineingehenden Hochspannungskabel gingen genau über den Wipfel meines Baumes hinweg. Könnte es sein, daß eine in einem starken elektromagnetischen Feld aufwachsende Pflanze vollkommen von diesen kosmischen Einflüssen abgeschnitten wird?

Ich ging sofort daran, diesen Baum in derselben Weise wöchentlich zu untersuchen, wie ich alle übrigen Bäume untersucht hatte. Tabelle 40 zeigt die Resultate für diese Serie von Beobachtungen.

Tabelle 40

Datum	A Mond etwa in Quadratur mit Saturn	B Mond in Opposition oder Konjunktion mit Saturn	(A–B) Differenz
25. Nov.	2.46		
2. Dez.		2.52	− 0.06
9. Dez.	2.63		+ 0.11
16. Dez.		2.67	− 0.04
23. Dez.			
29. Dez.			
5. Jan.	2.44		
13. Jan.		2.71	− 0.27
20. Jan.	2.46		− 0.25
26. Jan.		2.38	+ 0.08
2. Feb.	2.46		+ 0.08
9. Feb.		2.31	+ 0.15
16. Feb.	2.66		+ 0.35
22. Feb.		2.85	− 0.19
1. März	2.75		− 0.10
8. März		2.35	+ 0.40
13. März	2.37		+ 0.02
20. März		2.57	− 0.20
Mittel	2.53	2.55	− 0.02

Es ist instruktiv, diese Resultate mit Tabelle 38 zu vergleichen, d. h. mit den Meßresultaten einer im offenen Feld wachsenden Buche. Von 14 Zahlen in der Differenzen-Kolonne sind 7 positiv und 7 negativ. Die Mittelwerte der Kolonnen A und B unterscheiden sich nicht wesentlich. Dies ist genau ein Resultat von der Form, wie wir es erwarten, wenn wir unsere Hypothese als falsch einschätzen würden; keiner der anderen Bäume hat bis jetzt so reagiert. Man beachte, daß das *Ausmaß* der

Variation mehr oder weniger unverändert bleibt; der Mittelwert der Differenzen-Kolonne, unter Weglassung der Vorzeichen, ist 0.16. Alle Sensibilität und Offenheit gegenüber kosmischen Einflüssen ist verschwunden.

Eine weitere Untersuchung dieses Tatbestandes war nicht leicht. Elektrische Umwandlungsstationen werden gewöhnlich nicht in Gebieten mit dichter Vegetation gebaut, und die Elektrizitätsunternehmen sorgen dafür, daß unter ihren Hochspannungsleitungen das Wachstum von Bäumen unterdrückt wird. Nach beträchtlichem Suchen fand ich trotzdem einen jungen Eichbaum, der gerade unter einer Hochspannungsleitung wuchs. Er war damals offensichtlich zu klein gewesen, um beim Bau der Hochspannungsleitung dem Beil zum Opfer fallen zu müssen. Ich setzte ihn sofort auf meine Liste zur Herstellung einer Knospen-Meßreihe entsprechend der Tabelle 39, wobei ich natürlich dieselben Daten nahm. Tabelle 41 zeigt die Resultate dieser Messungen.

Tabelle 41

Datum	A Mond etwa in Quadratur mit Mars	B Mond in Opposition oder Konjunktion mit Mars	(A–B) Differenz
5. Jan.	2.78		
12. Jan.		2.80	– 0.02
19. Jan.			
25. Jan.			
31. Jan.	2.90		
9. Feb.		3.01	– 0.11
16. Feb.	3.27		+ 0.26
22. Feb.		3.40	– 0.13
1. März	3.12		– 0.28
8. März		3.39	– 0.27
15. März	3.40		+ 0.01
21. März		3.10	+ 0.30
Mittel	3.09	3.14	– 0.05

Wir sehen hier wieder ein Resultat, das ähnlich demjenigen der Tabelle 40 ist. Die Mittelwerte der Kolonnen A und B sind nicht wesentlich voneinander verschieden; und wenn eine Differenz auftritt, so ist sie meist negativ. Dieser Baum hat sicher nicht in der Art auf die kosmischen Verhältnisse reagiert wie die übrigen Bäume. Eine mittlere Differenz von 0.05 ist sicherlich nicht groß genug, um irgendwie eine Bedeutung für die kleine Zahl der Beobachtungen, die mit diesem Baum möglich waren, zu haben. Es ist schade, daß die Arbeit während zwei Wochen im Januar eingestellt werden mußte. Der Baum wächst am Abhang eines Hügels, einige Meilen von meinem Haus entfernt, wo der Zugang wegen Schneegestöber unmöglich geworden war. Ich hoffe, während des nächsten Winters (1984/85) noch vermehrt in dieser Richtung arbeiten zu können.

Nach den Erfahrungen des Winters 1982/83 lag die Frage nahe, ob etwas von ähnlicher Art auch für die Knospen von Blütenpflanzen gelten würde. Wir haben bereits im Detail untersucht und festgehalten, wie sich der λ-Wert während der Öffnung einer bestimmten Blütenknospe verändert; er geht durch einen recht charakteristischen kleinen rhythmischen Prozeß hindurch, den wir in Kapitel 7 beschrieben haben. Wir wollen nun nicht mehr fragen, wie sich eine einzelne Knospe von Tag zu Tag verhält, sondern welche Formveränderungen – sofern überhaupt solche festgestellt werden können – die ganze Art während den Tagen und Wochen der Öffnungszeit durchmacht. Um diese Fragestellung in Angriff nehmen zu können, brauchen wir eine Pflanzenart, bei welcher es sehr präzis möglich ist, ein bestimmtes Wachstumsstadium in der Entwicklung der Knospe auszumachen, um nur mit denjenigen Knospen arbeiten zu können, die dieses Stadium bereits erreicht haben.

Die gelbe Schlüsselblume, deren Blüten sich von April bis Mai entfalten, bildet ein besonders gutes Beispiel dieser Art. Die Knospen dieser schönen kleinen Pflanze beginnen ihr Leben vollständig eingeschlossen in ihren grünen Kelchblättern; aber während des Öffnens brechen sie zu einem bestimmten Zeitpunkt plötzlich aus ihren sie umschließenden Kelchblättern aus und setzen ihre Entwicklung im offenen Sonnenlicht fort. Hier gibt es nun einen solchen charakteristischen Moment in der Entwicklung jeder einzelnen Knospe, nämlich genau dann, wenn die erste Andeutung der gelben Blütenblätter durch die Spalten zwischen den grünen Kelchblättern aufblitzt; dieses Entwicklungsstadium kann im Wachstum der Knospe mit Leichtigkeit und Präzision erkannt werden.

Ich entschloß mich deshalb, nur mit solchen Knospen zu arbeiten, die erstens von einer bestimmen Waldecke stammten und zweitens genau dieses Entwicklungsstadium erreicht hatten. Jeden Tag wurden zehn Knospen gepflückt, aus zwei aufeinander senkrecht stehenden Richtungen fotografiert und ihr mittlerer λ-Wert berechnet. Dies wurde dann als der dem wahren Wert am nächsten kommende λ-Wert der Art der Schlüsselblume für diesen Tag interpretiert.

Bei derart gewonnenen Mittelwerten muß immer die Möglichkeit von »Ausreißer-Werten« in Betracht gezogen werden. Diese können sich auf eine zufällige Akkumulierung von sehr hohen oder sehr niedrigen λ-Werten, die in der betrachteten Serie von Knospen auftreten, stützen; wie aber die Erfahrung zeigt, weisen die so bestimmten λ-Werte von Tag zu Tag einen hohen Grad an Konsistenz auf. Und das Diagramm für die

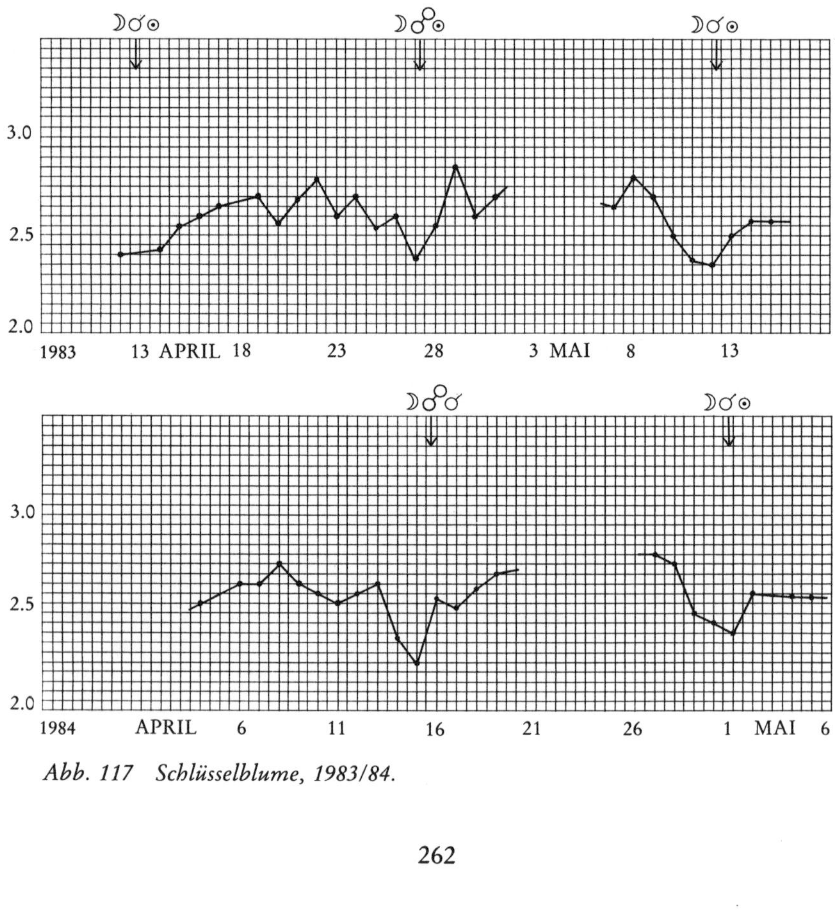

Abb. 117 Schlüsselblume, 1983/84.

λ-Werte der Schlüsselblume (Abb. 117) zeigte sehr rasch einen klaren 14tägigen Rhythmus mit Minima, die fast exakt bei Voll- und Neumond auftraten. Ein solches Experiment kann natürlich nur während einer beschränkten Zeitdauer durchgeführt werden; nach etwa fünf oder sechs Wochen gibt es im erforderlichen Entwicklungsstadium keine Knospen mehr. Es ist nicht sicher, ob die Korrelation dieser Minima mit den Voll- und Neumondperioden mehr als eine zufällige Koinzidenz darstellt; ich wartete also mit beträchtlicher Spannung auf den nächsten Frühling, um das Experiment zu wiederholen. Wie sich herausstellte, wies das Diagramm für den Frühling 1984 fast dieselben Eigenschaften wie dasjenige von 1983 auf. Abb. 117 zeigt die Kurven für zwei Jahre, wobei zum besseren Vergleich die Zeitskalen auf der x-Achse so eingerichtet wurden, daß die Daten des Voll- und Neumondes etwa untereinander zu liegen kommen. Man beachte, daß während beider Versuchsperioden der λ-Wert bei jedem Voll- oder Neumond unter 2.5 fällt, was sonst nie eintritt. Ich denke, daß wir hier eine gute vorläufige Bestätigung dafür haben, daß diese Korrelation tatsächlich zutrifft und von Bedeutung ist.

Es ist jetzt noch zu früh, darüber zu spekulieren, was ein solches Phänomen bedeuten könnte. Der primäre Zweck der Forschung ist, zu entdecken, was *ist*, und nicht zu entscheiden, was sein sollte. Aber es ist von Bedeutung, darauf hinzuweisen, daß das Verhalten der Schlüsselblume demjenigen ganz ähnlich ist, das wir bei der Esche vorfanden; allerdings sind für die Esche die Belege in dieser Richtung im Moment noch sehr vorläufiger Natur. Beurteilen wir die Blütenknospen in derselben Weise wie die Blattknospen – ein Vorgehen, das zur Zeit in keiner Weise tiefer begründet ist – so müßten wir sagen, daß die Schlüsselblume von der Sonne regiert wird. Und dies stimmt vielleicht ziemlich gut mit unseren Empfindungen überein. Blicken wir in die Mitte, in das Herz einer solchen Pflanze, so sehen wir eine wie aus dem Wurzelzentrum strahlig hervorsprühende Vielfalt von kleinen, goldenen Knospen. Sie erscheint wie eine Quelle von Licht. Der Dichter sagt: «Eine Schlüsselblume an des Ufers Rand, eine Schlüsselblume war es, was er fand, und es war nicht mehr . . .»[14] Was könnte es noch mehr sein? Vielleicht ist es ein Splitter der geistigen Sonne, der in den ersten Tagen des Frühlings an den Ufern unseres Flusses glühend und funkelnd Gestalt angenommen hat.

Noch während die Schlüsselblumen im Knospenstadium verharren, erscheinen unsere Hecken übersät von den schönen kleinen weißen Blü-

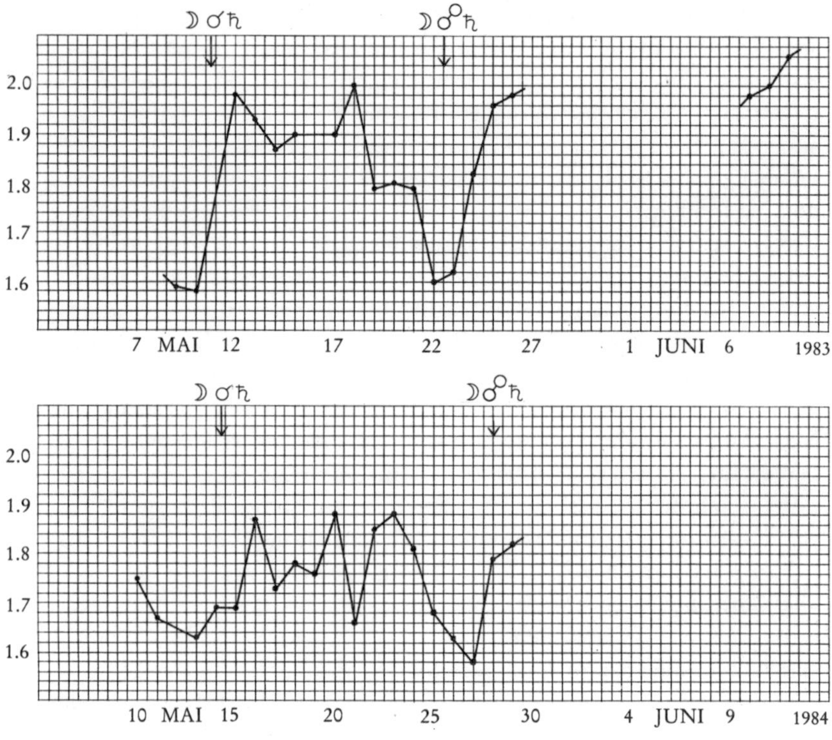

Abb. 118 Große Sternmiere, 1983/84.

ten der Großen Sternmiere. Die Knospen dieser Pflanze sind zunächst vollkommen umschlossen von grünen Kelchblättern, und der Moment des Hervorbrechens der weißen Blütenblätter, an den Spitzen der Blüten, markiert wieder ein bestimmtes Entwicklungsstadium, in dem sie gepflückt werden können. Im späten Frühling 1983 studierte ich diese Pflanze in ähnlicher Weise wie die Schlüsselblume. Das λ-Diagramm (Abb. 118) schien einen deutlichen 14tägigen Rhythmus aufzuweisen, wie schon bei der Schlüsselblume, aber hier lagen jetzt die Minima der Kurve ungefähr 24 Stunden vor den Konjunktionen und Oppositionen des Mondes mit Saturn. Nach einer so kurzen Versuchsperiode konnte natürlich kein schlüssiges Resultat gewonnen werden; ich mußte also wieder ein Jahr zur Bestätigung (oder Verwerfung) der gemachten Beobachtungen abwarten. Drei Möglichkeiten konnten vorausgesehen werden. Entweder zeigen die neuen Beobachtungen keinerlei erkennbaren lunaren Rhythmus oder sie weisen eine 14tägige Periode auf, die nicht mit den Bewegungen des Saturns korreliert ist, oder sie wiederholen schließlich in allen Einzelheiten das Verhalten von 1983. Abb. 118 zeigt, was sich tatsächlich ereignet hat. Während der Abfasssung dieses Kapitels waren die Beobachtungen für den letzten Teil dieses Diagramms noch im Gange; es war aber bereits genügend Material vorhanden, um zu sehen, daß sich die wesentlichen Eigenschaften des Diagramms von 1983 genau wiederholten. In allen vier Fällen der Ausrichtung des Mondes und des Saturns in eine Gerade mit der Erde innerhalb zweier aufeinanderfolgender Jahre zeigen die λ-Kurven einen deutlichen Tiefpunkt, der ziemlich genau 24 Stunden vor dem Moment der Ausrichtung liegt. Es ist interessant festzustellen, daß die Knospen 1984 deutlich weniger «lebendig» waren als 1983: λ erreichte nie den Wert 1.9. Ich weiß keinen Grund für diese Tatsache. Die Knospen wurden von demselben kurzen Stück einer Hecke genommen und in beiden Perioden in genau derselben Weise behandelt. Vielleicht ist das außerordentlich trockene Wetter dieses Frühlings ein Grund für diese Tatsache. In jeder Serie von zehn Knospen gab es immer einige wenige, die nicht fähig erschienen, das übliche λ-Niveau zu erreichen, und die natürlich den Mittelwert herunterzogen. Der aus dem Rahmen fallende Wert vom 21. Mai, eingerahmt durch hohe Werte vorher und nachher, mag gut einen Ausreißer-Wert darstellen, verursacht durch eine zufällige Konzentration solcher Knospen an jenem Tag. Die echten Minima der Kurve bestehen immer aus zwei, drei oder mehr aufeinanderfolgenden tiefen λ-Werten.

1983 fand ich eine weitere Blütenpflanze, die für diese Art der Untersuchung geeignet war: das Ehrenpreis. Die zierlichen blauen Blüten dieser Pflanze haben Knospen, die sehr klein und zart sind, was es schwer macht, zu Resultaten derselben Genauigkeit und Verläßlichkeit zu gelangen, wie bei den größeren und robusteren Knospen. Aber die Punkte auf dem λ-Diagramm (Abb. 119) zeigten ein gutes Maß an Konsistenz, und auch hier schien sich wie von selbst ein recht klarer 14tägiger Rhythmus einzustellen. Um dies als eindeutig bestätigte Tatsache gelten zu lassen, war die Beobachtungsperiode allerdings wiederum zu kurz; sie kann nur durch sorgfältige Untersuchungen während der folgenden Jahre erhärtet werden. Man beachte, daß sich hier im Vergleich zur Schlüsselblume die Verhältnisse umzukehren scheinen. Die Kon-

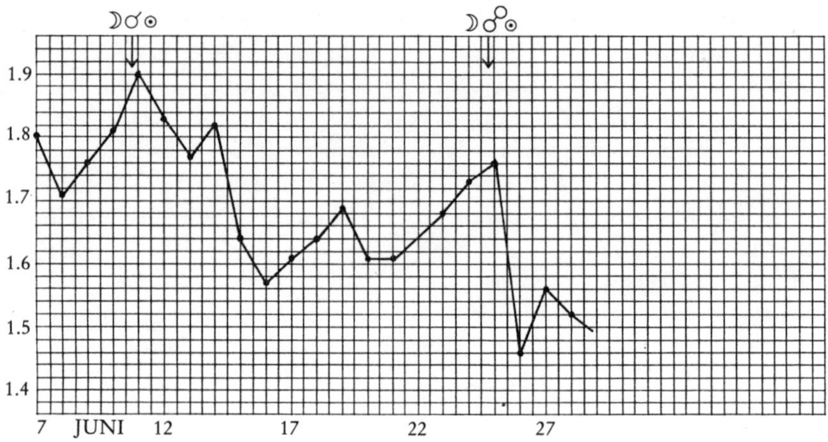

Abb. 119 Ehrenpreis, 1983.

junktionen und Oppositionen des Mondes und der Sonne (Neu- und Vollmond) koinzidieren hier mit den Maxima und nicht mit den Minima der Kurve. Dies erinnert an die Blattknospen der Kirsche und kann uns zur Vermutung einer besonderen Beziehung des Ehrenpreises zum Mond führen. Das λ-Niveau scheint im allgemeinen während der beobachteten Zeit abzunehmen; hier liegt vielleicht der Grund verborgen, weshalb das zweite Maximum der Kurve weniger deutlich hervortritt als das erste.

Die lieblichen kleinen Knospen des Storchschnabels sind für diese Art von Untersuchungen ganz besonders geeignet. Diese Knospen sind mit ihren nahezu perfekten Wegkurven und ihrer Festigkeit wie geschaffen für das Fotografieren und exakte Ausmessen. Zudem zeigen sie einen leicht erkennbaren Moment im Lauf ihres Heranreifens, nämlich dann, wenn das Rot der Blütenblätter sich gerade an der Spitze der Knospe zum ersten Mal zeigt. Während der Monate Juni und Juli 1983 zeigte ihre λ-Kurve einen sehr markanten 14tägigen Rhythmus (Abb. 120), wobei die Maxima mit den Ausrichtungen des Mondes mit der Sonne und sowie mit Mars zusammenfielen; denn Sonne und Mars waren während dieser Periode am Himmel vergleichsweise sehr nahe beieinander. Obwohl also diese Beobachtungen auf einen deutlichen lunaren Rhythmus hinwiesen, war es nicht möglich zu entscheiden, ob letztlich die Sonne oder der Mars für diese Wirkung verantwortlich war.

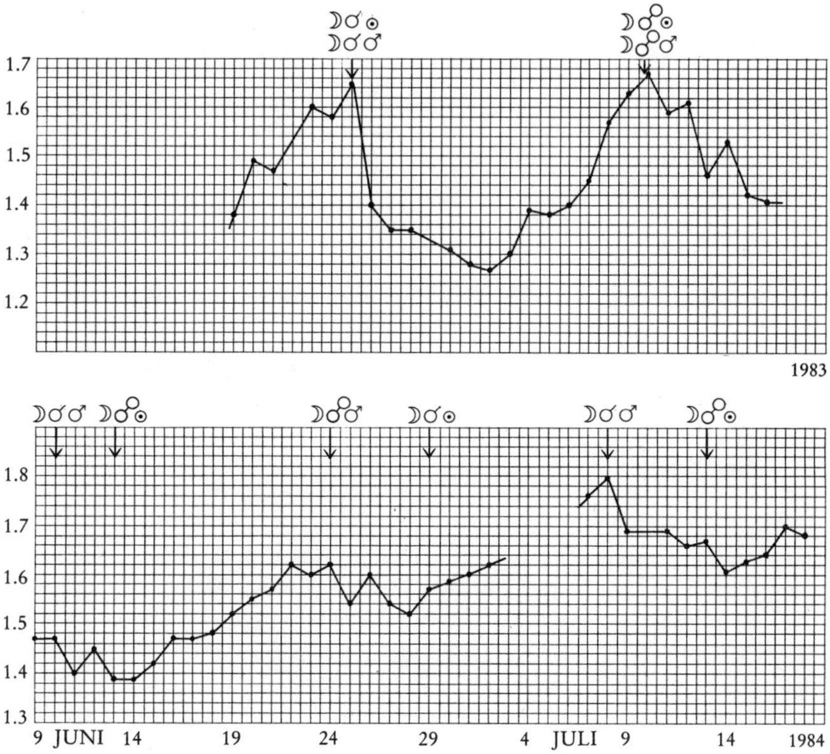

Abb. 120 Storchschnabel, 1983/84.

Die Beobachtungen des Jahres 1984 erwiesen sich in gewissem Sinne als eine Überraschung. Die deutlich erkennbare Variation vom vorangehenden Jahr fehlte weitgehend, es zeigten sich in 14tägigen Intervallen nur Spuren von zwei schwachen Maxima, gefolgt von einem etwas deutlicher ausgeprägten Maximum. Und zwar fielen alle diese Maxima mit Ausrichtungen des Mondes mit Mars zusammen. Die Tatsache, daß Mars für diese Vorgänge verantwortlich ist, scheint durch diese Resultate weitgehend etabliert. Aber warum war die pulsierende Variation der Knospen so viel schwächer als im vorangehenden Jahr?

Zwei mögliche Ursachen für dieses Verhalten bieten sich an, wobei wir zur Zeit der Niederschrift dieses Berichts noch nicht in der Lage sind, klar zwischen beiden zu entscheiden. Als erstes kommt eine in etwa 25

Meter Abstand von den Knospen entfernte Hochspannungsleitung in Betracht. Während des Jahres 1983 durchströmte diese Leitung nur ein schwacher Strom zur Befriedigung der Bedürfnisse einer kleinen Farm-Gemeinschaft. Während der Beobachtungszeit von 1984 erhielt diese Leitung eine neue Funktion: Sie hatte eine in der Nähe wiedereröffnete Mine zu bedienen, wozu ihre Leistung massiv erhöht wurde. Es scheint wahrscheinlich, daß das elektromagnetische Feld von 1983 für eine erkennbare Wirkung auf 25 Meter Distanz zu schwach gewesen war, während es 1984 nun stark genug geworden war, eine solche zu entfalten.

Zudem ist zu beachten, daß während der ersten Beobachtungszeiten von 1984 Saturn in sehr naher, nahezu stationärer Konjunktion mit Mars gestanden hatte. Diesen beiden Planeten wurden schon seit jeher gegensätzliche Qualitäten zugeschrieben, und es mag mit Recht gefragt werden, ob nicht die große Nähe des einen die Wirksamkeit des andern beeinträchtigt hatte. In diesem Zusammenhang ist zu beachten, daß während der letzten acht Tage der Beobachtungen von 1984 diese Planeten sich stetig auseinanderbewegten und gleichzeitig damit das Ausmaß der Variation zunahm, obwohl es der Intensität nach keineswegs mit dem Verhalten im vorangehenden Jahr vergleichbar wurde. – Es besteht die Möglichkeit, daß die sehr schwache Variation in den ersten Wochen der Beobachtungsperiode von 1984 auf ein Zusammenwirken beider Einflüsse zurückzuführen ist. Die Beantwortung solcher Fragen mit einem gewissen Grad an Sicherheit kann nur aufgrund vieler weiterer Beobach-

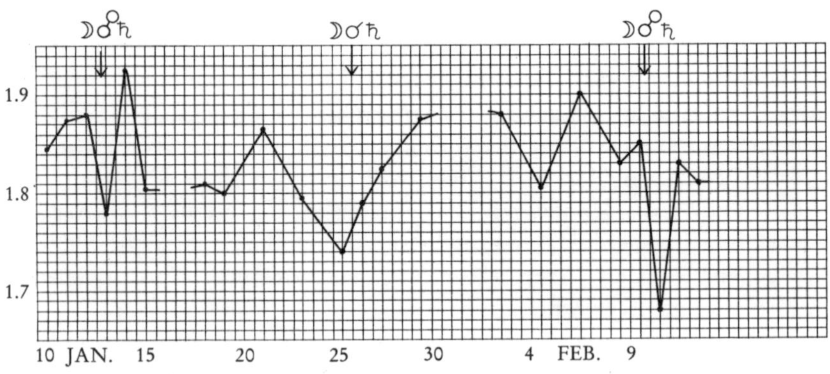

Abb. 121 Schneeglöckchen, 1984

tungen, die noch in der Zukunft geleistet werden müssen, in Angriff genommen werden.

Die letzte Pflanzenart, die wir bisher in dieser Weise untersucht haben, ist das Schneeglöckchen. Das Diagramm (Abb. 121) zeigt das Resultat der Beobachtungen vom Anfang des Jahres 1984. Wir sehen plötzliche und scharfe Tiefpunkte des λ-Wertes, die mit Oppositionen und Konjunktionen von Mond und Saturn zusammenfallen. Es muß gesagt werden, daß in den ersten Tagen der Versuchsreihe recht mildes Wetter geherrscht hatte. Darauf folgten Schneestürme; während vieler Tage in der Mitte der Versuchsperiode mußten die Knospen aus tiefem Schnee ausgegraben und von ihrem eisigen Überzug durch Auftauen befreit werden, bevor sie überhaupt fotografiert werden konnten. Es scheint, daß diese kräftigen Wetteränderungen keine feststellbare Wirkung auf das Verhalten von λ hatten. Es waren nur die unsichtbaren und unmerklichen Ausrichtungen des Saturns, die sich als wirksam erwiesen. Zieht man die außerordentliche Fähigkeit dieser kleinen, zarten Blumen in Betracht, auch unter härtesten Bedingungen in Schnee und Eis zu blühen, – manchmal scheint es, als ob sie sich einen kleinen Eigenraum im tiefen Schnee bildeten – kann man sich die Frage stellen, ob hier vielleicht etwas von der Art der Saturnwärme[15] wirksam ist.

Gewöhnlich ist das Ausmaß der Veränderung bei den Blütenknospen größer als bei den Blattknospen. Im letzteren Fall lassen sich die Veränderungen nur bei exakter Ausmessung von beträchtlich vergrößerten Fotografien feststellen. Bei den Blütenknospen sind sie dagegen klar erkennbar. Abb. 122 (s. S. 270) zeigt zwei Fälle; die ausgezogene Kurve zeigt den durchschnittlichen Umriß der Knospe in normalen Zeiten und die punktierte Kurve das Profil der Knospe während der Zeit der Wirkung einer Opposition oder Konjunktion des Mondes mit einem anderen Planeten. Auf der linken Seite, bei der Schlüsselblume, sehen wir, daß die Formveränderung fast ganz auf den unteren Teil der Knospe beschränkt ist; dieses Verhalten bemerkten wir sowohl 1983 wie 1984; es wurde auch bei den Buchen 1 und 2 beobachtet. Gewöhnlich zeigen sich allerdings die Veränderungen an beiden Enden der Knospe. Im Fall des Storchschnabels handelt es sich um eine leichte Ausdehnung am unteren, einhergehend mit einer Zusammenziehung am oberen Ende (Abb. 122 rechts).

Es liegt in der Natur der Sache, daß dieser Bericht nur kurz und von vorläufigem Charakter sein kann; er wird mehr Fragen aufwerfen als er

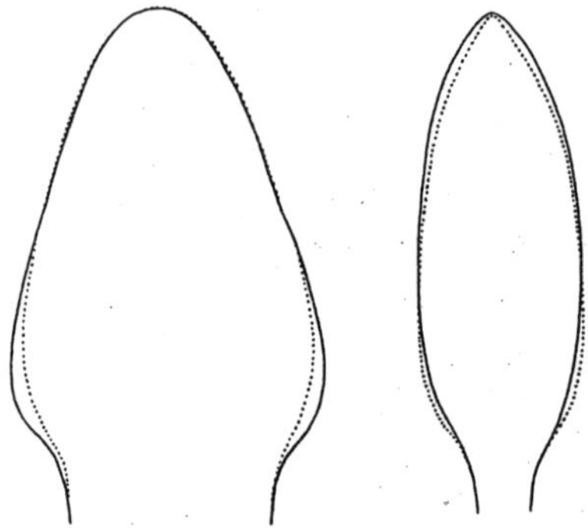

Schlüsselblume *Storchschnabel*

Abb. 122 Die Formänderungen am oberen und unteren Teil dieser Knospe verhalten sich umgekehrt wie gewöhnlich, und zwar weil der λ-Wert des Storchschnabels in den Tagen der Ausrichtungen ein Maximum anstatt ein Minimum annimmt.

beantworten kann. Die weitere Ausarbeitung der Untersuchungen, denen die größte Bedeutung zugemessen werden kann, liegt zunächst noch in der Zukunft. Aber ich denke, daß bisher schon genug getan wurde, um zu zeigen, daß die Pflanzenwelt tatsächlich in gewisser Weise auf kosmische Einflüsse reagiert, daß sich diese Einflüsse besonders an der ausgeprägt archetypischen, eiförmigen Gestalt der Knospe offenbaren und daß sich diese Wirkungen exakter Beobachtung und Berechnung erschließen. Wir lernen die Pflanzenwelt immer mehr als einen Bereich der terrestrischen Astronomie verstehen.[16]

Anhang

Die Berechnung von λ

Die in Kapitel 3 beschriebene ursprüngliche Methode zur Berechnung von λ ist natürlich richtig, sie ist aber unter Umständen langwierig und mühsam in der Anwendung. Die folgenden Bemerkungen beschreiben einen schnelleren Weg, um zu denselben Resultaten zu kommen.

Wählt man den Radius des Niveaus T gleich Eins, so lassen sich die übrigen Radien bequem durch diesen ausdrücken. Dies läßt sich leicht und schnell während der Messung mit Hilfe eines Rechenschiebers oder Rechners bewerkstelligen. Seien A, B, C . . . die Radien der Niveaus A, B, C . . ., ausgedrückt als Funktion des Eins gesetzten Radius beim Niveau T. Einige elementare Rechnungen zeigen, daß sich die λ-Werte auf den verschiedenen Niveaus wie folgt berechnen lassen (Tabelle 42).

Tabelle 42

Niveau	λ-Wert
A	$\frac{\log 4A}{\log (7/4A)}$
B	$\frac{\log 2B}{\log (3/2B)}$
C	$\frac{\log (4C/3)}{\log (5/4C)}$
D	$\frac{\log (5/4D)}{\log (4D/3)}$
E	$\frac{\log (3/2E)}{\log 2E}$
F	$\frac{\log (7/4F)}{\log 4F}$

Haben wir alle diese Werte bestimmt, so können wir das gewichtete Mittel berechnen, d. h. viermal die Werte der Niveaus A und F plus zweimal die Werte der Niveaus B und E und einmal die Werte der Niveaus C und D, das Ganze durch 14 dividiert.

Das ist immer noch eine mühsame Rechnung, besonders wenn sie oft für eine größere Anzahl von Knospen durchgeführt werden muß; sie kann aber durch einige weitere Überlegungen wesentlich vereinfacht werden. Zu jedem fest gegebenen λ-Wert gehört eine ganze Familie von ineinanderliegenden Ei-ähnlichen Formen. Sie können alle durch eine gewöhnliche horizontale Streckung (senkrecht zur XY-Achse) aus einem beliebig herausgegriffenen Exemplar abgeleitet werden. Das bedeutet, daß das Verhältnis des Radius irgendeines Niveaus zum Radius des Niveaus T für einen festen Wert von λ konstant ist, ob die gemessene Ei-ähnliche Form nun eng oder weit ist. Mit anderen Worten: Das Verhältnis ist bereits durch den Wert von λ festgelegt und bleibt unbeeinflußt vom absoluten Radius der Form. Mit Hilfe der oben gegebenen kleinen Formeln lassen sich nun leicht die Kurven der Abb. 123 konstruieren.

Auf der x-Achse haben wir den Radius für irgendein gegebenes Niveau in Funktion des Eins gesetzten Radius des Niveaus T abgetragen. Die y-Achse zeigt die entsprechenden λ-Werte. Der Graph besteht aus sechs

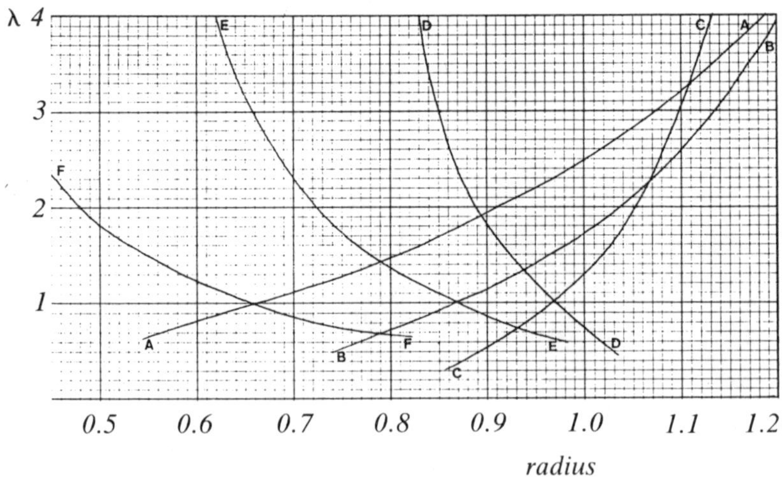

Abb. 123 Diagramm zur Bestimmung von λ.

Kurven, je eine für die Niveaus A bis F. Haben wir die Radien auf den sechs Niveaus bestimmt, lesen wir die entsprechenden λ-Werte einfach ab und bestimmen deren gewichtetes Mittel. Dies geht leicht und schnell. Auf diese Weise verfuhr ich während vieler Jahre – aber mit dem programmierbaren Taschenrechner geht das Ganze natürlich noch viel schneller und wird noch genauer.

Die Plazierung der Zentral-Achse auf der Fotografie stellt uns für die Berechnung wirklich zuverlässiger λ-Werte vor große Probleme. Die Natur gibt selten einen eindeutigen Hinweis, wo sie liegen sollte. Eine leichte Änderung ihrer Position kann beträchtliche Differenzen in den Werten für die beiden Hälften der Kurve hervorrufen. Es ist deshalb für eine folgerichtige Arbeit von Bedeutung, die Achse überhaupt nicht einzuzeichnen und alle Messungen gleich über den ganzen Durchmesser durchzuführen. Geht man so vor, muß man das Wort «Radius» im letzten Abschnitt überall durch «Durchmesser» ersetzen. Das auf diese Weise für jedes Niveau erreichte Resultat ist gleichbedeutend mit dem Durchschnitt der beiden Kurvenhälften. Und dies ist genau das, was wir für eine symmetrische Form ohnehin haben wollen.

Wir wollen uns die wichtige Tatsache in Erinnerung rufen, daß sich kein lebendiger Organismus je exakt nach einem mathematischen Modell verhält. Sobald irgendein gemessener Umriß auch nur ein wenig von der echten Wegkurvenform abweicht, ist es nicht länger möglich, einen genauen λ-Wert damit in Verbindung zu bringen. Die Sache ist zu einer Annäherung geworden, und das Beste, was wir tun können, ist einen angenäherten λ-Wert zu finden. Der errechenbare Wert hängt ab von der angewendeten Methode. Früher hat sich gezeigt, daß die Werte bei C und D empfindlicher, d. h. weniger verläßlich sind als diejenigen bei A und F. Aus diesem Grunde wählte ich ursprünglich die Methode des gewichteten Mittels für die sechs Werte. Später ging mir noch ein weiterer Grund für dieses Verhalten auf. Offenbar ist der Wert beim Niveau A ein Mittel über den ganzen Bereich von A bis T und der Wert bei C das Mittel über den viel schmaleren Streifen von C bis T. Es scheint klar, daß der bei A gefundene Wert für das Endresultat mehr Gewicht haben sollte als derjenige bei C. Ich entschloß mich deshalb, jeden Wert ungefähr gemäß der Länge des Transformationsschrittes zwischen seinem Niveau und dem Niveau T zu gewichten. Dies bedeutet, daß wir die Werte bei A und F mit 4, bei B und E mit 2 multiplizieren und zusammen mit den unveränderten Werten bei C und D aufsummieren sowie durch 14 dividieren. Ich bin fest davon überzeugt, daß dies einen besseren Wert für λ gibt als das gewöhnliche ungewichtete Mittel.

Die 5//3-, 4//4-, 3//5-Methode

Weiteres Nachdenken und Experimentieren machte mich darauf aufmerksam, daß noch weitere Dinge in Betracht gezogen werden müssen. Die ursprüngliche Arbeitsmethode hängt in unzulässiger Weise von der Messung beim Niveau T ab. Die kleinste Irregularität im Wachstum der Pflanzen an dieser Stelle oder irgendein Meß-Fehler macht alle Werte bei den übrigen Niveaus unbrauchbar. Jedesmal, wenn es notwendig ist, die größtmögliche Verläßlichkeit zu erreichen, ist es angebracht, λ mindestens auf drei Weisen zu berechnen: einmal mit der ursprünglichen Methode, dann noch zweimal mit derselben Methode, wobei aber jetzt C bzw. D die Rolle des Niveaus T übernimmt. Die ursprüngliche Methode bezeichne ich mit dem Symbol 4//4, die zweite mit 5//3 und die dritte mit 3//5. Der Doppelstrich weist auf das Niveau hin, dem die Rolle von T

Tabelle 43

5//3	3//5
F × 4½ E × 3 D × 2 C × 1 T B × 1 A × 2½	F × 2½ E × 1 T D × 1 C × 2 B × 3 A × 4½
Die Summe muß durch 14 dividiert werden	

zugeordnet wird. Wendet man diese Methoden auf eine perfekte Wegkurve an, so erhält man natürlich identische Resultate. Bei einer lebendigen Naturform aber, die nie im mathematischen Sinn vollkommen sein kann, weisen die Resultate Unterschiede auf, die jedoch meist sehr klein sind. Sind die mittleren Abweichungen geringfügig, so kommen die drei Resultate gewöhnlich beinahe gleich heraus, so daß es sich kaum lohnt, alle drei zu berechnen. Die exaktesten Arbeiten oder das Auftreten größerer Abweichungen verlangen aber notwendig die Durchführung dieser Rechnungen. Die Gewichtung bei den beiden neuen Methoden habe ich gemäß Tabelle 43 gewählt.

Berechnen wir λ mit Hilfe dieser drei Methoden und verwenden wir gewichtete Mittel gemäß obiger Tabelle 43, so stimmen die drei Werte fast durchgehend besser überein als wenn wir ungewichtete Mittel verwenden.

Aus dieser wichtigen Tatsache läßt sich entnehmen, daß die Gewichtung des Mittels eine sinnvolle Prozedur ist.

Der morphographische Wert von λ

Hier entsteht eine weitere Frage. Warum verwenden wir überhaupt ein Niveau T? Warum berechnen wir nicht einfach λ für die Intervalle A bis B, B bis C, C bis D usw. und nehmen das gewöhnliche Mittel aller sechs Werte? Theoretisch spricht nichts dagegen; tatsächlich war dies die erste Methode, die sich mir beim Beginn der vorliegenden Arbeit ergab. Ich verwarf sie, weil ich dachte, so kleine Intervalle ergeben überempfindliche Resultate – Resultate, die entlang der Knospe wild variieren und auf diese Weise wichtige Tendenzen verdunkeln.

Obwohl dies bis zu einem gewissen Grad zutrifft, zeigen die jüngsten Erfahrungen, daß die Variation nicht ganz so wild ist wie ich erwartet habe. Ein kleines Diagramm, das zeigt, wie sich die Variation der λ-Werte für aufeinanderfolgende schmale Intervalle entlang der Knospe verhält, liefert möglicherweise einige wertvolle Informationen über die qualitative Form der Knospe. Es bleibt noch viel Arbeit in dieser Richtung zu leisten, ich möchte jedoch einmal vorläufig ein solches Diagramm als *morphographisches Diagramm* und den so mit Hilfe des (ungewichteten) gewöhnlichen Mittels gebildeten λ-Wert als den *morphographischen Wert* von λ bezeichnen.

Die Formel von Barry Christian

Die Sache wird noch komplizierter durch die Einführung der Formel von Barry Christian [1979a]. Die sehr nützliche, auf der Methode der kleinsten Quadrate beruhende Formel gibt mit den anderen Methoden exakt übereinstimmende Werte, sobald sie auf eine perfekte Wegkurve angewendet wird; andernfalls erscheinen wieder kleine Unterschiede. Man muß beachten, daß die Formel von Christian auf einer ganz anderen Fragestellung beruht als die anderen, weiter oben diskutierten Methoden. Bei dieser Methode fragt man sich: «Welches mittlere λ repräsentiert am besten die tatsächliche physische Form der Knospe, so wie sie sich vor uns im Raum befindet?» Den anderen Methoden liegt die Frage zugrunde: «Welches mittlere λ repräsentiert am vollkommensten die in der oberen und unteren invarianten Ebene induzierten multiplikativen Prozesse derjenigen Transformation, die die vorliegende Form erzeugt?»

Christians Formel zeigt sich bei großen λ-Werten als besonders nützlich, da sie nie extreme Werte produziert, die einen unter Umständen in Verlegenheit bringen können; andererseits verschleiert sie manchmal aus eben demselben Grund das Vorliegen besonderer Situationen, wie es etwa bei der Rose der Fall war (Kapitel 7).

Neben der Formel für die Berechnung von λ hat Christian auch eine Formel zur Bestimmung des korrekten Radius aufgestellt, der zur Berechnung der am besten angepaßten Wegkurvenform dient. Dies ist eine sehr wichtige Formel, und sie sollte immer dann verwendet werden, wenn es um die Frage der besten Approximation an die rein physische Form geht.

Es ist interessant, die Resultate aller erwähnten Methoden in der Anwendung auf zwei Knospen in einer Tabelle (Tabelle 44) zu vergleichen. Die dort auftretende mittlere Abweichung bezieht sich auf die drei durch die Methoden 5//3, 4//4 und 3//5 erzielten Resultate. Wenn sie

Tabelle 44

	5//3	4//4	3//5	Mittel	Mittlere Abweichung	Christians Formel	Morphographischer Wert
Buchenblatt (Mai 1978)							
Ungewichtet	1.73	1.77	1.77	1.76	3.0%	1.88	1.98
Gewichtet	1.79	1.82	1.79	1.80	2.2%		
Butterblume (Juni 1978)							
Ungewichtet	2.31	2.40	2.46	2.39	7.0%	2.19	2.25
Gewichtet	2.34	2.29	2.31	2.31	2.2%		

klein ist, stimmen sie gut miteinander überein. Man beachte außerdem, daß beidemal das gewichtete Mittel besser als das ungewichtete mit den durch Christians Formel und durch die morphographische Methode berechneten Resultaten übereinstimmt.

Die am bequemsten zu handhabende Form der Formel von Christian ist die folgende:

$$\lambda = \frac{2\,[\ln^2 (5/3) + \ln^2 3 + \ln^2 7]}{(\ln 7).\ \ln (7\,F/A) + (\ln 3).\ \ln (3\,E/B) + (\ln (5/3)).\ \ln (5\,D/3\,C)} - 1,$$

wobei A, B, C . . . die Radien der entsprechenden Niveaus sind. Der Zähler ist eine Konstante, die ungefähr gleich 10.51 ist. Wurde λ bereits durch diese Formel (oder durch eine andere Methode) bestimmt, gibt uns die folgende Formel an, welchen Radius wir für das Niveau T zu wählen haben, um das gegebene Profil möglichst vollkommen der Kurve anzupassen. Ist T' der neue Radius des Niveaus T, so ist

$$\ln T' = \frac{1}{7} \ln \frac{1024\ A \cdot B \cdot C \cdot D \cdot E \cdot F}{315}$$

Zur Berechnung von λ für unsymmetrische Formen wie etwa das Herz vollziehen wir im wesentlichen dieselbe Prozedur wie bei der bereits beschriebenen ursprünglichen Methode. Statt Verhältnissen bestimmen wir jetzt Doppelverhältnisse entlang den Geraden XZ und YZ. Eine dabei auftretende Schwierigkeit ist die, daß einige Punkte weit außerhalb des Blattrandes liegen, wenn wir die Punkte der Kurve von X und Y aus auf ZY bzw. ZX projizieren. Es ist deshalb sinnvoll, alle Punkte auf die in der «Mitte» liegende Gerade ZT zu projizieren; dies ist erlaubt, da Doppelverhältnisse bei Projektionen invariant bleiben. Für Abb. 124 ist der λ-Wert des E-Niveaus auf der linken Seite gegeben durch

$$\lambda = \frac{\ln\,[(ZM_1/M_1O)\cdot(OT/TZ)]}{\ln\,[(ZT/TO)\cdot(ON_1/N_1Z)]}\;.$$

Der Wert für die rechte Seite muß unter Verwendung der Punkte M_2 und N_2 separat berechnet werden.

Es gibt noch einen anderen sehr nützlichen Weg zur Bestimmung dieses λ. Der Einfachheit halber zeigt Abb. 125 nur die Niveaus T und C. Wir projizieren den Punkt Z in den unendlich fernen Punkt der Geraden XZ, wobei wir die Geraden XT und XC und ebenso die Punkte entlang

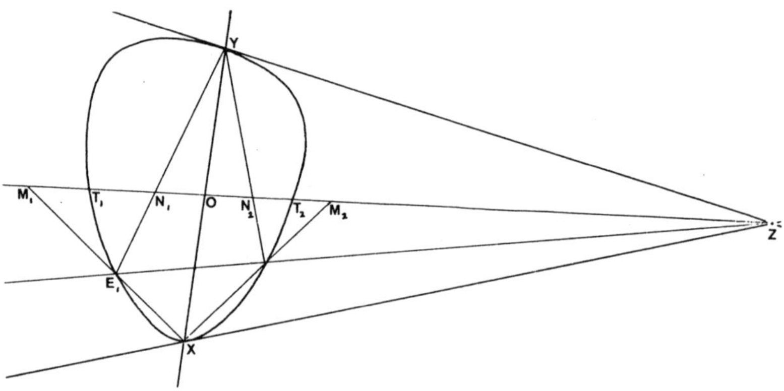

Abb. 124 Konstruktion zur Berechnung des λ-Wertes einer asymmetrischen Form.

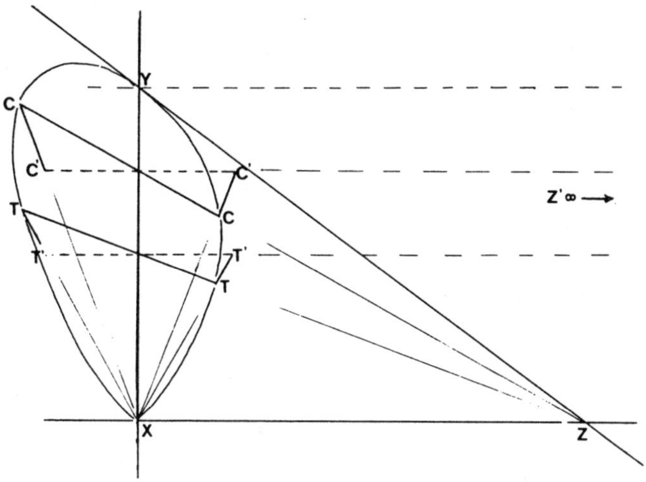

Abb. 125 Eine weitere Konstruktion zur Berechnung von λ.

XY festhalten. Die neuen Positionen von T' und C' liegen nun auf einer symmetrischen Eiform, die in genau derselben Weise behandelt werden kann wie die gewöhnliche Knospenform, etwa mit Hilfe von Abb. 123, usw.

Experimente zum Verhältnis von Saftgehalt und Form

Wir beschreiben hier ein typisches Experiment zur Prüfung der Korrelation zwischen der geometrischen Form der Knospe und dem Saftgehalt. Es werden zehn Butterblumen-Knospen von demselben Fleck einer Wiese gepflückt, unter genauester Beachtung der Tatsache, daß alle in exakt demselben Entwicklungsstadium sein müssen. Die Knospen werden von 1 bis 10 numeriert, fotografiert, auf ihren Saftgehalt geprüft und aus den Fotografien der λ-Wert berechnet. Eine Serie von solchen Experimenten während mehrerer Tage hatte gezeigt, daß diese Knospen einen mittleren λ-Wert von 2.42 hatten. Gemäß unserer Hypothese ist das die «ideale» Form, nach der diese Pflanzen im vorliegenden Entwicklungsstadium streben. Dies beachtend, können wir folgende Tabelle 45 für das genannte Experiment aufstellen.

Tabelle 45

Knospe Nr.	Saft-Gehalt in %	λ-Wert	Abweichung vom Mittelwert
1	79.5	1.71	0.71
2	77.5	2.34	0.08
3	76.7	3.48	1.06
4	77.4	2.31	0.11
5	77.0	2.01	0.41
6	78.8	1.33	1.09
7	75.7	3.96	1.54
8	78.7	2.79	0.37
9	76.9	3.80	1.38
10	76.0	1.73	0.69

Anhand der zweiten Kolonne können wir nun eine Rangliste dieser Knospen aufstellen, wobei wir die Knospen mit dem größten Saftgehalt auf die linke und diejenigen mit dem kleinsten Saftgehalt auf die rechte Seite schreiben:

1 6 8 2 4 5 9 3 10 7

Aus der vierten Kolonne ergibt sich, daß die Knospen mit der kleinsten Abweichung vom Mittelwert von λ diejenigen mit den Nummern 2, 4, 8 und 5 sind. Ist unsere Hypothese richtig, so sollten diese auf der linken Hälfte der obigen Rangliste erscheinen. Drei davon tun dies in der Tat, nur Nr. 5 springt etwas aus der Reihe – allerdings nur ganz minimal. Entsprechend sind die Knospen mit der größten Abweichung Nr. 7, 9, 6 und 3; sie sollten auf der rechten Hälfte der Rangliste erscheinen. Wieder bemerken wir, daß drei davon diese Forderung tatsächlich erfüllen und nur Nr. 6 aus der Reihe tanzt. Daraus sehen wir, daß die Korrelation nicht perfekt ist, wie wir auch nicht anders erwarten konnten, da in der gegebenen Situation zu viele andere Faktoren mitwirken. Nichtsdestoweniger ist sie gut erkennbar, und der Korrelations-Index ist positiv: + 0.37.

Ein solcher Fall, auf sich allein gestellt, ist sicherlich nicht sehr aussagekräftig. Wenn sich aber in nahezu 200 Fällen etwa dreiviertel davon in dieser Weise verhalten, sieht die Situation doch schon ganz anders aus. Von Bedeutung ist weiterhin, daß negative Indizes, sobald sie auftreten, fast immer zahlenmäßig kleiner sind als die positiven. Der mittlere positive Index von 60 Experimenten war + 0.32. Die übrigen 17 Experimente, die einen negativen Index ergaben, hatten einen mittleren Index von − 0.20. Dieses Verhältnis blieb erhalten in über hundert weiteren solchen Experimenten, die allerdings mit einer weit weniger präzisen experimentellen Ausrüstung gemacht wurden.

Eine cartesische Gleichung für Ei- und Knospenprofile:

Die cartesische Gleichung eines Ei oder Knospenprofiles läßt sich in folgende Form bringen

$$y^2 = A\,(1 + x)^{(1 + n)}\,(1 - x)^{(1 - n)}$$

wobei

$$n = \frac{1 - \lambda}{1 + \lambda}\cdot$$

Anmerkungen

1 Die hier gegebene Charakterisierung der projektiven Transformation geht ganz unkonventionelle, ja originelle Wege. Sie stützt sich aber wesentlich auf die Koordinatendarstellung der Geometrie, beschreibt die Sache also unter einem ganz bestimmten Gesichtspunkt. Bei der rein synthetischen Ableitung der Gesetzmäßigkeit der Projektivität (vgl. Locher [1940], [1957]) stehen ganz andere Begriffe im Vordergrund. Hierbei erweist sich auch der Begriff der Geradheit als klar bestimmt durch sein Beziehungsgefüge zu anderen geometrischen Begriffen.

2 Die Korrelation ist eine umkehrbar eindeutige und projektive Beziehung zwischen Punkten und Geraden in der Ebene bzw. zwischen Punkten und Ebenen im Raum. Sie steht in der projektiven Geometrie der Kollineation gleichwertig zur Seite, sie ist der Kollineation nicht unter- oder übergeordnet. Von daher ist es nicht ganz einsichtig, weshalb die Korrelationen in den vorliegenden Untersuchungen kaum eine Rolle spielen. Einen bemerkenswerten Beitrag zu diesem Problem hat Nick Thomas [1984] gegeben.

3 Felix Klein (1849–1925) und Sophus Lie (1842–1899) lernten sich im Oktober 1869 in Berlin kennen und gingen im April 1870 zusammen nach Paris, um sich dort in das neue Gebiet der Gruppentheorie einzuarbeiten. In dieser Zeit entstanden die gemeinsam verfaßten Arbeiten *«Deux notes sur une certaine famille de courbes et de surfaces»* (Comptes Rendues, Académie des Sciences, Paris, *70* [1870], p. 1222–1226 = Klein, Ges. Math. Abh. *1,* S. 415–423) und *Über diejenigen ebenen Kurven, welche durch ein geschlossenes System von einfach unendlich vielen vertauschbaren linearen Transformationen in sich übergehen* (Math. Ann. *4* [1871], S. 50–84 = Klein, Ges. Math. Abh. *1,* S. 424–459). Diese Arbeiten gelten als Vorläufer des berühmt gewordenen *Erlanger Programms,* d. h. der Arbeit *Verglei-*

chende Betrachtungen über neuere geometrische Forschungen (Erlangen: Deichert 1872. Wieder abgedruckt in Math. Ann. *43* [1893], S. 63–100 = Ges. Math. Abh. *1*, S. 460–497), wo Klein erstmals seine fundamentalen Ideen zur gruppentheoretischen Klassifizierung verschiedener Geometrien skizzierte.

In der Arbeit von 1870 kommt zum ersten Mal der Begriff der Wegkurve vor, allerdings nur in der Ebene. Sie wurden von Klein und Lie als «courbes V» oder «W-Kurven» bezeichnet. Das «W» bezieht sich auf die von K. G. Chr. von Staudt (1798–1867) eingeführte Bezeichnung des Doppelverhältnisses als «Wurf». W-Kurve heißt also soviel wie Doppelverhältniskurve, d. h. eine Kurve, die durch ein ausgezeichnetes Doppelverhältnis bestimmt ist. Es handelt sich um dasjenige, das die drei Schnittpunkte einer Tangente mit den Seiten des Koordinatendreiecks und der zugehörige Berührungspunkt miteinander bilden; vgl. KLEIN, *«Vorlesungen über höhere Geometrie»*, (Berlin: Springer, 2. Auflage 1968), § 41.

George Adams nannte erstmals die W-Kurven von Klein und Lie aus naheliegenden Gründen «Wegkurven», was er selbst als «path curves» ins Englische übersetzte.

4 Vgl. auch LOCHER [1940], Abschnitt II 6 «Involutionen. Imaginäre Elemente» und [1957], Abschnitt 21 «Die drei Urskalen». Zusätzlich beachte man das Kapitel «Das Imaginäre in der Geometrie» in Locher [1970]. Eine ausgezeichnete synthetische Einführung in die Imaginärtheorie gibt auch TH. REYE, *«Die Geometrie der Lage»*. Erste Abteilung (Leipzig: Kröner, 5. Auflage 1909), 16. Vortrag.

5 Verbindet man die Tangente in einen Punkt P der Kurve mit einem in der näheren Umgebung von P liegenden Punkt X und läßt X gegen P hin wandern bis X = P wird, so ist die Schmiege-Ebene im Punkt P die Grenzebene dieser Ebenenfolge.

6 Der Begriff des positiven und negativen Raumes oder Gegenraumes wird ausführlich zu Beginn des 9. Kapitels geschildert. Vgl. auch die dort (Anm. 9) angegebene Literatur.

7 Vgl. etwa R. STEINER, *Geisteswissenschaftliche Menschenkunde*, Berlin, 19. Oktober 1908 bis 17. Juni 1909 (Dornach: Rudolf Steiner Verlag, GA Bibl.-Nr. 107), insbesondere Vortrag vom 27. April 1909 über «Lachen und Weinen».

8 James Bell Pettigrew wurde am 26. Mai 1834 in Roxhill, Lanarkshire (Schottland) geboren, studierte zunächst 1850–55 in Glasgow an der

geisteswissenschaftlichen Fakultät und wandte sich anschließend in Edinburgh medizinischen Studien zu. Schon 1858/59 erhielt er eine Auszeichnung für die Arbeit *On the arrangement of the muscular fibres in the ventricles of the vertebrate heart, with physiological remarks* (erstmals vollständig erschienen in den Philosophical Transactions of the Royal Society of London, 1864), in welcher er die weiter unten im Text erwähnte siebenfache Gliederung des Herzens darstellte. Nach einem glänzenden Studienabschluß arbeitete er zunächst in den anatomischen Abteilungen verschiedener Museen, wurde 1873 Dozent am Royal College of Surgeons in Edinburgh und 1875 Professor für Medizin und Anatomie sowie Dekan der medizinischen Fakultät der Universität von St. Andrews (Schottland). Hier blieb er bis zu seinem Tode im Jahre 1908.

Neben seinen anatomischen und physiologischen Untersuchungen beschäftigte sich Pettigrew auch eingehend mit dem Flugverhalten von Insekten, Vögeln und Fledermäusen. Daneben studierte er intensiv Probleme des künstlichen Fluges. Eine erste zusammenfassende Darstellung erschien 1873 bei King & Co. in London: *Animal locomotion; or, Walking, swimming, and flying, with a dissertation on aëronautics;* sie erschien bereits 1874 auf Französisch und ein Jahr später auf Deutsch (bei F. A. Brockhaus in Leipzig).

Während der letzten zehn Jahre seines Lebens arbeitete Pettigrew an dem erst posthum erschienenen Werk *Design in Nature* (3 Vols., London-New York: Longmans, Green, and Co., 1908). Der vollständige Titel lautet: *Design in nature illustrated by spiral and other arrangements in the inorganic and organic kingdoms as exemplified in matter, force, life, growth, rhythms, &c., especially in crystals, plants, and animals. With examples selected from reproductive, alimentary, respiratory, circulatory, nervous, muscular, osseous, locomotory, and other systems of animals, by J. Bell Pettigrew . . . Illustrated by nearly two thousand figures, largely originals and from nature.*

Es wäre interessant, den Berührungspunkten von Pettigrew mit einem anderen, viel bekannter gewordenen Naturwissenschaftler, D'Arcy Wentworth Thompson (1860–1948), nachzugehen. Thompson studierte 1877–80 Anatomie, Chemie und Zoologie in Edinburgh, setzte seine Studien in Cambridge fort, wurde 1884 Professor für Biologie am University College in Dundee und 1917 Professor für «Natural History» an der ganz in der Nähe gelegenen Universität von

St. Andrews. Pettigrew und Thompson haben sich sicherlich gekannt, ihre nähere Beziehung wurde meines Wissens bisher aber nie genauer untersucht. GEORGE ADAMS weist in seinem Buch *Strahlende Weltgestaltung* [1934] mehrfach auf das gehaltreiche Buch von THOMPSON, *On Growth and Form* (Cambridge University Press, 1917; in gekürzter Form auf Deutsch erschienen unter dem Titel *Über Wachstum und Form,* Basel-Stuttgart: Birkhäuser 1973) hin, das, wie ich vermute, in gewissen Teilen einige Verwandtschaft mit PETTIGREWS *Design in Nature* aufweist.

Quellen zu dieser Anmerkung (dort auch weitere Literatur):

Zu Pettigrew:

JOHN DIXON COMRIE, *History of Scottish Medicine,* 2 Vols., London: Baillière, Tyndall & Cox 1932 (Published for the Welcome Historical Medical Museum, London), p. 578–581 (with Portrait, p. 579).

Dictionary of National Biography, Second Suppl., Vol. III (1912), p. 113 f.

Biographisches Lexikon der Ärzte. Berlin-Wien: Urban & Schwarzenberg, 2. Auflage 1929–34, Band IV, S. 578.

Zu Thompson:

Dictionary of Scientific Biography, New York: Scribner's Sons 1970–80, Vol. XIII, p. 352 f.

9 Die Originalschriften sind: ADAMS [1933], LOCHER [1940]. Vgl. auch ADAMS [1934], ADAMS/WHICHER [1960] und LOCHER [1957].

10 Auch Oskulationspunkt genannt. Georg Unger übersetzt Pivotpunkt mit Angelpunkt.

11 R. STEINER, *Die geistigen Wesenheiten in den Himmelskörpern und Naturreichen,* Helsingfors (Helsinki), 3.–14. April 1912 (Dornach: Rudolf Steiner Verlag, GA Bibl.-Nr. 136). Die folgenden Zitate sind aus dem Vortrag vom 13. April 1912.

12 Vgl. etwa B. L. v. d. WAERDEN, *Mathematische Statistik,* Berlin-Heidelberg-New York: Springer, 2. Auflage 1965, § 70, S. 316–325; L. SACHS, *Angewandte Statistik,* Berlin-Heidelberg-New York-Tokio: Springer, 6. Auflage 1983, S. 309–315.

13 Meines Wissens gibt es keine Stelle im geschriebenen oder Vortragswerk Rudolf Steiners, wo dieser Zusammenhang explizit genannt und ausgeführt wird. In der Sekundärliteratur wird in diesem Zusammenhang auf den ersten Goetheanumbau in Dornach verwiesen, wo R. Steiner den in verschiedenen Hölzern angefertigten Säulen gewisse

Planeten zuordnete (vgl. CARL KEMPER, *Der Bau. Studien zur Architektur und Plastik des ersten Goetheanum,* Stuttgart: Freies Geistesleben , 3. Auflage 1985; ferner: FRITS H. JULIUS/ ERNST MICHAEL KRANICH, *Bäume und Planeten. Beitrag zu einer kosmologischen Botanik,* Stuttgart: Freies Geistesleben, 1985).

14 «A primrose by the river's brim, a yellow primrose was to him, and it was nothing more.» Aus einem Gedicht von William Wordsworth (1770–1850).

15 Zur Beziehung der Wärme zum Saturn vgl. R. STEINER, *Die Geheimwissenschaft im Umriß,* 1910 (Dornach: Rudolf Steiner Verlag, GA Bibl.-Nr. 13), 4. Kapitel: Die Weltentwickelung und der Mensch.

16 Zum Verhältnis von Pflanzenwelt und terrestrischer Astronomie vgl. auch das von anderen Voraussetzungen ausgehende Buch von ERNST MICHAEL KRANICH, *Die Formensprache der Pflanze. Grundlinien einer kosmologischen Botanik* (Stuttgart: Freies Geistesleben, 2. Auflage 1979) sowie die darin angegebene weitere Literatur. Siehe auch den Forschungsbericht von GEORG WILHELM SCHMIDT, *Baum-Entwicklung zwischen Erde, Mensch und Kosmos* im «Sternkalender Ostern 1985/1986» (Dornach: Philosophisch-Anthroposophischer Verlag 1984), S. 94–103, sowie die Monographie *Bäume und Planeten* von FRITS H. JULIUS und E. M. KRANICH (Stuttgart: Freies Geistesleben 1985).

Literaturverzeichnis

Abkürzungen

MPK *Mathematisch-Physikalische Korrespondenz,* herausgegeben vom Mathematisch-Physikalischen Institut durch GEORG UNGER, Dornach, 1954 ff.

MPC *Mathematical-Physical Correspondence,* herausgegeben von STEPHEN EBERHART, verschiedene Erscheinungsorte in USA, 1972 ff. Ein Inhaltsverzeichnis und Register von Nr. 1–131 (1954–1983) der MPK und Nr. 1–40 (1972–1982) der MPC findet sich in der MPK 1984 (133), p. 61–164.

Originalabhandlungen von Lawrence Edwards, die diesem Buch zugrunde liegen:

- *Path Curves in One and Two Dimensions.* MPC 1973, Supplement to No. 6
- *Path Curves in Three Dimensions.* MPC 1974 (7), p. 16–30
- *Plant Bud Forms as Invariants of Path Curve Transformations.* MPC 1974 (8), p. 18–26
- *Path Curves in the Plant-Kingdom – Mesurements and Calculations.* MPC 1975 (12), p. 10–24
  Corrections and Additions 1976 (17), p. 9
- *The Pivot Transformation.* MPC 1976 (16), p. 13–28

– *Ethereal and Physical Spaces in Flower and Fruit Forms.* MPC 1977 (20), p. 2–16
Corrections and Additions p. 26
– (with S. Eberhart) *A Nomographic Method of Path Curve Determination.* MPC 1977 (20), p. 17–18
– *The Watery Vortex.* MPC 1979 (26), p. 7–12
– *Further Considerations about Flower Buds.* MPC 1979 (30), p. 8–20
– *Note on the Calculation of λ.* MPC 1980 (31), p. 10–11
– *The Heart.* MPC 1980 (33/34), p. 3–31

Übersetzungen (durch Georg Unger)
– *Wegkurven in ein bis drei Dimensionen.* MPK 1973 (91), p. 3–34
– *Wegkurven im Pflanzenreich, Messungen und Berechnungen.* MPK 1975 (94), p. 3–19
– *Die Angelpunkt-Transformation (Pivottransformation).* MPK 1976 (100), p. 33–49
– *Der Wasserwirbel.* MPK 1979 (112), p. 19–24

Weitere Literatur

Adams, George, 1933, *Von dem ätherischen Raume.* Natura 6, Heft 5/6 = Stuttgart: Freies Geistesleben 1964 (2. Auflage: 1981)
– 1934 *Strahlende Weltgestaltung.* Dornach: Math.-Astron. Sektion am Goetheanum (2. Auflage, Dornach: Phil.-Anthrop. Verlag 1965)
– 1979 *Grundfragen der Naturwissenschaft.* Stuttgart: Freies Geistesleben

Adams, George/Whicher, Olive, 1960, *Die Pflanze in Raum und Gegenraum. Elemente einer neuen Morphologie.* Stuttgart: Freies Geistesleben (2. Auflage: 1979)

Almon, Clopper, 1979, *Path Curves and Plant Buds. An Introduction to the Work of Lawrence Edwards.* Published as Professional Paper PP-79-5 by the International Institute for Applied Systems Analysis, A-2361 Laxenburg.

CHRISTIAN, BARRY, 1979a, *Least Square Method for Determining Path Curves.* MPC (26), p. 13–15
– 1979b *Trees, Eggs, and the Planar Deviation Angle.* MPC (29), p. 2–4
– 1979c *Megalithic Stone Path Curves?* MPC (30), p. 2–7
EBERHART, STEPHEN, 1977a, *The Euglena as Path-Curve Form.* MPC (19), p. 19
– 1977b *Path Curves in the Micro Realm.* MPC (20), p. 18–19
– 1978 *Note on the Spacing of Fern Leaves.* MPC (24), p. 26
– 1979a *Grecian Amphorae as Path-Curve-Shapes.*MPC (27)
– 1979b *Note on the Projective Definition of* λ. MPC (30), p. 20. Corrections and Additions: (31), p. 9
– 1980 *Once Again: What are Path Curves.* MPC 33/34, p. 2, 32–38
EBERHART, STEPHEN/EDWARDS, LAWRENCE, 1977, *A Nomographic Method of Path Curve Determination.* MPC (20), p. 17–18
EDWARDS, LAWRENCE, 1979, *On the Spacing of Fern Leaves.* MPC (27), p. 9–11
– 1982 *The Pivot Transformation: Some Further Considerations.* MPC (40), p. 2–21 (Deutsche Übersetzung: MPK 1985 (137), p. 3–28)
– 1985 *Projective Geometry.* Published by the Rudolf Steiner Institute, RD2, Box 199, Phoenixville, PA 19460, USA
GSCHWIND, PETER, 1975, *W-Flächen, Polarsysteme und Nichteuklidische Geometrie.* MPK (97), p. 8–14
– 1976 *Mensurieren, Generieren und organische Formen.* MPK (101), PP. 3–6
LOCHER, LOUIS, 1940, *Projektive Geometrie und die Grundlagen der Euklidischen und Polareuklidischen Geometrie.* Zürich: Orell Füssli (Reprint: Dornach, Phil.-Anthrop. Verlag 1980)
– 1957 *Raum und Gegenraum.* Dornach: Phil.-Anthrop. Verlag (2. Auflage: 1970)
– 1970 *Geometrische Metamorphosen.* Dornach: Phil.-Anthrop. Verlag
THOMAS, NICK, 1984, *Das Zusammenwirken von Raum und Gegenraum zur Erzeugung von Wegkurven.* MPK (133), p. 40–52

Register